箭载冗余捷联惯导系统

陈 凯　王晋麟　张 通　著

科 学 出 版 社
北 京

内 容 简 介

本书对箭载冗余捷联惯导系统进行介绍。全书共12章，包括绪论，数学基础介绍，冗余捷联惯组配置方案，冗余捷联惯组误差及故障模型，基于一致性故障判别、直接比较法和等价空间法三种方法的冗余捷联惯组故障检测，量化对故障检测的影响及解决方法，冗余捷联惯导系统重构设计，冗余捷联惯组故障检测试验方法，捷联惯导系统导航算法，故障检测发展趋势等内容。

本书可作为高等院校导航制导与控制、仪器仪表相关专业的高年级本科生、研究生的教学用书和参考书，也可供从事相关工作的科研和专业技术人员阅读参考。

图书在版编目(CIP)数据

箭载冗余捷联惯导系统/陈凯，王晋麟，张通著. —北京：科学出版社，2021.10

ISBN 978-7-03-067747-1

Ⅰ. ①箭… Ⅱ. ①陈…②王…③张… Ⅲ. ①捷联式惯性制导-惯性导航系统 Ⅳ. ①V448.131

中国版本图书馆 CIP 数据核字（2021）第 001858 号

责任编辑：宋无汗 / 责任校对：杨 赛
责任印制：张 伟 / 封面设计：陈 敬

科学出版社 出版
北京东黄城根北街 16 号
邮政编码：100717
http://www.sciencep.com
北京凌奇印刷有限责任公司 印刷
科学出版社发行 各地新华书店经销
*
2021年10第 一 版 开本：720×1000 B5
2023年 1 月第二次印刷 印张：11 3/4
字数：237 000

定价：98.00 元

（如有印装质量问题，我社负责调换）

前　　言

自 1956 年 10 月组建导弹研究机构起，我国航天事业从无到有，从弱到强，逐步跻身世界航天大国行列。航天技术的基础是航天运载器技术，运载火箭是常用的航天运载器。利用运载火箭的推力，克服地球引力和空气阻力，将航天器送到太空。运载火箭需具备极高的安全性和可靠性，要求其导航系统具有非常高的可靠性。除采用具有高可靠性的惯性器件外，采用冗余技术和有效的故障检测与隔离技术，也是提高导航系统可靠性的有效方法。通过对工业部门的调研，我国现役火箭均使用捷联惯性测量组合。

本书是作者总结多年从事箭载冗余捷联惯导系统相关的工作经验，吸收二十余年对箭载冗余捷联惯导系统的科研成果，以及参阅国内外众多文献资料上撰写而成，注重基础理论与工程实践相结合，实用性与可操作性强。

撰写本书期间，得到了西北工业大学和北京航天自动控制研究所相关学者的大力支持。北京航天自动控制研究所叶松研究员审阅了全书，并给出了具体的意见与建议；博士研究生任子君，硕士研究生殷娜、樊浩、裴森森等做了大量文档和编程工作，在此表示衷心感谢。宋无汗编辑为本书的出版花费了大量精力，在此向科学出版社表示诚挚的感谢。

由于作者水平和实践经验的限制，书中难免有疏漏和不足之处，敬请读者批评指正。联系邮箱：chenkai@nwpu.edu.cn。

目　　录

第 1 章 绪　　论

1.1 箭载冗余捷联惯导介绍

随着科学技术的发展，自动化水平日益提高。对于复杂的大系统，可靠性、可维修性和有效性显得越来越重要。特别是航天等领域，由于其特定的工作环境，原则上只许成功，不许失败，对系统的安全性、可靠性和有效性提出了极高的要求。例如，当运载火箭执行发射任务时，若导航系统出现故障，将会导致整个任务失败。为了降低故障的发生概率，提高系统的可靠性，同时保证系统的精度，逐步发展了冗余技术。冗余是指在一个系统中增加额外设备或部件，当一个或多个关键设备或部件出现故障时，能自动监测与诊断故障，并采取切换或重构等相应措施维持系统的规定功能。航天领域存在多种冗余系统，本书主要介绍运载火箭冗余捷联惯性导航系统。

1.1.1 冗余捷联惯导的重要性

捷联惯性导航系统是利用安装在飞行器内部的惯性传感器(陀螺仪和加速度计)测量载体相对惯性空间的角速度和加速度等惯性信息的自主导航系统。惯性导航系统不依赖任何外部信息、设施和基准，可以在任意条件的介质及环境中实现导航，且不向外部辐射能量，具有很强的抗干扰能力和良好的隐蔽性；可以提供完备、连续和高数据更新率的导航信息。惯性导航设备在航空、航天和航海领域扮演着不可替代的重要角色。惯性传感器的可靠性决定惯性导航系统的可靠性。随着捷联惯组技术的发展，惯性传感器的体积功耗降低、精度可靠性提升，航天任务越来越重视捷联惯组的应用。

对于要求高可靠性的航天活动，若导航系统出现故障，则可能会导致整个任务失败。部分导航系统故障导致发射失败的事件如表 1-1 所示。因此，提高导航系统可靠性，是提高运载火箭可靠性的重要途径。

表 1-1　部分导航系统故障导致发射失败的事件

时间	事件	原因
1966 年	“雷神”火箭从范登堡空军基地发射，发射升空后，喷管来回大范围猛摆。火箭偏离轨道，指挥官不得不发送自毁信号[1]	安装陀螺仪时，技术人员因用力过猛把偏航陀螺仪固定销拧断，火箭上升过程中偏航陀螺仪转动偏离了所在位置，导致系统不能确定偏航信息，因此只能往一个方向全角度偏航后再向另一个方向进行偏航，导致偏航太大

续表

时间	事件	原因
1996年2月	“国际通信 708”(Intelsat 708)卫星在火箭发射后失去控制，星箭俱毁[2]	惯性基准发生变化
1996年6月4日	阿里安-5G 进行首飞，飞行至约 37s 时，主惯性基准和备用系统先后失灵，两台固体助推器和“火神”发动机喷管偏移至极限位置，导致火箭突然偏离飞行轨道，固体助推器与芯级连接处断裂，触发了火箭自毁系统[3]	制导导航数据丢失是本次发射失败的直接原因，而数据丢失是由于惯性基准系统所用软件在设计和测试中存在根本性错误
2013年7月2日	质子-M/DM-03 运载火箭在发射 3 颗“格洛纳斯”(GLONASS)导航卫星时，星箭炸毁[4]	3 个角速度传感器在安装过程中颠倒了 180°，火箭偏航控制失稳
2019年3月27日	中国商业航天公司零壹空间 OS-M 运载火箭点火发射，一二级分离后，火箭姿态失稳，发射失利[5]	箭上速率陀螺仪在火箭飞行中出现故障，导致火箭姿态发散

提高捷联惯导系统可靠性的方法有两种：一种是避错法；另一种是容错法。避错法也称故障预防法，通过采用可靠的设计方法，简化系统结构，选择经过老化筛选的元器件与结构材料，进行大量的地面检测与试验，预防故障发生，从而提高可靠性。但是元器件质量、制造工艺和装配工艺水平在一定时期内只能达到一定程度，超过这个水平会导致成本激增，甚至有时不能达到要求的水平。因此，避错法不能完全消除故障因素。鉴于上述避错法的缺陷，运载火箭在采用避错法的同时，也采用容错法来提高导航系统的可靠性。冗余设计是实现容错目的的主要方法，通过采用冗余技术提高导航系统的可靠性。

1.1.2 国内外冗余捷联惯组现状

1. 国内冗余捷联惯组现状

二十世纪五六十年代以来，由我国自主研制的车辆、卫星、飞机、导弹、舰艇等所采用的惯性元器件已经投入使用并得到不断推广。从最早的机械式自由陀螺仪到闭环式的平台系统、捷联系统和惯性组合系统；从气浮陀螺仪、液浮陀螺仪和静压液浮陀螺仪发展到激光陀螺仪、光纤陀螺仪和微机电陀螺仪等，体积越来越小，性能越来越好，应用范围也越来越广泛。我国已基本具备了研制生产低精度(1.0°/h 以下)、中精度(0.1°/h 左右)、高精度(0.001°/h 左右)的惯性元件和系统的能力与条件，对海陆空天目标的精确打击程度越来越高。值得一提的是，新型洲际导弹的成功发射，以及载人航天工程的圆满成功，都标志着我国惯性导航技术已达到较高的水平。但由于惯性技术难度较大，研制周期较长，成本较高，其目前主要应用于我国海陆空天的各种武器系统和航天器上。

在冗余捷联惯组的发展浪潮中，我国航天人在积极探索，并取得了可观的成就，长征系列运载火箭是一个典型的代表。我国长征二号 F 运载火箭(CZ-2F)采用了典型的双稳定回路冗余测试技术，大大提高了其火箭系统的容错性，使得火箭控制系统的可靠性在原有长征二号捆绑运载火箭的基础上提高了一个数量级，最终于 1999 年 11 月 20 日首飞成功。随后为了克服惯性器件故障对控制系统的巨大影响，长征二号 F 运载火箭在两次成功飞行之后，对惯性器件的冗余方案进行了改进，将原有的双稳定回路三轴平台改为“平台+速率捷联惯组”主从冗余设计，进一步提高了导航系统的可靠性，并完成了从神舟三号到神舟七号的发射。

目前，我国的长征二号、长征三号甲系列火箭，长征五/六/七系列运载火箭导航系统已经采用了多套六表惯组、双七表惯组和双八表惯组等多种形式的冗余设计。国内目前已经成功研制并应用了各种余度的冗余捷联惯组系统。

2. 国外冗余捷联惯组现状

德国科学家在第二次世界大战后期第一次选用简单的捷联惯导系统作为近程弹道导弹 V2 火箭自主式制导系统。战争结束后，美国和苏联在冷战时期迅速发展捷联惯导系统在军事武器上的应用。惯性技术在各种战术导弹、航空、航天、航海等军事领域不断发展与完善，迎来了发展的高峰期。平台式惯导系统是最早重点发展起来的一种惯导系统，随之一起发展的惯性器件主要以气浮、液浮和静电悬浮支撑为基础。同时，现代控制理论、计算机技术和电子技术的蓬勃发展都为捷联惯导系统的迅速发展创造了良好的环境与条件。

虽然美国对光学敏感元件的研究已相对成熟，但是由于敏感元件本身可靠性较低(相对于惯导系统中的其他元部件)，无法满足现代飞行器对导航控制系统越来越高的可靠性和精度的要求。因此，为了提高导航系统的可靠性，国外很多运载器的导航设备采用了冗余技术。例如，美国大力神二号运载火箭作为“双子星座”载人飞船运载器时，在原惯性制导系统的基础上增加了一套无线电制导系统；美国土星-Ⅴ运载火箭在作为“阿波罗”探月舱的运载器时，采用以惯性平台为主系统，捷联惯组为备份的主从系统；苏联东方号运载火箭、联盟号飞船均采用两套系统冗余，一套是平台，另一套是简易的捷联系统；欧洲航天局阿里安 5 运载火箭采用了两套激光陀螺捷联惯组[6]；波音 777 飞机的容错大气数据参考系统采用了六个对称斜置安装的 GG1320 激光陀螺仪，使得系统的容错能力相当于同时使用三套独立系统的容错能力，大大提高了系统的故障检测、诊断、隔离和重构性能，使得导航系统具有容错能力。

1.2　国内外运载火箭冗余方案

1.2.1　宇宙神 5 运载火箭冗余方案

宇宙神火箭和半人马座上面级配合使用，飞行控制系统由通用芯级和上面级电气系统组成，二者之间通过 1553B 总线传送信息。该系统执行通用芯级和上面级两个飞行段的全部姿态控制、制导和导航的计算。

通用芯级控制系统主要包括：助推级控制单元、火工品控制组合、自毁装置、冗余速率陀螺、各种传感器、数字量遥测组合和数据单元等。供电采用了双冗余的设计，设备供电、火工品供电和安全自毁系统供电均配有独立的电池。

上面级控制系统主要包括：容错惯性导航装置、双通道控制单元、火工品控制组合、数据单元、TDRSS 发射机、数字量遥测组合、电子控制单元、电池、推力矢量控制作动器和上面级 1553B 总线等。宇宙神 5 运载火箭电气系统组成框图如图 1-1 所示[7]。

为了提高运载火箭的可靠性，控制系统采用了许多冗余容错设计。其中，容错惯性导航装置由冗余的惯性测量系统(inertial measurement system，IMS)和双通路飞行控制系统(flight control system，FCS)组成，可以提供冗余的惯性测量信息；双冗余的FCS按主从热备份的方式工作，主份FCS完成控制功能，备份FCS用于监测数据并在故障情况下进行切换[8]。霍尼韦尔的惯性测量功能由惯性导航单元和速率陀螺单元共同执行，并提供给计算机处理惯性测量装置和飞行软件系统的能力。为了发射载人飞船，宇宙神 5 运载火箭由集成的单容错惯性导航控制组件(inertial navigation control assembly，INCA)和飞行控制组件提供主要制导与控制。此外，通用芯级和上面级均采用冗余电池方案，两套火工品控制装置和两套专用火工品电池实现了冗余设计。

宇宙神 5 运载火箭采用的冗余惯组方案是容错惯性导航单元(fault tolerant inertial navigation unit，FTINU)，FTINU 传感器模块如图 1-2 所示，它是一种具有代表性的冗余方案。FTINU 于 2001 年开始工作，以容错单元取代非冗余导航和计算设备，从而提高宇宙神运载火箭的任务可靠性。2006 年首次试飞的美国宇航局的战神 I-X(Ares I-X)火箭也使用了 FTINU 冗余方案。FTINU 由霍尼韦尔公司研制，包括五个测量角速度的环形激光陀螺和五个测量加速度的 QA3000 单轴加速度计，角速率信息由速率陀螺组件(rate gyro assembly，RGA)提供，RGA 传感器模块如图 1-3 所示。

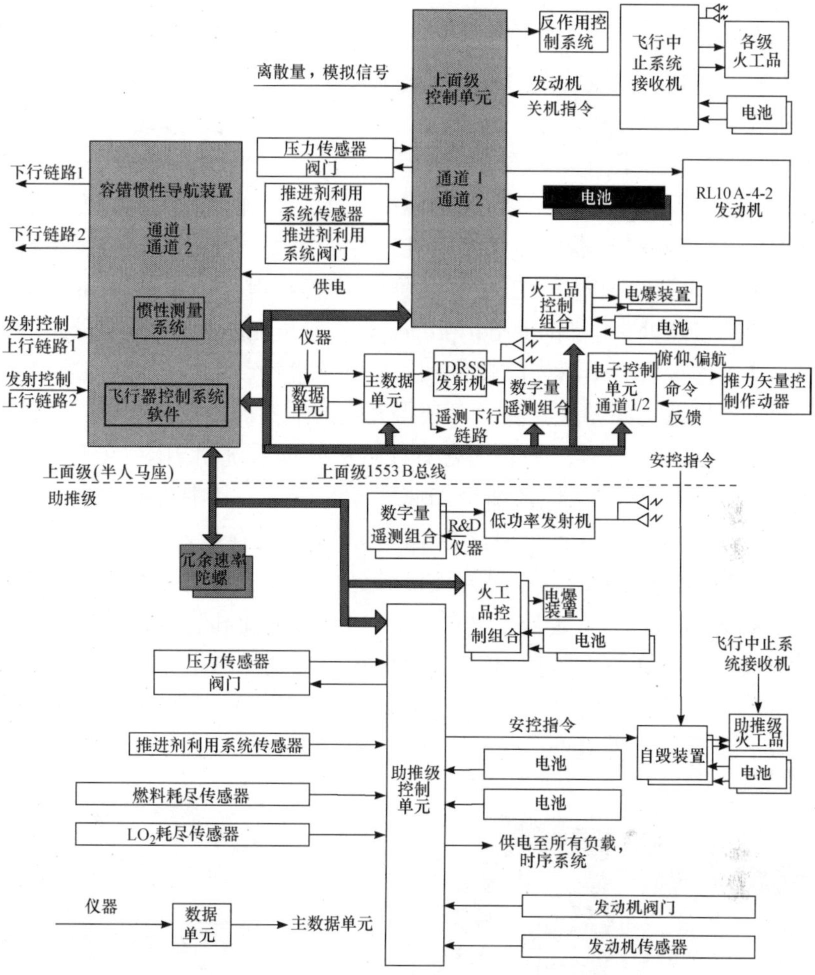

图 1-1　宇宙神 5 运载火箭电气系统组成框图

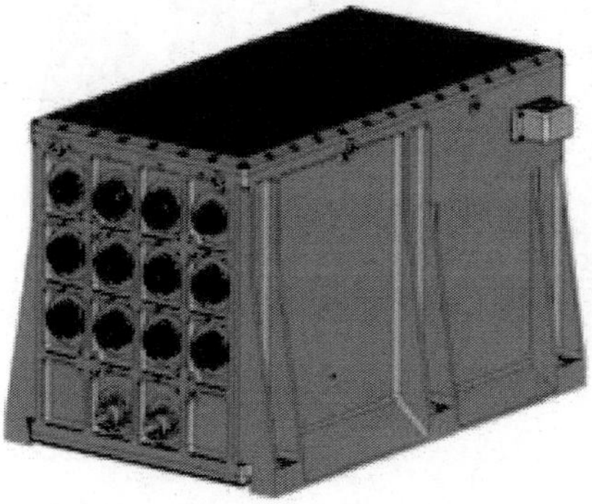

图 1-2　FTINU 传感器模块[9]

图 1-3　RGA 传感器模块[9]

1.2.2 德尔塔 4 运载火箭冗余方案

德尔塔 4(Delta Ⅳ)运载火箭采用一套冗余惯性飞行控制组件(redundant inertial flight control assembly, RIFCA)，RIFCA 是一种典型的冗余方案，RIFCA 系统和 RIFCA 传感器模块如图 1-4 和图 1-5 所示，RIFCA 冗余结构图如图 1-6 所示，性能指标如表 1-2 所示。RIFCA 是一种实用的、具有成本效益的、完全容错的惯性系统。RIFCA 测量航天器惯性角速率和线性加速度，并提供导航、飞行控制和任务序列数据的计算处理。RIFCA 由惯性传感器组件(inertial sensor assembly, ISA)和相应的惯性处理电路(inertial processing electronics, IPE)两部分组成，其中惯性传感器组件包含 6 个激光陀螺仪和 6 个加速度计，组成了两套独立的正交测量系，两套测量系之间斜置安装，可获得冗余的惯性测量信息。IPE 采用三冗余设计，形成三路控制通道，每路均含有计算机处理系统(采用 1750A 标准的处理器)，并各自采集两个陀螺仪和两个加速度计的信息，其中每个激光陀螺仪有一个独立的高压电源。三个通道之间通过双口随机存取存储器(random access memory, RAM)交换测量信息并对输出信号进行表决。通道 1 和通道 2 提供两路 1553B 总线(每路均含有 A 通路、B 通路)，用于与火箭和有效载荷的设备通信；通道 3 被称为中心通道，采用 RS422 通信接口与地面通信，用于飞行软件的装订以及通过双口 RAM 向另两个通道的计算机转发信号。两路 28V 的电源除分别为通道 1 和通道 2 供电外，也同时为通道 3 供电[9]。

图 1-4 RIFCA 系统[10]

图 1-5 RIFCA 传感器模块[10]

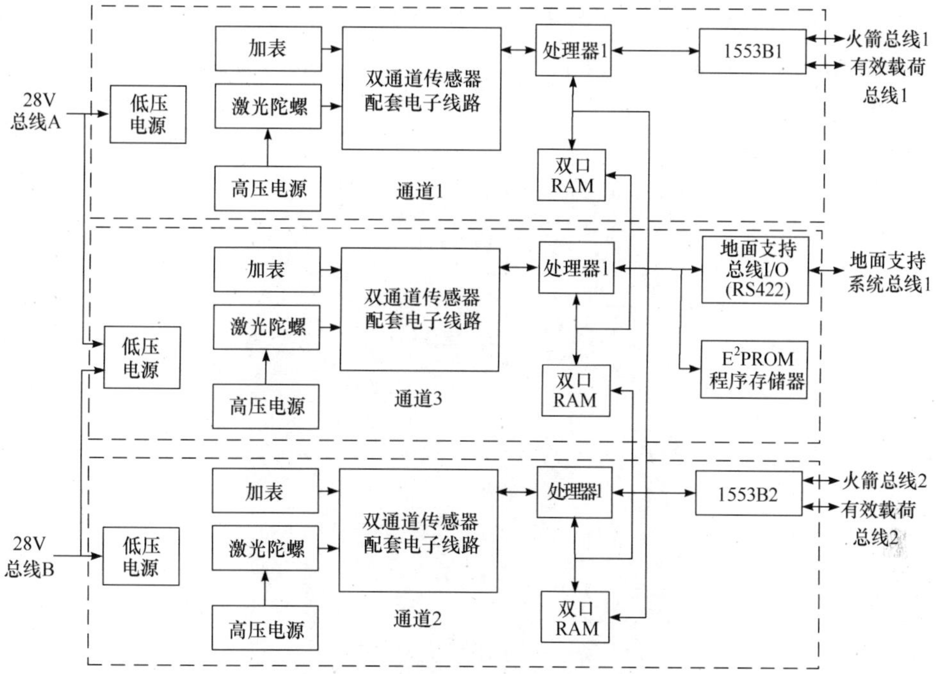

图 1-6　RIFCA 冗余结构图

表 1-2　RIFCA 性能指标

性能指标	指标量
可靠性	0.99999
随机游走	$0.007\,^\circ/\sqrt{hr}$
陀螺漂移	$0.08\,^\circ/hr$ (3sigma)
陀螺仪测量范围/(°/s)	± 30
加速度计测量范围/g	± 15
刻度系数/ppm	± 25
质量/kg	33
外形/(cm×cm×cm)	43.2(L)×35.5(W)×24.2(H)
功率/W	75
冗余体系	三模冗余

注：ppm 为 10^{-6}。

图 1-7 为德尔塔 4 运载火箭发射的照片，德尔塔 4 运载火箭采用闭环制导技

术，该项技术能够显著提高对推力下降等故障模式的适应能力。2012 年 10 月 4 日，德尔塔 4 运载火箭发射 GPS 卫星(2F-3)，上面级发动机(RL-10)推力异常下降，但火箭的制导系统和飞行计算机对推力降低进行了补偿，在剩余燃料的帮助下将卫星送入轨道[11]。

图 1-7　德尔塔 4 运载火箭发射[10]

1.2.3　阿里安 4 运载火箭冗余方案

对欧洲航天局的阿里安运载火箭而言，从阿里安 4(Ariane Ⅳ)运载火箭开始，首先在惯性系统中采用了双冗余设计，其控制系统组成框图如图 1-8 所示。

惯性参考系统(inertial reference system，IRS)分为主、从两套系统，主系统参与飞行控制，从系统仅用于监测。当主、从系统的测量值之差超过预置的门限时，箭载计算机(onboard computer, OBC)对主 IRS 的数据进行诊断，称为“似然测试”(likelihood test)，如果测试不通过，将切换到从 IRS。IRS 与计算机之间通过接口单元(interface unit, IU)进行信息传送，计算机将指令发送给各级的功率通路电子设备(power chain electronics, PCE)，完成时序和伺服驱动等控制。

在阿里安 4 运载火箭最初的设计中采用“平台+惯组”的双冗余方案，四框架平台由 Ferranti 公司提供，激光惯组由 Sfena 公司提供。由于在阿里安 4 运载火箭捆绑四个液体助推器的构型中平台无法满足振动条件，于是采用了双激光惯组的方案。两套 IRS 相差 180°安装，飞行数据表明，两套 IRS 滚动轴姿态测量偏差小于 10%，俯仰和偏航轴姿态测量偏差小于 13%，加速度信息偏差小于 1%。

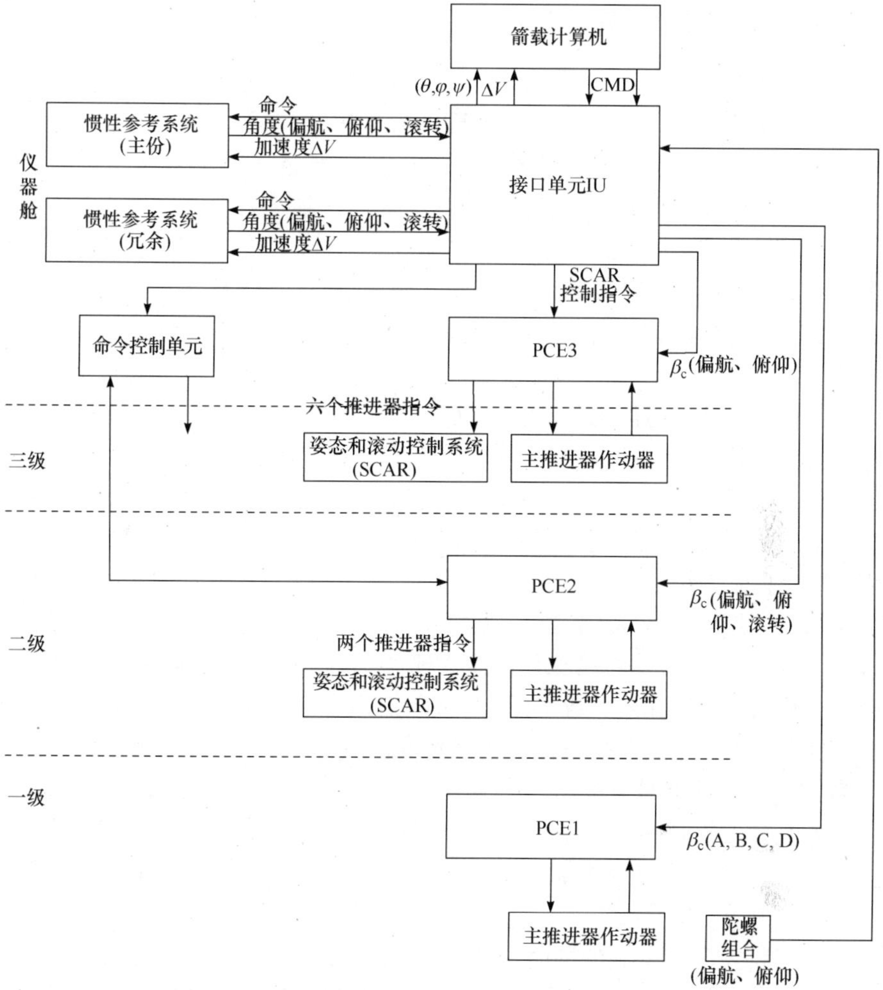

图 1-8 阿里安 4 运载火箭控制系统组成框图

1.2.4 猎鹰 9 运载火箭冗余方案

猎鹰 9(Falcon Ⅸ)运载火箭是美国太空探索技术公司(SpaceX)研制的可回收式中型运载火箭，猎鹰 9 运载火箭于 2010 年 6 月 4 日完成首次发射，2015 年 12 月 21 日完成首次回收。

诺斯罗普·格鲁曼公司研制的 LN-200 惯性测量单元(inertial measurement unit，IMU)是猎鹰 9 运载火箭飞行控制系统的一部分，用于控制航向和稳定性。猎鹰 9 运载火箭采用三冗余的飞行计算机和惯性导航设备，并辅以 GPS 设备提高入轨精度和可靠性。

1.2.5 长征系列运载火箭冗余方案

我国运载火箭起步于20世纪60年代，目前已经取得了举世瞩目的成就。长征系列运载火箭经历了从常温推进剂到低温推进剂、从末级一次启动到多次启动、从串联到并联、从一箭单星到一箭多星、从载物到载人的技术跨越。到目前为止，长征系列运载火箭共完成了四代运载火箭研制[12]。

第一代：长征一号(CZ-1)、长征二号(CZ-2)等。第一代运载火箭根据战略武器而来，具有明显的战略武器特点，解决了我国运载火箭从无到有的问题，但其运载能力偏低，使用维护性差，靶场测试发射周期长，采用模拟控制系统。

第二代：长征二号丙(CZ-2C)、长征二号丁(CZ-2D)、长征三号(CZ-3)、长征二号捆(CZ-2E)等。第二代运载火箭仍然带有战略武器的痕迹，在第一代运载火箭的基础上进行了技术改进；以原始状态长征二号运载火箭为基础改进，一、二级与长征二号丙运载火箭基本相同；采用有毒推进剂(四氧化二氮和偏二甲肼)；采用了数字控制系统。

第三代：长征二号 F(CZ-2F)、长征三号甲(CZ-3A)、长征四号系列(CZ-4 系列)等。第三代运载火箭在第二代运载火箭的基础上，持续开展可靠性增长和技术改进，采用系统级冗余的数字控制系统，任务适应能力大大提高；为了满足载人航天任务需求，增加了故障检测和逃逸系统，其任务可靠性大大提高。

第四代：长征五号系列(CZ-5 系列)、长征六号(CZ-6)、长征七号(CZ-7)、长征八号系列(CZ-8 系列)、长征十一号(CZ-11)等。第四代运载火箭采用无毒无污染液体推进剂；采用全箭统一总线技术和先进的电气设备；最大运载能力得到了大幅提升。

在我国航天高速发展的同时，质量问题也给航天人带来了沉痛的教训。20世纪 90 年代初期，先后发生了几起卫星发射失败的案例。典型的是长征二号捆绑运载火箭首飞紧急关机和长征三号乙运载火箭首飞平台倒台故障。以载人航天工程为契机，运载火箭开展了系统的可靠性设计工作。其中，长征二号 F 运载火箭控制系统的可靠性在原有的长征二号捆绑运载火箭基础上提高了一个数量级。其典型的技术方案包括：主从冗余的计算机、双稳定回路的三轴平台、双速率陀螺仪冗余设计、一/二次电源的冗余设计、故障检测与隔离(fault detection and isolation, FDI)及重构技术、冗余测试技术、可测试性设计技术等。长征二号 F 运载火箭于 1999 年 11 月 20 日首飞成功。

为应对惯性器件故障对控制系统造成的巨大影响，长征二号 F 运载火箭在两次成功飞行之后，从神舟三号飞船的发射任务开始，对惯性器件的冗余方案进行了改进，将原有的双稳定回路三轴平台改为主从冗余设计，进一步提高了可靠性，完成了从神舟三号到神舟七号的发射。

为满足后续交会对接任务的要求，在提高控制系统可靠性上进行了全新的设计，将冗余方案改为双捷联惯组冗余方案。上述全新设计圆满完成了天宫一号和神舟八号、神舟九号、神舟十号的发射。

1.3　故障检测方法简介

故障检测技术是伴随着航空航天大发展而兴起的一门新技术，它是根据工程实际而形成的多学科交叉技术，其理论基础涉及控制科学、数理统计学、模式识别、信号处理和人工智能等。近年来，故障检测技术已被广泛应用于航空航天、核电站、化工厂等大型复杂系统。

在故障检测技术的发展过程中，不同的学科领域交叉，产生了多种故障检测方法。根据国际故障诊断领域权威专家 Frank[13]的观点，故障检测方法可分为三大类：基于信号处理的故障检测方法、基于解析模型的故障检测方法和基于知识的故障检测方法，如图 1-9 所示。

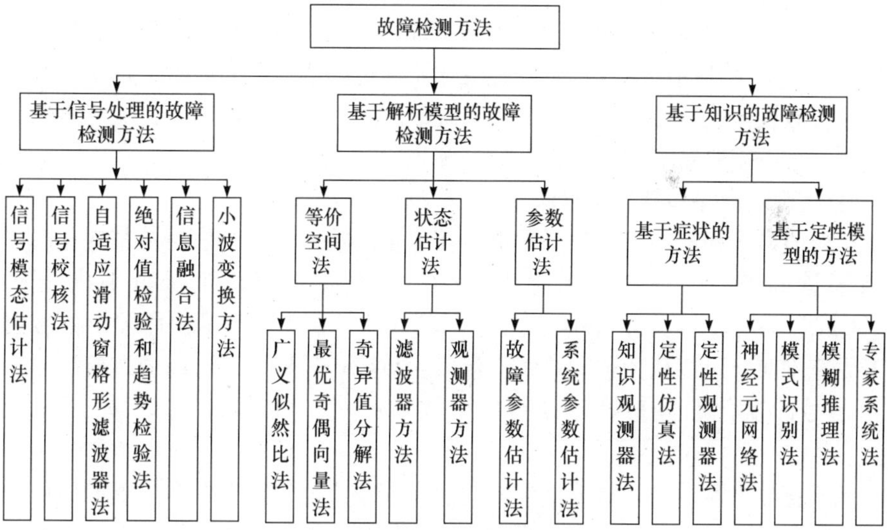

图 1-9　故障检测方法分类

1.3.1　基于信号处理的故障检测方法

基于信号处理的故障检测方法是利用信号模型，如频谱、相关函数、高阶统计量、小波变换和自回归滑动平均等，直接分析测量信号，检测信号的特征，从而检测是否发生故障。基于信号处理的故障检测方法适用于被诊断系统精确数学模型难以建立但其输入、输出可测的情况，是一类应用很广泛的故障检测方法。典型的基于信号处理的故障检测方法有信号模态估计法、信号校核法、自适应滑动窗格形滤波器法、绝对值检验和趋势检验法、信息融合法、小波变换方法。

1) 信号模态估计法

信号模态估计法直接根据系统物理参数变化进行故障诊断。依据系统的死循环特征方程求解与物理参数变化对应的根轨迹集合，任取一个死循环信号，采用最小二乘法估计系统的模态参数，最后利用模式识别技术将估计模态与根轨迹匹配，从而实现故障分离。该方法的不足是计算量较大[14]。

2) 信号校核法

信息校核法是利用基本的物理、化学和数学原理，检验信息所反映的现象是否符合客观规律。利用信息校核进行故障检测，简单方便。信息是检测系统运动的依据，利用错误的信息进行计算和推理会得出错误的结论，信息的矛盾反映出系统的故障。

3) 自适应滑动窗格形滤波器法

自适应滑动窗格形滤波器法的基本思想是取一个滑动窗内的系统输入和输出数据，利用自适应格形滤波器生成残差序列。当系统处于正常状态时，残差序列将是零均值固定方差的高斯过程；如果系统发生了故障，则由故障引起的过渡过程将导致残差序列的均值或方差发生变化。通过构造合适的检验统计量，对残差序列进行假设检验，可以在线检测出系统的故障。此方法适用于突变和缓变故障的检测，且不需要系统的准确数学模型和先验知识[15]。

4) 绝对值检验和趋势检验法

绝对值检验和趋势检验法是根据直接测得的输入、输出信号及其变化趋势进行故障诊断[16,17]。在正常情况下，输入 u 和输出 y 在正常范围内变化：$u_{\min} \leqslant u(t) \leqslant u_{\max}$，$y_{\min} \leqslant y(t) \leqslant y_{\max}$。当输入信号在正常范围内而输出信号突破上下界范围时，可以认为被测系统已经发生故障。另外，还可以通过检测输入、输出信号的变化趋势来确定是否发生故障：$\dot{u}_{\min} \leqslant \dot{u}(t) \leqslant \dot{u}_{\max}$，$\dot{y}_{\min} \leqslant \dot{y}(t) \leqslant \dot{y}_{\max}$。

基于直接可测信号的故障诊断方法实现简单，在工程上具有广泛的应用。借助奇偶方程并通过多数表决来实现的直接比较测量值的方法，可被有效地用于冗余捷联惯组配置方案中的故障检测与诊断方案，其中重要的问题是选择合适的故障检测门限值。

5) 信息融合法

系统的各个部分是相互联系的，信息会在各个部分之间传播。将各个传感器的信息进行融合优化，可得到比单个传感器更加可靠的信息。故障检测所需的信息不应局限于当前传感器自身的测量数据，而是放眼于相互关联的各个传感器。

将相互关联的传感器数据进行融合处理，可降低误警率和漏警率[18,19]。例如，一个人(系统)感冒(故障)，往往伴随着头疼、发热、四肢无力等(各种信息)，不能只是由于头疼就判定这个人感冒(发生故障)，要综合各种症状(信息融合)才能做出诊断。

6) 小波变换方法

小波变换是 20 世纪 80 年代后期发展起来的应用数学分支，最初由法国学者 Daubechies 和 Malleat 引入信号处理领域，它具有许多优良特性。小波变换方法被誉为分析信号的显微镜，是一种新的信号处理方法。它是一种时间尺度分析方法，具有多分辨率分析的特点，可以利用连续小波变换区分信号突变和噪声，检测信号的奇异性。

利用小波变换进行故障检测的方法是对系统的输入、输出信号进行小波变换，找出信号的奇异点，然后剔除由输入突变引起的奇异点，那么输出信号中剩余的奇异点就对应了故障。这种方法不要求建立被检系统的数学模型，对输入、输出信号的要求也很低，抑制噪声的能力强，对突变型故障有较好的检测效果[20-23]。

1.3.2　基于解析模型的故障检测方法

基于解析模型的故障检测方法适用于可被精确建模的系统，充分利用系统模型的深层知识进行故障诊断。如图 1-10 所示，它的核心思想是用解析冗余代替硬件冗余，通过构造观测器估计出系统输出，然后将它与输出的测量值进行比较。如果估计值与测量值一致，则说明系统工作正常；如果不一致，有差异存在，则利用差异来搜索可使估计模型与测量值相一致的各种可能行为的状态假设，这些状态假设就是基于模型诊断中的诊断解[24]。

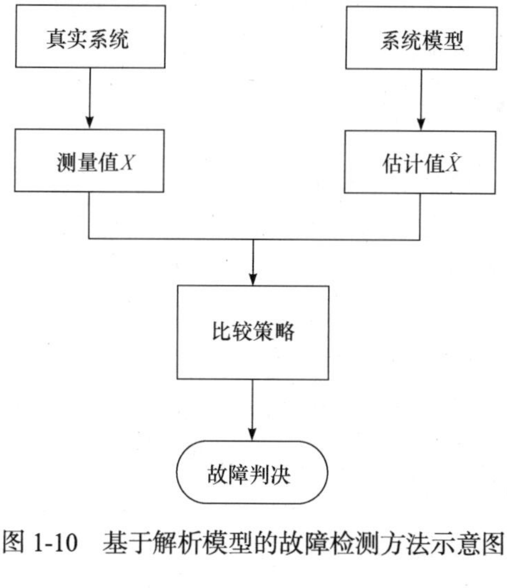

图 1-10　基于解析模型的故障检测方法示意图

基于解析模型的故障检测方法主要用于控制系统的故障检测。因为控制系统的输出信号随着控制信号的变化而变化，所以用基于信号处理的故障检测方法往往难以判定一个奇异的信号是由于系统故障所致，还是由于控制信号使然。典型的基于解析模型的故障检测方法有等价空间法、状态估计法和参数估计法。

1) 等价空间法

等价空间法利用系统冗余测量信息的奇偶关系，得到与系统状态无关的残差量，检测残差量的变化，从而确定系统是否发生故障[25]。等价空间法只利用了系统的测量方程，对系统的数学模型要求较低。等价空间法只适用于线性系统，它包含广义似然比法[26]、最优奇偶向量法[27]和奇异值分解法[28]等。

2) 状态估计法

状态估计法通过将系统的测量信息与模型的先验信息进行比较，获得残差，分析残差从而获取系统的故障信息。首先重构被控过程状态，并构造残差序列，残差序列中包含各种故障信息，通过构造适当的模型并采用统计检验法，才能把故障从中检测出来，然后做进一步分离、估计及决策。采用状态估计法的前提条件是具备过程数学模型知识(结构和参数)；已知噪声的统计特性；系统可观测或部分可观测；方程解析应有一定的精度；在许多场合下要将模型线性化，并假设干扰为白噪声。在能够获得系统精确数学模型的情况下，状态估计法是非常有效的方法。

3) 参数估计法

参数估计法是一种把理论建模和参数辨识结合起来的故障检测方法。系统参数偏离正常范围时，即可被视为故障。因此，可利用已有的参数估计法来检测故障：当参数的估计值超出了正常范围时，判定系统故障。

采用参数估计法需要具备下列前提条件：精确的过程模型；有效的参数估计方法；被控过程充分被激励；适当的过程参数和必要的故障统计决策方法。

1.3.3　基于知识的故障检测方法

随着技术的发展，控制系统越来越庞大、复杂，系统的精确模型越来越难以建立。对于这类系统的故障检测，解析模型法是无能为力的，而基于信号处理的方法又得不到较好的检测效果。基于知识的故障检测方法不需要精确的系统模型，且引入了被检对象的诸多状态信息，是一出现就受到重视的研究热点，也是很有前景的故障诊断方法，尤其对于非线性系统领域。基于知识的故障检测方法可分为基于症状的方法和基于定性模型的方法。典型的方法有知识观测器法、神经元网络法、模式识别法、模糊推理法和专家系统法。

1) 知识观测器法

知识观测器由 4 部分组成：

(1) 定性模型，用来预测系统的行为，主要用定性仿真或符号有向图进行推理；

(2) 差异检测器，用来检测实际症状与预测症状之间的差异，可以用隶属度函数表示；

(3) 候选者产生器，根据差异提出可能的故障源，一般用有限搜索法进行搜索；

(4) 诊断策略，用来协调整个循环搜索过程，确保模型与实际过程的症状相匹配[29]。

2) 神经元网络法

神经网络具有自组织、自学习、联想记忆、拟合任意连续非线性函数、并行处理、分布式存储和全局作用的能力，使其在非线性系统的故障诊断方面有很大的优势。

在应用神经网络进行故障检测时，有两阶段工作要做：一是学习阶段；二是故障检测阶段[30,31]。学习阶段：选定合适的网络结构和学习算法，利用样本数据对神经网络进行训练，确定神经网络的权值和阈值。故障检测阶段：将输入信号送入训练好的神经网络，产生一个相应的输出编码，查询故障编码便可确定故障。

3) 模式识别法

模式识别是在归纳推理的基础上，对已存储的或学习过的有关系统行为的样本进行概括，因此基于模式识别的故障检测方法适用于系统数据十分充足，但缺乏专家知识的情况。采用模式识别进行故障检测的前提条件是必须有正常操作下和故障状态下的样本，然后对样本进行特征提取，基于提取的样本集合，设计决策算法，最优地对样本进行分类。

4) 模糊推理法

模糊推理提供了表达和处理模糊逻辑概念的机制，能够处理故障检测中的不确定信息和不完整信息。模糊推理法是利用集合论中的隶属度函数和模糊关系矩阵的概念来解决故障与征兆之间的不确定关系。

目前，模糊推理故障检测主要有三种思路：

(1) 先建立故障现象与故障征兆之间的模糊关系矩阵，再通过模糊关系矩阵进行故障检测；

(2) 先建立故障与征兆之间的模糊知识库，再进行模糊逻辑推理[32]；

(3) 先对原始采样数据进行模糊聚类处理，再通过评价划分系数和分离系数等进行故障检测。

5) 专家系统法

专家系统法是模仿专家进行故障检测的方法，是人工智能领域研究的热点。

系统发生故障时，领域专家往往能凭借视觉、听觉、触觉、嗅觉或测量设备得到一些数据，并根据对系统结构和故障历史的深刻认识很快作出判断，确定故障的原因和部位，就像经验丰富的老中医通过望、闻、问、切就能判定病人的病因所在。利用专家系统进行故障检测是将专家的知识、经验数据化，并结合必要的测量信息，推理出系统的故障所在。专家系统法由测量数据、知识库、推理机等组成。专家系统的知识库中，存储了某个对象的故障征兆、故障模式、故障成因、处理意见等内容，这是故障诊断的基础。专家系统故障检测的重点在于利用专家的知识、经验进行故障检测。

采用专家系统法不需要系统的模型信息，对于复杂系统的故障检测，专家系统法尤为有效，目前在机械系统、化工设备和航天电子设备故障诊断等方面已有成功的应用。专家系统的知识库建立是专家系统研究开发中的难题。

第 2 章　数学基础介绍

本章主要对箭载冗余捷联惯导的冗余配置、故障检测与隔离重构等方向中常用到的数学基础知识进行介绍，为后续章节的原理及方法介绍奠定基础。

2.1　向　　量

1. 线性运算

向量的加法运算和数乘运算统称为向量的线性运算。设 $\boldsymbol{\alpha}, \boldsymbol{\beta} \in \boldsymbol{C}^n$，$\boldsymbol{\alpha} = [a_1, a_2, \cdots, a_n]^{\mathrm{T}}$，$\boldsymbol{\beta} = [b_1, b_2, \cdots, b_n]^{\mathrm{T}}$，则

加法运算：$\boldsymbol{\alpha} + \boldsymbol{\beta} = [a_1 + b_1, a_2 + b_2, \cdots, a_n + b_n]^{\mathrm{T}}$

$$\boldsymbol{\alpha} - \boldsymbol{\beta} = [a_1 - b_1, a_2 - b_2, \cdots, a_n - b_n]^{\mathrm{T}}$$

数乘运算：$k\boldsymbol{\alpha} = [ka_1, ka_2, \cdots, ka_n]^{\mathrm{T}}$。

2. 内积

设 $\boldsymbol{x}, \boldsymbol{y} \in \boldsymbol{C}^n$，$\boldsymbol{x} = [\xi_1, \xi_2, \cdots, \xi_n]^{\mathrm{T}} \in \boldsymbol{C}^n$，$\boldsymbol{y} = [\eta_1, \eta_2, \cdots, \eta_n]^{\mathrm{T}} \in \boldsymbol{C}^n$，$\boldsymbol{y}^{\mathrm{H}}$ 是向量 $\boldsymbol{y}$ 的共轭转置向量，令

$$(\boldsymbol{x}, \boldsymbol{y}) = \sum_{k=1}^{n} \xi_k \bar{\eta}_k = \boldsymbol{y}^{\mathrm{H}} \boldsymbol{x} \tag{2-1}$$

称 $(\boldsymbol{x}, \boldsymbol{y})$ 为向量 $\boldsymbol{x}$ 与 $\boldsymbol{y}$ 的内积。

3. 单位化/规范化

设 $\boldsymbol{x} \in \boldsymbol{C}^n$，当 $\|\boldsymbol{x}\|_2 = 1$ 时，称 $\boldsymbol{x}$ 为单位向量。当 $\boldsymbol{x} \neq 0$ 时，$\dfrac{\boldsymbol{x}}{\|\boldsymbol{x}\|_2}$ 是单位向量，称为将向量 $\boldsymbol{x}$ 单位化或规范化。

4. Schmidt 正交化

对于一组线性无关的向量 $\boldsymbol{x}_1, \boldsymbol{x}_2, \cdots, \boldsymbol{x}_s \in \boldsymbol{C}^n$，可以采用如下的方法构造出两

两正交的向量。

取 $\boldsymbol{y}_1=\boldsymbol{x}_1$，$\boldsymbol{y}_2=\boldsymbol{x}_2-\dfrac{(\boldsymbol{x}_2,\boldsymbol{y}_1)}{(\boldsymbol{y}_1,\boldsymbol{y}_1)}\boldsymbol{y}_1$，$\boldsymbol{y}_3=\boldsymbol{x}_3-\dfrac{(\boldsymbol{x}_3,\boldsymbol{y}_1)}{(\boldsymbol{y}_1,\boldsymbol{y}_1)}\boldsymbol{y}_1-\dfrac{(\boldsymbol{x}_3,\boldsymbol{y}_2)}{(\boldsymbol{y}_2,\boldsymbol{y}_2)}\boldsymbol{y}_2,\cdots$，$\boldsymbol{y}_j=\boldsymbol{x}_j-\dfrac{(\boldsymbol{x}_j,\boldsymbol{y}_1)}{(\boldsymbol{y}_1,\boldsymbol{y}_1)}\boldsymbol{y}_1-\cdots-\dfrac{(\boldsymbol{x}_j,\boldsymbol{y}_{j-1})}{(\boldsymbol{y}_{j-1},\boldsymbol{y}_{j-1})}\boldsymbol{y}_{j-1}(j=2,3,\cdots,s)$。

上述从线性无关向量组 $\boldsymbol{x}_1,\boldsymbol{x}_2,\cdots,\boldsymbol{x}_s$ 导出正交向量组 $\boldsymbol{y}_1,\boldsymbol{y}_2,\cdots,\boldsymbol{y}_s$ 的方法称为 Schmidt 正交化方法[33]。

5. 极大无关组

设 V 是数域 $\boldsymbol{K}$ 上的线性空间，(Ⅰ)：$\boldsymbol{\alpha}_1,\boldsymbol{\alpha}_2,\cdots,\boldsymbol{\alpha}_r$ 和(Ⅱ)：$\boldsymbol{\beta}_1,\boldsymbol{\beta}_2,\cdots,\boldsymbol{\beta}_s$ 是 V 中的两个元素组。如果组(Ⅰ)中的每个元素都可以由组(Ⅱ)中的元素线性表出，则称组(Ⅰ)可由组(Ⅱ)线性表出；如果组(Ⅰ)与组(Ⅱ)可以互相线性表出，则称组(Ⅰ)与组(Ⅱ)等价。如果 V 中的元素组 $\boldsymbol{\alpha}_1$，$\boldsymbol{\alpha}_2,\cdots$，$\boldsymbol{\alpha}_m$ 中有 r 个元素 $\boldsymbol{\alpha}_{i_1},\boldsymbol{\alpha}_{i_2},\cdots,\boldsymbol{\alpha}_{i_r}$ 线性无关，而任意 $r+1$ 个元素(如果存在的情况)线性相关，则称该元素组的秩为 r，又称 $\boldsymbol{\alpha}_{i_1},\boldsymbol{\alpha}_{i_2},\cdots,\boldsymbol{\alpha}_{i_r}$ 是该元素组的一个极大无关组。

6. 向量空间

向量中的每一个分量都属于数域 $\boldsymbol{K}$，全体的 n 维向量按向量的加法与数乘运算做成的集合构成数域 $\boldsymbol{K}$ 上的线性空间，称为向量空间。

1) 张成空间

设 V 是数域 $\boldsymbol{K}$ 上的线性空间，在 V 中任意取定 m 个元素 $\boldsymbol{\alpha}_1$，$\boldsymbol{\alpha}_2,\cdots$，$\boldsymbol{\alpha}_m$ 构造子集 $W=\{k_1\boldsymbol{\alpha}_1+k_2\boldsymbol{\alpha}_2+\cdots+k_m\boldsymbol{\alpha}_m \mid k_1,k_2,\cdots,k_m\in\boldsymbol{K}\}$，则 W 是 V 的子空间，称为由 $\boldsymbol{\alpha}_1$，$\boldsymbol{\alpha}_2,\cdots$，$\boldsymbol{\alpha}_m$ 生成的子空间，也称张成空间，记为 $\mathrm{span}\{\boldsymbol{\alpha}_1,\boldsymbol{\alpha}_2,\cdots,\boldsymbol{\alpha}_m\}$。

2) 零空间

设 $\boldsymbol{A}\in\boldsymbol{K}^{m\times n}$，以 $\boldsymbol{a}_i(i=1,2,\cdots,n)$ 表示 $\boldsymbol{A}$ 的第 i 个列向量，称子空间 $\mathrm{span}\{\boldsymbol{a}_1,\boldsymbol{a}_2,\cdots,\boldsymbol{a}_n\}$ 为矩阵 $\boldsymbol{A}$ 的值域或列空间，记为 $R(\boldsymbol{A})$；而称集合 $\{x \mid \boldsymbol{A}x=0,x\in\boldsymbol{K}^n\}$ 为 $\boldsymbol{A}$ 的核或零空间，记为 $N(\boldsymbol{A})$。

2.2 矩　　阵

1. 酉矩阵

设 $\boldsymbol{A}\in\boldsymbol{C}^{n\times n}$，若 $\boldsymbol{A}$ 满足

$$A^{\mathrm{H}}A = I \tag{2-2}$$

则称 A 为酉矩阵。显然，当 A 是实方阵时，酉矩阵就是正交矩阵。

2. 矩阵分解

1) 三角分解

设 $A \in C^{n\times n}$，如果存在下三角矩阵 $L \in C^{n\times n}$ 和上三角矩阵 $R \in C^{n\times n}$，使得

$$A = LR \tag{2-3}$$

则认为 A 可以做三角分解。

2) QR 分解

设 $A \in C^{n\times n}$，如果存在 n 阶酉矩阵 Q 和 n 阶上三角矩阵 R，使得

$$A = QR \tag{2-4}$$

则称式(2-4)为 A 的 QR 分解或酉–三角分解。当 $A \in R^{n\times n}$ 时，称式(2-4)为 A 的正交–三角分解。

3) 满秩分解

设 $A \in C_r^{m\times n}(r>0)$，如果存在 $F \in C_r^{m\times r}$ 和 $G \in C_r^{r\times n}$，使得

$$A = FG \tag{2-5}$$

则称式(2-5)为 A 的满秩分解。

4) 奇异值分解法

设矩阵 $A \in C_r^{m\times n}$，且 Hermite 矩阵 $A^{\mathrm{H}}A$（即 $\left(A^{\mathrm{H}}A\right)^{\mathrm{H}} = A^{\mathrm{H}}A$）的特征值为 $\lambda_1 \geqslant \lambda_2 \geqslant \cdots \geqslant \lambda_r > \lambda_{r+1} = \cdots \lambda_n = 0$，则存在 n 阶矩阵 V，使得

$$V^{\mathrm{H}}A^{\mathrm{H}}AV = \mathrm{diag}(\lambda_1, \lambda_2, \cdots, \lambda_n) = \begin{pmatrix} \Sigma^2 & O \\ O & O \end{pmatrix} \tag{2-6}$$

式中，$\Sigma = \mathrm{diag}\{\sigma_1, \sigma_2, \cdots, \sigma_n\}$，即 $\sigma_i^2 = \lambda_i$。

将 V 分块为

$$V = [V_1, V_2] \quad \left(V_1 \in C^{n\times r}, V_2 \in C^{n\times(n-r)}\right)$$

代入式(2-6)，得

$$V_1^{\mathrm{H}}A^{\mathrm{H}}AV_1 = \Sigma^2,\quad V_2^{\mathrm{H}}A^{\mathrm{H}}AV_2 = O$$

经变换得

$$\Sigma^{-1}V_1^{\mathrm{H}}A^{\mathrm{H}}AV_1\Sigma^{-1} = I_r,\quad \left(AV_2\right)^{\mathrm{H}}AV_2 = O$$

从而 $\boldsymbol{A}\boldsymbol{V}_2=\boldsymbol{O}$，记 $\boldsymbol{U}_1=\boldsymbol{A}\boldsymbol{V}_1\Sigma^{-1}$，则有 $\boldsymbol{U}_1^{\mathrm{H}}\boldsymbol{U}_1=\boldsymbol{I}_r$，即 $\boldsymbol{U}_1$ 的 r 个列是两两正交的单位向量。取 $\boldsymbol{U}_2\in\boldsymbol{C}^{m\times(m-r)}$，使得 $\boldsymbol{U}=[\boldsymbol{U}_1,\boldsymbol{U}_2]$。其中，$\boldsymbol{U}_1$、$\boldsymbol{U}_2$ 的列都是两两正交的，即

$$\boldsymbol{U}_2^{\mathrm{H}}\boldsymbol{U}_1=\boldsymbol{O},\quad \boldsymbol{U}_2^{\mathrm{H}}\boldsymbol{U}_2=\boldsymbol{I}_{m-r}$$

则有

$$\begin{aligned}\boldsymbol{U}^{\mathrm{H}}\boldsymbol{A}\boldsymbol{V}&=\begin{pmatrix}\boldsymbol{U}_1^{\mathrm{H}}\\ \boldsymbol{U}_2^{\mathrm{H}}\end{pmatrix}\boldsymbol{A}(\boldsymbol{V}_1,\boldsymbol{V}_2)=\begin{pmatrix}\boldsymbol{U}_1^{\mathrm{H}}\boldsymbol{A}\boldsymbol{V}_1 & \boldsymbol{U}_1^{\mathrm{H}}\boldsymbol{A}\boldsymbol{V}_2\\ \boldsymbol{U}_2^{\mathrm{H}}\boldsymbol{A}\boldsymbol{V}_1 & \boldsymbol{U}_2^{\mathrm{H}}\boldsymbol{A}\boldsymbol{V}_2\end{pmatrix}\\&=\begin{pmatrix}\boldsymbol{U}_1^{\mathrm{H}}(\boldsymbol{U}_1\Sigma) & \boldsymbol{O}\\ \boldsymbol{U}_2^{\mathrm{H}}(\boldsymbol{U}_1\Sigma) & \boldsymbol{O}\end{pmatrix}=\begin{pmatrix}\Sigma & \boldsymbol{O}\\ \boldsymbol{O} & \boldsymbol{O}\end{pmatrix}\end{aligned}\tag{2-7}$$

3. 反对称矩阵

两个坐标系之间的相对角运动，可以使用反对称矩阵表示。反对称矩阵将两个矢量的叉乘变成更简单的矩阵乘法。一个角速度矢量 $\boldsymbol{\omega}_{mk}^{p}$ 的矢量形式和对应的反对称矩阵形式为

$$\boldsymbol{\omega}_{mk}^{p}=\begin{bmatrix}\omega_x\\ \omega_y\\ \omega_z\end{bmatrix}\Rightarrow(\boldsymbol{\omega}_{mk}^{p}\times)=\boldsymbol{\Omega}_{mk}^{p}=\begin{bmatrix}0 & -\omega_z & \omega_y\\ \omega_z & 0 & -\omega_x\\ -\omega_y & \omega_x & 0\end{bmatrix}\tag{2-8}$$

同样的，对于任一矢量，都可以得到相应的反对称矩阵。例如，一个速度矢量 $\boldsymbol{v}^{p}$ 的反对称矩阵形式为

$$\boldsymbol{v}^{p}=\begin{bmatrix}v_x\\ v_y\\ v_z\end{bmatrix}\Rightarrow(\boldsymbol{v}^{p}\times)=\boldsymbol{V}^{p}=\begin{bmatrix}0 & -v_z & v_y\\ v_z & 0 & -v_x\\ -v_y & v_x & 0\end{bmatrix}\tag{2-9}$$

4. 矩阵的迹

1) 定义

设 $\boldsymbol{A}\in\boldsymbol{C}^{n\times n}$，$\boldsymbol{A}$ 的主对角线上各个元素的总和称为矩阵 $\boldsymbol{A}$ 的迹，记作 $\mathrm{trace}(\boldsymbol{A})$。

2) 性质

(1) 设 $\boldsymbol{A},\boldsymbol{B}\in\boldsymbol{C}^{n\times n}$，假设矩阵 $\boldsymbol{A}$ 的所有特征值为 $\lambda_1,\lambda_2,\cdots,\lambda_n$，则矩阵 $\boldsymbol{A}$ 的迹 $\mathrm{trace}(\boldsymbol{A})=\lambda_1+\lambda_2+\cdots+\lambda_n$。

(2) $\mathrm{trace}(\boldsymbol{A}\boldsymbol{B})=\mathrm{trace}(\boldsymbol{B}\boldsymbol{A})$。

2.3 概率论

1. 正态分布

一般地，若随机变量 X 服从一个位置参数为 μ 、尺度参数为 σ 的概率分布，且其概率密度函数为

$$f(x)=\frac{1}{\sqrt{2\pi}\sigma}\exp\left[-\frac{(x-\mu)^2}{2\sigma^2}\right] \tag{2-10}$$

则这个随机变量称为正态随机变量，正态随机变量服从的分布就称为正态分布[34]，记作

$$X\sim N(\mu,\sigma^2) \tag{2-11}$$

当 $\mu=0$ ，$\sigma=1$ 时，正态分布称为标准正态分布，此时的概率密度函数为

$$f(x)=\frac{1}{\sqrt{2\pi}}\exp\left(-\frac{x^2}{2}\right) \tag{2-12}$$

2. 假设检验

假设检验是对总体分布的某些参数或分布函数的形式做某种假设(这种假设称为原假设或统计假设，用 H_0 表示)，然后根据样本的有关信息对原假设的正确性进行推断，这类统计问题称为假设检验[34]。

3. 广义似然比

假设总体 $X\sim F(x;\theta)$，$\theta\in\boldsymbol{\Theta}$ ，$(X_1,X_2,\cdots,X_n)^{\mathrm{T}}$ 是来自总体 X 的一组样本。

零假设和备选假设分别为 $H_0:\theta\in\boldsymbol{\Theta}_0$ 和 $H_1:\theta\in\boldsymbol{\Theta}_1$ ，其中，$\boldsymbol{\Theta}_0\cup\boldsymbol{\Theta}_1=\boldsymbol{\Theta}$ ，$\boldsymbol{\Theta}_0\cap\boldsymbol{\Theta}_1=\varnothing$ 。

假设 $F(x,\theta)$ 的密度函数为 $f(x;\theta)$ ，若 X 为离散型随机变量，$f(x;\theta)$ 表示分布列，则样本 $(X_1,X_2,\cdots X_n)^{\mathrm{T}}$ 的似然函数为

$$L(x_1,x_2,\cdots,x_n;\theta)=\prod_{i=1}^{n}f(x_i;\theta) \tag{2-13}$$

构造似然比为

$$\lambda(x_1,x_2,\cdots,x_n)=\frac{\sup\limits_{\theta\in\Theta}L(x_1,x_2,\cdots,x_n)}{\sup\limits_{\theta\in\Theta_0}L(x_1,x_2,\cdots,x_n)} \tag{2-14}$$

式(2-14)称为样本 X 的广义似然比。

4. 最大似然估计

设总体 X 的分布律为 $P\{X=x\}=p(x;\theta)$（或分布密度为 $p(x;\theta)$），其中 $\theta=(\theta_1,\theta_2,\cdots,\theta_m)$ 是未知参数，$(X_1,X_2,\cdots,X_n)$ 为总体 X 的一个样本，则称样本 $(X_1,X_2,\cdots,X_n)$ 的联合分布律(或联合分布密度)为似然函数，记为 $L(\theta)$，即

$$L(\theta)=\prod_{i=1}^{n}p(x_i;\theta) \tag{2-15}$$

式中，$(x_1,x_2,\cdots,x_n)$ 为一个样本值。

如果似然函数 $L(\theta)=\prod_{i=1}^{n}p(x_i;\theta)\left(\theta=(\theta_1,\theta_2,\cdots,\theta_m)\right)$ 在 $\hat{\theta}=\left(\hat{\theta}_1,\ \hat{\theta}_2,\cdots,\ \hat{\theta}_m\right)$ 处达到最大值，则称 $\hat{\theta}_1,\ \hat{\theta}_2,\cdots,\ \hat{\theta}_m$ 分别为 $\theta_1,\theta_2,\cdots,\theta_m$ 的最大似然估计。

5. 高斯马尔可夫过程

平稳高斯马尔可夫过程可用一阶微分方程描述：

$$\dot{e}=-\frac{1}{\tau}e+\sqrt{\frac{2\sigma_e^2}{\tau}}u \tag{2-16}$$

式中，e 为误差量；τ 为随机过程的时间常数；σ_e^2 为 e 的方差；u 为单位白噪声输入项。为了便于进行数字仿真，下面给出其离散形式：

$$e_{k+1}=\boldsymbol{\Phi}\cdot e_k+\omega_k \tag{2-17}$$

式中，$\boldsymbol{\Phi}=e^{(-\Delta t/\tau)}$，$\Delta t$ 为采样间隔；ω_k 为高斯白噪声序列。

6. 最小二乘法

最小二乘法可以用来解超定方程组，即方程组中方程的个数大于未知数的个数。利用最小二乘法可以简便地求得未知数，并使求得的数据与实际数据之间误差的平方和最小[34]。

假设需要从 m 维噪声观测矢量 $\boldsymbol{z}(z_1,z_2,\cdots,z_m)$ 中估计 n 维矢量 $\boldsymbol{x}(x_1,x_2,\cdots,x_n)$，$m>n$。量测矢量 $\boldsymbol{z}$ 与矢量 $\boldsymbol{x}$ 线性相关且相差一个误差矢量 $\boldsymbol{\varepsilon}$，即

$$\boldsymbol{z}=\boldsymbol{H}\boldsymbol{x}+\boldsymbol{\varepsilon} \tag{2-18}$$

式中，$\boldsymbol{H}$ 是一个已知的 $m\times n$ 维矩阵，称为设计矩阵，矩阵的秩为 n。

下面采用最小二乘法估计 $\boldsymbol{x}$ 值，使得残差矩阵($\boldsymbol{z}-\boldsymbol{H}\boldsymbol{x}$)的平方和最小。$\boldsymbol{x}$ 的

估计值用 $\hat{\boldsymbol{x}}$ 表示，有

$$\min\left\|\boldsymbol{z}-\boldsymbol{H}\hat{\boldsymbol{x}}\right\|^2=\left(\boldsymbol{z}-\boldsymbol{H}\hat{\boldsymbol{x}}\right)_{1\times m}^{\mathrm{T}}\left(\boldsymbol{z}-\boldsymbol{H}\hat{\boldsymbol{x}}\right)_{m\times 1} \tag{2-19}$$

展开式(2-19)等号左边部分可得

$$\left\|\boldsymbol{z}-\boldsymbol{H}\hat{\boldsymbol{x}}\right\|^2=\boldsymbol{z}^{\mathrm{T}}\boldsymbol{z}-\boldsymbol{z}^{\mathrm{T}}\boldsymbol{H}\hat{\boldsymbol{x}}-\hat{\boldsymbol{x}}^{\mathrm{T}}\boldsymbol{H}^{\mathrm{T}}\boldsymbol{z}+\hat{\boldsymbol{x}}^{\mathrm{T}}\boldsymbol{H}^{\mathrm{T}}\boldsymbol{H}\hat{\boldsymbol{x}} \tag{2-20}$$

欲求最小值，需要利用式(2-20)对 $\hat{\boldsymbol{x}}$ 进行微分，根据以下两个求导公式：

$$\frac{\partial\left(\boldsymbol{x}^{\mathrm{T}}\boldsymbol{a}\right)}{\partial\boldsymbol{x}}=\frac{\partial\left(\boldsymbol{a}^{\mathrm{T}}\boldsymbol{x}\right)}{\partial\boldsymbol{x}}=\boldsymbol{a}^{\mathrm{T}} \tag{2-21}$$

$$\frac{\partial\left(\boldsymbol{x}^{\mathrm{T}}\boldsymbol{A}\boldsymbol{x}\right)}{\partial\boldsymbol{x}}=\left(\boldsymbol{A}\boldsymbol{x}\right)^{\mathrm{T}}+\boldsymbol{x}^{\mathrm{T}}\boldsymbol{A} \tag{2-22}$$

对式(2-20)进行求导得

$$\begin{aligned}\frac{\partial\left(\left\|\boldsymbol{z}-\boldsymbol{H}\hat{\boldsymbol{x}}\right\|^2\right)}{\partial\hat{\boldsymbol{x}}}&=0-\boldsymbol{z}^{\mathrm{T}}\boldsymbol{H}-\left(\boldsymbol{H}^{\mathrm{T}}\boldsymbol{z}\right)^{\mathrm{T}}+\left(\boldsymbol{H}^{\mathrm{T}}\boldsymbol{H}\hat{\boldsymbol{x}}\right)^{\mathrm{T}}+\hat{\boldsymbol{x}}^{\mathrm{T}}\boldsymbol{H}^{\mathrm{T}}\boldsymbol{H}\\&=-2\left(\boldsymbol{z}^{\mathrm{T}}\boldsymbol{H}-\hat{\boldsymbol{x}}^{\mathrm{T}}\boldsymbol{H}^{\mathrm{T}}\boldsymbol{H}\right)\end{aligned} \tag{2-23}$$

为使 $\left\|\boldsymbol{z}-H\hat{\boldsymbol{x}}\right\|^2$ 最小，令式(2-23)等于零，求解得 $\hat{\boldsymbol{x}}$：

$$\begin{cases}-2\left(\boldsymbol{z}^{\mathrm{T}}\boldsymbol{H}-\hat{\boldsymbol{x}}^{\mathrm{T}}\boldsymbol{H}^{\mathrm{T}}\boldsymbol{H}\right)=0\\\hat{\boldsymbol{x}}^{\mathrm{T}}\boldsymbol{H}^{\mathrm{T}}\boldsymbol{H}=\boldsymbol{z}^{\mathrm{T}}\boldsymbol{H}\\\left(\hat{\boldsymbol{x}}^{\mathrm{T}}\boldsymbol{H}^{\mathrm{T}}\boldsymbol{H}\right)^{\mathrm{T}}=\left(\boldsymbol{z}^{\mathrm{T}}\boldsymbol{H}\right)^{\mathrm{T}}\\\boldsymbol{H}^{\mathrm{T}}\boldsymbol{H}\hat{\boldsymbol{x}}=\boldsymbol{H}^{\mathrm{T}}\boldsymbol{z}\\\hat{\boldsymbol{x}}=\left(\boldsymbol{H}^{\mathrm{T}}\boldsymbol{H}\right)^{-1}\boldsymbol{H}^{\mathrm{T}}\boldsymbol{z}\end{cases} \tag{2-24}$$

可以证明求得的估计值 $\hat{\boldsymbol{x}}$，能够保证式(2-20)所得结果为最小。

2.4　四　元　数

早在 1843 年，哈密尔顿就在数学中引入了四元数。直到 20 世纪 60 年代，随着空间技术、计算机技术，特别是捷联惯导技术的发展，四元数的优越性才逐渐引起人们的重视。

1. 四元数的定义

四元数 $\boldsymbol{Q}$ 的定义为

$$\boldsymbol{Q}=q_0 1+q_1\boldsymbol{i}+q_2\boldsymbol{j}+q_3\boldsymbol{k}$$

式中，q_0、q_1、q_2、q_3 为四个实数；1 为实数部分的基；$\boldsymbol{i}$、$\boldsymbol{j}$、$\boldsymbol{k}$ 为四元数的另三个基。

四元数的基具有双重性质，即向量代数中的向量性质和复数运算中的虚数性质，因此文献中又将四元数称为超复数。四元数的基满足下列关系：

$$\begin{cases}\boldsymbol{i}^2=\boldsymbol{j}^2=\boldsymbol{k}^2=-1\\ \boldsymbol{ij}=\boldsymbol{k},\boldsymbol{ji}=-\boldsymbol{k}\\ \boldsymbol{jk}=\boldsymbol{i},\boldsymbol{kj}=-\boldsymbol{i}\\ \boldsymbol{ki}=\boldsymbol{j},\boldsymbol{ik}=-\boldsymbol{j}\end{cases}\tag{2-25}$$

2. 四元数的表示方法

四元数有下列几种表示方法。

(1) 矢量形式：$\boldsymbol{Q}=q_0+\boldsymbol{q}$。

(2) 复数形式：$\boldsymbol{Q}=q_0 1+q_1\boldsymbol{i}+q_2\boldsymbol{j}+q_3\boldsymbol{k}$。式中，$\boldsymbol{Q}$ 可被视为一个超复数，其共轭复数为 $\boldsymbol{Q}^*=q_0 1-q_1\boldsymbol{i}-q_2\boldsymbol{j}-q_3\boldsymbol{k}$。

(3) 三角形式：$\boldsymbol{Q}=\cos\dfrac{\theta}{2}+\boldsymbol{u}\sin\dfrac{\theta}{2}$。

(4) 指数形式：$\boldsymbol{Q}=\mathrm{e}^{\boldsymbol{u}\frac{\theta}{2}}$。

(5) 矩阵形式：$\boldsymbol{Q}=\begin{bmatrix}q_0\\q_1\\q_2\\q_3\end{bmatrix}$。

四元数的大小用矩阵的范数表示为 $\|\boldsymbol{Q}\|=q_0^2+q_1^2+q_2^2+q_3^2$ 或 $\|\boldsymbol{Q}\|=\boldsymbol{Q}\otimes\boldsymbol{Q}^*$。若 $\|\boldsymbol{Q}\|=1$，则称 $\boldsymbol{Q}$ 为规范四元数。

3. 四元数的运算法则

设 $\boldsymbol{Q}=q_0+q_1\boldsymbol{i}+q_2\boldsymbol{j}+q_3\boldsymbol{k}$，$\boldsymbol{P}=p_0+p_1\boldsymbol{i}+p_2\boldsymbol{j}+p_3\boldsymbol{k}$ 表示两个四元数。

1) 四元数的加减

四元数 $\boldsymbol{Q}$ 与 $\boldsymbol{P}$ 相加减：

$$\boldsymbol{Q}\pm\boldsymbol{P}=(q_0\pm p_0)+(q_1\pm p_1)\boldsymbol{i}+(q_2\pm p_2)\boldsymbol{j}+(q_3\pm p_3)\boldsymbol{k}$$

2) 四元数的乘法

与标量 a 相乘：

$$a\boldsymbol{Q}=aq_0+aq_1\boldsymbol{i}+aq_2\boldsymbol{j}+aq_3\boldsymbol{k}$$

四元数相乘：

$$\begin{aligned}\boldsymbol{P}\otimes\boldsymbol{Q}&=(p_0+p_1\boldsymbol{i}+p_2\boldsymbol{j}+p_3\boldsymbol{k})\otimes(q_0+q_1\boldsymbol{i}+q_2\boldsymbol{j}+q_3\boldsymbol{k})\\&=(p_0q_0-p_1q_1-p_2q_2-p_3q_3)+(p_0q_1+p_1q_0+p_2q_3-p_3q_2)\boldsymbol{i}\\&\quad+(p_0q_2+p_2q_0+p_3q_1-p_1q_3)\boldsymbol{j}+(p_0q_3+p_3q_0+p_1q_2-p_2q_1)\boldsymbol{k}\\&=r_0+r_1\boldsymbol{i}+r_2\boldsymbol{j}+r_3\boldsymbol{k}\end{aligned}$$

写成矩阵形式：

$$\begin{bmatrix}r_0\\r_1\\r_2\\r_3\end{bmatrix}=\begin{bmatrix}p_0&-p_1&-p_2&-p_3\\p_1&p_0&-p_3&p_2\\p_2&p_3&p_0&-p_1\\p_3&-p_2&p_1&p_0\end{bmatrix}\begin{bmatrix}q_0\\q_1\\q_2\\q_3\end{bmatrix}=\boldsymbol{M}(\boldsymbol{P})\boldsymbol{Q} \tag{2-26}$$

或

$$\begin{bmatrix}r_0\\r_1\\r_2\\r_3\end{bmatrix}=\begin{bmatrix}q_0&-q_1&-q_2&-q_3\\q_1&q_0&q_3&-q_2\\q_2&-q_3&q_0&q_1\\q_3&q_2&-q_1&q_0\end{bmatrix}\begin{bmatrix}p_0\\p_1\\p_2\\p_3\end{bmatrix}=\boldsymbol{M}'(\boldsymbol{Q})\boldsymbol{P} \tag{2-27}$$

式中，$\boldsymbol{M}(\boldsymbol{P})$ 的构成形式是第一列为四元数的本身；第一行为 $\boldsymbol{P}$ 共轭四元数的转置。

划去式(2-26)中 $\boldsymbol{M}(\boldsymbol{P})$ 的第一行和第一列，余下的部分为

$$\boldsymbol{V}_P=\begin{bmatrix}p_0&-p_3&p_2\\p_3&p_0&-p_1\\-p_2&p_1&p_0\end{bmatrix}$$

其称为 $\boldsymbol{M}(\boldsymbol{P})$ 的核，是由四元数 $\boldsymbol{P}$ 的元构成的反对称矩阵，同理 $\boldsymbol{M}'(\boldsymbol{Q})$ 的核为

$$\boldsymbol{V}_Q'=\begin{bmatrix}q_0&q_3&-q_2\\-q_3&q_0&q_1\\q_2&-q_1&q_0\end{bmatrix}$$

可见 $\boldsymbol{M}(\boldsymbol{Q})$ 与 $\boldsymbol{M}'(\boldsymbol{Q})$ 构成相似，但核不同。

由以上分析可得四元数的乘法矩阵表示形式：

$$\begin{cases}\boldsymbol{P}\otimes\boldsymbol{Q}=\boldsymbol{M}(\boldsymbol{P})\boldsymbol{Q}\\\boldsymbol{P}\otimes\boldsymbol{Q}=\boldsymbol{M}'(\boldsymbol{Q})\boldsymbol{P}\end{cases} \tag{2-28}$$

由于 $\boldsymbol{M}(\boldsymbol{P})$ 与 $\boldsymbol{M}'(\boldsymbol{P})$ 的核不同，四元数的乘法不满足交换律，即

$$P \otimes Q = M(P)Q \neq M'(P)Q = Q \otimes P \tag{2-29}$$

四元数的乘法满足分配律和结合律，即

$$\begin{cases} P \otimes (Q + R) = P \otimes Q + P \otimes R \\ P \otimes Q \otimes R = (P \otimes Q) \otimes R = P \otimes (Q \otimes R) \end{cases} \tag{2-30}$$

3) 四元数的除法——求逆

如果 $P \otimes R = 1$，则称 R 为 P 的逆，记做 $R = P^{-1}$，根据四元数的定义可知：

$$P \otimes P^* = \|P\|$$

因此，$P \otimes \frac{P^*}{\|P\|} = 1$，$\frac{P^*}{\|P\|}$ 即为 P 的逆。

第 3 章　冗余捷联惯组配置方案

惯导系统的可靠性取决于系统中各元部件的可靠性。一般来说，在惯导系统中，惯性传感器的可靠性相对其他元部件比较低，它对整个系统的可靠性有着至关重要的影响。为了提高系统的可靠性，可采用两种方法：一种方法是提高包括陀螺仪和加速度计在内的单个元部件的可靠性，以降低故障发生率；另一种方法是增加一定数量的陀螺仪和加速度计，或采用多套惯导系统，即采用冗余或余度的方法，以提高系统的容错水平[35]。前一种方法的提高程度往往是有限度的；后一种方法则可以有效地提高系统的可靠性。

分析表明，当惯性传感器数量增加时，系统可靠性将提高；但并非惯性传感器数量越多越好，因为它相应地增加了系统的体积、质量和成本，而可靠性的增长并不显著。在所用的惯性传感器数量确定以后，可以有不同的配置方案。

3.1　冗余捷联惯组的基础知识

冗余捷联惯组通过对多余度惯性器件提供的冗余测量值进行处理，降低单个惯性器件故障的影响，因此在可靠性与导航方面都有非常实际的意义。理解冗余捷联惯组，主要理解两个大部分，即“冗余”与“捷联惯组”。

捷联惯性测量组件简称捷联惯组，是捷联惯导系统的核心组件，其输出信息精度在一定程度上决定了整个导航系统的精度。在捷联惯导系统中，惯组固联在箭体上，捷联惯组中的惯性器件(又称惯性仪表)包括陀螺仪和加速度计。陀螺仪可以用来测量运载体角速度，加速度计可以用来测量运载体的视加速度(比力)。由于惯组直接固联在箭体上，省去了机电式的导航平台，从而给系统带来了许多优点：

(1) 整个系统的体积、质量和成本大大降低；

(2) 惯性仪表便于安装维护，也便于更换；

(3) 与平台式系统相比，捷联惯导系统可以提供沿载体三个轴的速度和加速度信息；

(4) 惯性仪表便于采用余度配置，可以通过斜置安装惯性器件合理地配置惯组，利用较少的惯性器件达到较高的可靠性。

3.1.1 陀螺仪

陀螺仪按照工作原理可以分为转子陀螺仪、光学陀螺仪和振动陀螺仪。在冗余捷联惯组中常用的陀螺仪为激光陀螺仪和光纤陀螺仪，都属于光学陀螺仪。

1) 激光陀螺仪

激光陀螺仪具有较强的环境适应性和高可靠性，它采用激光环形谐振测量法对惯性角速度进行测量。根据激光谐振腔的腔形不同，可以分为三角形腔和四边形腔。

三角形腔激光陀螺仪的基本结构如图 3-1 所示，在三角形管道的每一个角上分别安装反射镜，形成三角形的谐振腔。工作时，通过对两个阳极和阴极之间施加高压，产生放电现象，引起气体中发射再生激光。激光光束围绕三角形谐振腔光路旋转，通过调整腔长实现谐振。最后，通过检测环形光路中两束激光的频差即可计算出相对于惯性空间的角速率。

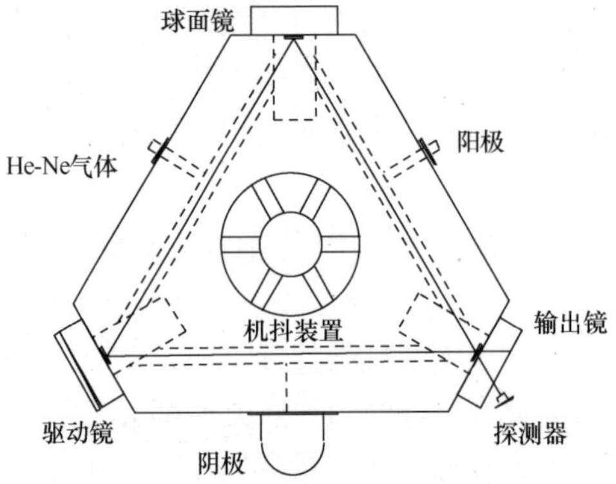

图 3-1 三角形腔激光陀螺仪的基本结构

在实际应用中，气体的变化、镜面散射和激光束在传播过程中的波动和衰减等因素，会导致激光陀螺仪的输入-输出特性偏离理想情况。这些因素就构成了激光陀螺仪的误差源，一般认为，影响激光陀螺仪精度的误差源主要有常值漂移、刻度系数误差和安装误差等。

2) 光纤陀螺仪

在对提高激光陀螺仪精度的研究基础上，1976 年，Vail 和 Shorthill 提出了光纤陀螺仪的概念。光纤陀螺仪相较于激光陀螺仪不仅具有激光陀螺仪的特点，而且不需要高品质反射镜和封装光学谐振腔，大大降低了结构复杂性和成本。

光纤陀螺仪的基本结构如图 3-2 所示，光源发出的光经耦合器 1 和偏振器后被耦合器 2 分为两束。在光纤环中分别沿相反的方向传播，经耦合器 2 再次汇合后发生干涉效应。两束干涉光依次经过偏振器和耦合器 1 传回探测器，在探测器

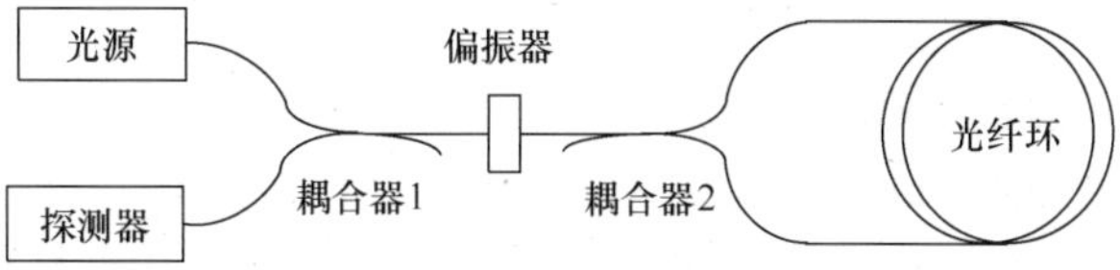

图 3-2　光纤陀螺仪的基本结构

中干涉光被转换为电信号。最后，通过检测两束光波的相位差即可获得角速率。

光纤受温度影响较大，温度会改变其环面面积，直接影响标度因素，还会引起光程变化产生随机漂移。这些因素就构成了光纤陀螺仪精度的误差源，主要有常值漂移、刻度系数误差和安装误差等[36]。

3.1.2　加速度计

加速度计有多种分类方法，按工作方式可以分为位移式、摆式、振动式和光电式加速度计等；按支撑方式可以分为机械支撑、液浮、气浮和磁悬浮加速度计等；按信号敏感方式可以分为电容式、电感式、压阻式、压电式和光电式加速度计等。加速度计中石英加速度计应用最广泛，其包括石英挠性加速度计和石英振梁加速度计。

(1) 石英挠性加速度计的检测质量为整体式圆舌形石英摆片，在运载体惯性加速度作用下，摆片偏离平衡位置，使得差动式平板电容产生输出信号。该信号经过混合电子线路处理后，供给永磁式力矩器线圈电流，其与永久磁铁的磁场形成的电磁力矩直接反馈到摆片上，使摆片返回原位。力矩器的电磁力矩与包括惯性力矩和摆片运动产生的空气压膜阻尼力矩在内的外力矩相平衡。稳态时，电磁力矩与惯性力矩平衡，而力矩器线圈中的电流与电磁力矩成正比，因此，力矩器线圈中的电流可以作为惯性加速度的度量。

石英挠性加速度计的检测质量是通过挠性接头连接到壳体的摆臂，对于外加速度的响应是围绕挠性接头的转动。然而，由于力反馈回路的作用，检测质量总是被限制在其零位附近，以维持对于外加速度的线性灵敏度[37]。

(2) 石英振梁加速度计由配对的石英谐振器、带挠性支承约束的摆片、晶体控制振荡器与频率检测电路、密封外壳与恒温装置等组成。石英谐振器有两种基本形式：双端音叉式和单梁式。石英振梁加速度计的一般性误差包括常值漂移、标度因数误差和安装误差等。

3.2　冗余捷联惯组配置方案的设计要求

选择冗余捷联惯组配置方案一般需要考虑以下四点。

1) 冗余配置方案应使系统获得高可靠性

尽可能使系统获得高的可靠性，是选择冗余系统配置方案必须考虑的首要问题。陀螺仪/加速度计的配置大致可分为两种，测量轴的正交配置和非正交配置。虽然对这两种配置难以进行单纯的比较，但如果单从可靠性考虑，后者比前者好。

2) 冗余配置方案应具有小的测量误差

在陀螺仪/加速度计精度一定的情况下，测量误差与配置方案有关。从测量精度分析，在相同环境下，非正交配置方案的测量精度比正交配置方案的测量精度低。

3) 冗余配置方案的工程实现性应较高

在进行冗余捷联惯组配置方案设计时，必须考虑工程实现的难易程度。在满足精度及可靠性的前提下，应该具备较高的工程可实现性。

4) 冗余配置方案应尽量使计算简化

当采用正交配置方案时，陀螺仪/加速度计直接输出载体 3 个主轴的角速度/比力，无须进行附加的计算。然而当采用非正交(斜置)配置时，需要对陀螺仪/加速度计的输出进行附加计算，才能得到运载体 3 个主轴的角速度/比力，但这样会多耗费一些机时并引起新的计算误差。因此应综合考虑，在保证具有高可靠性的前提下，选择的配置方案应尽量使计算简化。

3.3　冗余捷联惯组最优配置

3.3.1　导航性能与冗余捷联惯组配置的关系

典型惯性传感器量测方程可以描述为

$$\boldsymbol{Z}=\boldsymbol{H}\boldsymbol{X}+\boldsymbol{\varepsilon}\ ,\quad \boldsymbol{\varepsilon}\sim N\left(0,\rho I_n\right) \tag{3-1}$$

式中，$\boldsymbol{Z}=\left[z_1,z_2,\cdots,z_n\right]^{\mathrm{T}}\in\boldsymbol{R}^n$ 为惯性器件输出；n 为惯性传感器的个数；$\boldsymbol{H}=\left[h_1,h_2,\cdots,h_n\right]^{\mathrm{T}}$ 为 $n\times 3$ 的配置矩阵，且 $\mathrm{rank}(\boldsymbol{H})=3$，$|h_i|=1,i=1,2,\cdots,n$；$\boldsymbol{X}\in\boldsymbol{R}^3$ 为箭体的三维角速度/比力；$\boldsymbol{\varepsilon}=\left[\varepsilon_1,\varepsilon_2,\cdots,\varepsilon_n\right]^{\mathrm{T}}\in\boldsymbol{R}^n$ 为测量噪声，$\varepsilon_i(i=1,2,\cdots,n)$ 相互独立，并假设为零均值、方差为 ρ^2 的随机噪声。

利用最小二乘法得到 $\boldsymbol{X}$ 的最小二乘估计值 $\hat{\boldsymbol{X}}=\left(\boldsymbol{H}^{\mathrm{T}}\boldsymbol{H}\right)^{-1}\boldsymbol{H}^{\mathrm{T}}\boldsymbol{Z}$，定义 $\boldsymbol{X}$ 的估值误差为 $\boldsymbol{e}(t)=\boldsymbol{X}-\hat{\boldsymbol{X}}$，则其估计协方差阵为

$$\boldsymbol{P}=E\left[\boldsymbol{e}(t)\boldsymbol{e}^{\mathrm{T}}(t)\right]=\left(\boldsymbol{H}^{\mathrm{T}}\boldsymbol{H}\right)^{-1}\rho^2 \tag{3-2}$$

因此，可以得到如下优化配置性能指标：

$$\boldsymbol{J}=\operatorname{trace}(\boldsymbol{P})=\rho^2\operatorname{trace}\left\{\left(\boldsymbol{H}\boldsymbol{H}^{\mathrm{T}}\right)^{-1}\right\} \tag{3-3}$$

最优配置应使式(3-3)中的性能指标值最小，Shim 和 Yang[38]提出，指标函数取得最小值的充要条件为 $\boldsymbol{H}^{\mathrm{T}}\boldsymbol{H}=\frac{n}{3}\boldsymbol{I}_3$（$n$ 为安装敏感元件的个数）。性能指标取得最小值，也就是系统由噪声引起的导航误差达到最小，此时系统可以获得最优的导航性能。

下面对冗余捷联惯组最优配置的充要条件进行简要分析。

充分性：假设 $\boldsymbol{H}^{\mathrm{T}}\boldsymbol{H}=\frac{n}{3}\boldsymbol{I}_3$ 成立，且 $\boldsymbol{H}^{\mathrm{T}}\boldsymbol{H}$ 的特征值为 λ_1、λ_2、λ_3，则式(3-3)可以写成 $\boldsymbol{J}=\operatorname{trace}(\boldsymbol{P})=\rho^2\operatorname{trace}\left\{\left(\boldsymbol{H}\boldsymbol{H}^{\mathrm{T}}\right)^{-1}\right\}=\rho^2\left(\frac{1}{\lambda_1}+\frac{1}{\lambda_2}+\frac{1}{\lambda_3}\right)$，由均值不等式可知 $\frac{a_1+a_2+\cdots+a_n}{n}\geqslant\sqrt[n]{a_1a_2\cdots a_n}$，当 $a_1=a_2=\cdots=a_n$ 时等号成立。因此可得性能指标 $\boldsymbol{J}=\rho^2\left(\frac{1}{\lambda_1}+\frac{1}{\lambda_2}+\frac{1}{\lambda_3}\right)\geqslant\frac{3\rho^2}{\sqrt[3]{\lambda_1\lambda_2\lambda_3}}$，当 $\lambda_1=\lambda_2=\lambda_3=\frac{n}{3}$ 时等号成立，此时性能指标值最小，$\boldsymbol{H}^{\mathrm{T}}\boldsymbol{H}=\frac{n}{3}\boldsymbol{I}_3$ 充分性得证。

必要性：假设冗余惯组的配置矩阵 $\boldsymbol{H}$ 为最优配置且性能指标值最小，设 $\boldsymbol{H}^{\mathrm{T}}\boldsymbol{H}$ 的特征值为 λ_1、λ_2、λ_3，由均值不等式可以得到性能指标为 $\boldsymbol{J}=\operatorname{trace}(\boldsymbol{P})=\rho^2\operatorname{trace}\left\{\left(\boldsymbol{H}\boldsymbol{H}^{\mathrm{T}}\right)^{-1}\right\}=\rho^2\left(\frac{1}{\lambda_1}+\frac{1}{\lambda_2}+\frac{1}{\lambda_3}\right)\geqslant\frac{3\rho^2}{\sqrt[3]{\lambda_1\lambda_2\lambda_3}}$，当 $\lambda_1=\lambda_2=\lambda_3$ 时性能指标最小。

已知 $\operatorname{trace}(\boldsymbol{H}^{\mathrm{T}}\boldsymbol{H})=\lambda_1+\lambda_2+\lambda_3$，$\operatorname{trace}(\boldsymbol{H}\boldsymbol{H}^{\mathrm{T}})=\sum_{i=1}^{n}\left\|h_i\right\|^2=n$，并且由矩阵知识可得 $\operatorname{trace}(\boldsymbol{H}^{\mathrm{T}}\boldsymbol{H})=\operatorname{trace}(\boldsymbol{H}\boldsymbol{H}^{\mathrm{T}})$，当满足式(3-3)性能指标最小时有 $\lambda_1=\lambda_2=\lambda_3$，因此可以得到 $\lambda_1=\lambda_2=\lambda_3=\frac{n}{3}$。

由奇异值分解可知，配置矩阵可以分解为

$$\boldsymbol{H}=\boldsymbol{U}\begin{bmatrix}\boldsymbol{\Sigma}\\\boldsymbol{O}\end{bmatrix}\boldsymbol{V}^{\mathrm{T}}$$

式中，$\boldsymbol{U}$ 为行向量 $\left[\boldsymbol{u}_1,\boldsymbol{u}_2,\cdots,\boldsymbol{u}_n\right]$；$\boldsymbol{V}$ 为行向量 $\left[\boldsymbol{v}_1,\boldsymbol{v}_2,\boldsymbol{v}_3\right]$；$\boldsymbol{\Sigma}$ 为对角矩阵 $\operatorname{diag}\{\sigma_1,\sigma_2,\sigma_3\}$。

又因为$\sigma_i^2=\lambda_i$，所以可得$\boldsymbol{\Sigma}=\mathrm{diag}\{\sqrt{\frac{n}{3}},\sqrt{\frac{n}{3}},\sqrt{\frac{n}{3}}\}$，而$\boldsymbol{U}$、$\boldsymbol{V}$各列为两两正交的单位向量，因此最终可证$\boldsymbol{H}^{\mathrm{T}}\boldsymbol{H}=\boldsymbol{V}\begin{bmatrix}\boldsymbol{\Sigma}\\0\end{bmatrix}^{\mathrm{T}}\boldsymbol{U}^{\mathrm{T}}\boldsymbol{U}\begin{bmatrix}\boldsymbol{\Sigma}\\0\end{bmatrix}\boldsymbol{V}^{\mathrm{T}}=\boldsymbol{\Sigma}^2=\frac{n}{3}\boldsymbol{I}$。

3.3.2 故障检测性能与冗余捷联惯组配置的关系

当发生故障时，式(3-1)描述的系统量测方程可以表示为

$$\boldsymbol{Z}=\boldsymbol{HX}+\boldsymbol{f}+\boldsymbol{\varepsilon} \tag{3-4}$$

式中，$\boldsymbol{f}=\left[f_1,f_2,\cdots,f_n\right]^{\mathrm{T}}\in\boldsymbol{R}^n$为故障向量，其中$n$为陀螺仪或加速度计的个数。

定义奇偶向量：

$$\boldsymbol{p}=\boldsymbol{VZ}=\boldsymbol{Vf}+\boldsymbol{V\varepsilon} \tag{3-5}$$

式中，$\boldsymbol{V}=\left[v_1,v_2,\cdots,v_n\right]$为解耦矩阵，满足以下条件：

$$\begin{cases}\boldsymbol{VH}=0\\ \boldsymbol{VV}^{\mathrm{T}}=\boldsymbol{I}_{n-3}\\ \boldsymbol{V}^{\mathrm{T}}\boldsymbol{V}=\boldsymbol{I}_n-\boldsymbol{H}\left(\boldsymbol{H}^{\mathrm{T}}\boldsymbol{H}\right)^{-1}\boldsymbol{H}^{\mathrm{T}}\end{cases} \tag{3-6}$$

奇偶向量$\boldsymbol{p}$用于冗余捷联惯组故障检测与隔离，解耦矩阵$\boldsymbol{V}$适用于多种故障检测与隔离算法。解耦矩阵$\boldsymbol{V}$的列向量$\boldsymbol{v}_i$的维数为$(n-3)$，随着惯性传感器数量n的增加，$\boldsymbol{v}_i$的维数也变大，从而故障检测与隔离的性能也会相应提高。

由上述分析可知，惯性传感器的数量越多，故障检测与隔离的性能越好。事实上，惯性传感器数量n一定时，也会出现多种不同的冗余配置方案。以圆锥型配置为例，n个惯性传感器的敏感轴均匀地分布在半锥顶角为θ的圆锥表面。此时，配置矩阵$\boldsymbol{H}$为

$$\boldsymbol{H}=\begin{bmatrix}\sin\theta & 0 & \cos\theta\\ \sin\theta\cos\left(\frac{2\pi}{n}\right) & \sin\theta\sin\left(\frac{2\pi}{n}\right) & \cos\theta\\ \vdots & \vdots & \vdots\\ \sin\theta\cos\left(k\frac{2\pi}{n}\right) & \sin\theta\sin\left(k\frac{2\pi}{n}\right) & \cos\theta\\ \vdots & \vdots & \vdots\\ \sin\theta\cos\left((n-2)\frac{2\pi}{n}\right) & \sin\theta\sin\left((n-2)\frac{2\pi}{n}\right) & \cos\theta\\ \sin\theta\cos\left((n-1)\frac{2\pi}{n}\right) & \sin\theta\sin\left((n-1)\frac{2\pi}{n}\right) & \cos\theta\end{bmatrix} \tag{3-7}$$

配置矩阵 $\boldsymbol{H}$ 的值域为

$$\mathrm{Range}(\boldsymbol{H})=\mathrm{span}\{\boldsymbol{H}_1,\boldsymbol{H}_2,\boldsymbol{H}_3\} \tag{3-8}$$

式中，$\boldsymbol{H}_1=\left[1,\cos\left(\frac{2\pi}{n}\right),\cos\left(2\frac{2\pi}{n}\right),\cos\left(3\frac{2\pi}{n}\right),\cdots,\cos\left((n-1)\frac{2\pi}{n}\right)\right]^{\mathrm{T}}$；$\boldsymbol{H}_2=\left[1,\sin\left(\frac{2\pi}{n}\right),\sin\left(2\frac{2\pi}{n}\right),\sin\left(3\frac{2\pi}{n}\right),\cdots,\sin\left((n-1)\frac{2\pi}{n}\right)\right]^{\mathrm{T}}$；$\boldsymbol{H}_3=[1,1,\cdots,1]^{\mathrm{T}}$。

由式(3-7)和式(3-8)可知，配置矩阵 $\boldsymbol{H}$ 与半锥顶角 θ 有关，但是它的值域 $\mathrm{Range}(\boldsymbol{H})$ 与半锥顶角无关，因为解耦矩阵 $\boldsymbol{V}$ 的行向量构成了配置矩阵 $\boldsymbol{H}$ 的零空间，所以解耦矩阵 $\boldsymbol{V}$ 是一个常量，与半锥顶角无关。因此，由式(3-5)可知，在惯性传感器数量一定时，半锥顶角的大小与故障检测的性能无关。

3.3.3 冗余捷联惯组最优配置的条件

3.3.1 和 3.3.2 小节论述了冗余捷联惯组配置与导航性能以及故障检测性能的关系，本小节将提出兼顾导航性能与故障检测性能时，冗余捷联惯组最优配置的条件。

冗余捷联惯组配置优化性能指标为

$$\begin{cases}\boldsymbol{J}=\min\limits_{i,j(i<j)}\theta_{ij}^{\mathrm{H}}\\ \boldsymbol{H}^{\mathrm{T}}\boldsymbol{H}=\dfrac{n}{3}\boldsymbol{I}\end{cases} \tag{3-9}$$

式中，θ_{ij}^{H} 为冗余捷联惯组中第 i 个和第 j 个惯性传感器敏感轴的夹角，且 $\theta_{ij}^{\mathrm{H}}=\min\left\{\theta_{ij}^{\mathrm{H}},\pi-\theta_{ij}^{\mathrm{H}}\right\}$。

将配置矩阵写成列向量的形式，即 $\boldsymbol{H}=\left[h_1,\cdots,h_i,\cdots,h_j,\cdots,h_n\right]^{\mathrm{T}}$，用 h_i、h_j 代替式(3-9)中的 θ_{ij}^{H}，则性能指标可记为

$$\begin{cases}\boldsymbol{J}'=\max\limits_{i,j(i<j)}\left|h_i h_j^{\mathrm{T}}\right|\\ \boldsymbol{H}^{\mathrm{T}}\boldsymbol{H}=\dfrac{n}{3}\boldsymbol{I}\end{cases} \tag{3-10}$$

导航性能最优时，最优的冗余配置形式是使距离最近的两个惯性传感器的夹角最大，则导航性能和故障检测性能同时最优时，冗余配置满足如下条件：

$$\begin{cases}\boldsymbol{H}_{\mathrm{optimal}}=\arg\max\limits_{H_k}\min\limits_{i,j(i<j)}\theta_{ij}^{\mathrm{H}}\\ \boldsymbol{H}_k^{\mathrm{T}}\boldsymbol{H}_k=\dfrac{n}{3}\boldsymbol{I}\end{cases} \tag{3-11}$$

用 h_{ki}、h_{kj} 代替 $\theta_{ij}^{H_k}$，则式(3-11)可表示为

$$\begin{cases} \boldsymbol{H}'_{\text{optimal}} = \arg\min\limits_{H_k} \max\limits_{i,j(i<j)} \left| h_{ki} h_{kj}^{\mathrm{T}} \right| \\ \boldsymbol{H}_k^{\mathrm{T}} \boldsymbol{H}_k = \dfrac{n}{3} \boldsymbol{I} \end{cases} \tag{3-12}$$

3.4　典型的冗余捷联惯组配置方案

3.4.1　四表配置方案

(1) 方案 1(正四面体配置)：4 个陀螺仪/加速度计的测量轴沿正四面体的 4 个法向配置，具体安装方式如图 3-3 所示。

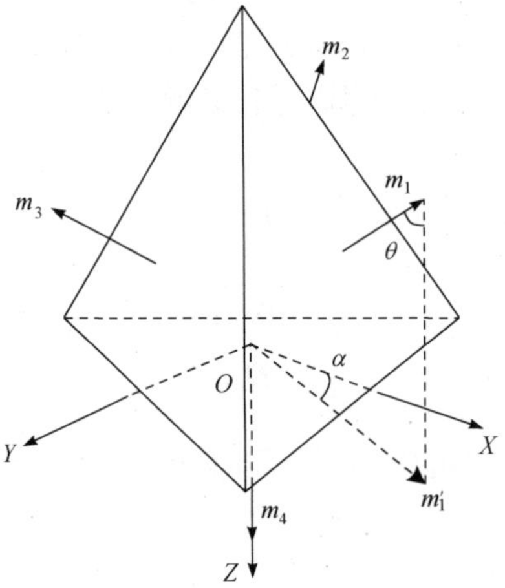

图 3-3　正四面体配置的具体安装方式

图 3-3 中为方便计算，取 m_4 的方向为 Z 轴，θ 表示惯性器件测量轴与垂直轴之间的夹角，α 表示 X 轴与 m_1 轴在 XOY 面上的投影线夹角，则 m_2 投影的角度为 $\alpha+120°$，m_3 投影的角度为 $\alpha-120°$，m_4 沿正 Z 轴方向安装。m_1、m_2、m_3 和 m_4 的测量值分别为 z_1、z_2、z_3 和 z_4，此时的量测方程为

$$\boldsymbol{Z} = \boldsymbol{H\omega} = \begin{bmatrix} \sin\theta\cos\alpha & \sin\theta\sin\alpha & \cos\theta \\ \sin\theta\cos(\alpha+120°) & \sin\theta\sin(\alpha+120°) & \cos\theta \\ \sin\theta\cos(\alpha-120°) & \sin\theta\sin(\alpha-120°) & \cos\theta \\ 0 & 0 & 1 \end{bmatrix} \begin{bmatrix} \omega_x \\ \omega_y \\ \omega_z \end{bmatrix} \tag{3-13}$$

对此方案的配置矩阵 $\boldsymbol{H}$ 计算，可得

$$\boldsymbol{H}^{\mathrm{T}}\boldsymbol{H}=\begin{bmatrix}\frac{3}{2}\sin^2\theta & 0 & 0\\ 0 & \frac{3}{2}\sin^2\theta & 0\\ 0 & 0 & 3\cos^2\theta+1\end{bmatrix} \tag{3-14}$$

由式(3-14)可以看出，计算结果与α的选取无关，即与坐标轴的选取无关。根据最优配置条件，当对角线值相等且$\boldsymbol{H}^{\mathrm{T}}\boldsymbol{H}=\frac{n}{3}\boldsymbol{I}$时，有$\frac{3}{2}\sin^2\theta=\frac{4}{3}$，解得$\theta\approx 70.5288°$，此时的配置为最优配置。

(2) 方案 2(四测量轴均匀分布)：在半锥顶角为θ的圆锥面上将 4 个敏感部件均匀分布安装，具体安装方式如图 3-4 所示。

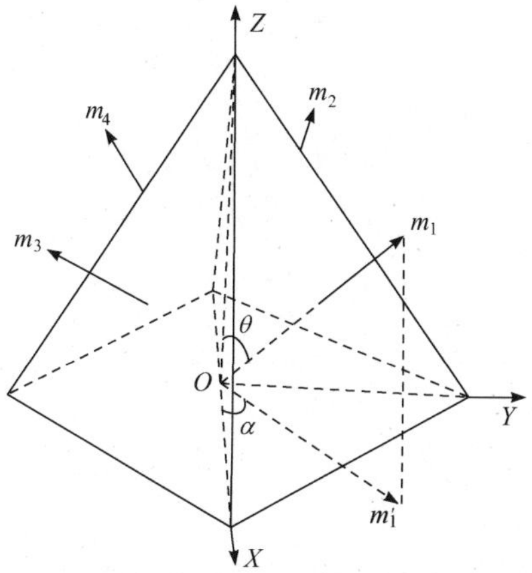

图 3-4　四测量轴均匀分布的具体安装方式

图 3-4 中θ表示惯性器件测量轴与垂直轴之间的夹角，α表示沿X轴逆时针转向m_1轴在XOY面上投影线的角度，则m_2投影的角度为$\alpha+90°$，m_3投影的角度为$\alpha+180°$，m_4投影的角度为$\alpha-90°$，m_1、m_2、m_3和m_4的测量值分别为z_1、z_2、z_3和z_4，此时的量测方程为

$$\boldsymbol{Z}=\boldsymbol{H\omega}=\begin{bmatrix}\sin\theta\cos\alpha & \sin\theta\sin\alpha & \cos\theta\\ \sin\theta\cos(\alpha+90°) & \sin\theta\sin(\alpha+90°) & \cos\theta\\ \sin\theta\cos(\alpha+180°) & \sin\theta\sin(\alpha+180°) & \cos\theta\\ \sin\theta\cos(\alpha-90°) & \sin\theta\sin(\alpha-90°) & \cos\theta\end{bmatrix}\begin{bmatrix}\omega_x\\ \omega_y\\ \omega_z\end{bmatrix} \tag{3-15}$$

根据以上条件，由配置矩阵$\boldsymbol{H}$得

$$H^{\mathrm{T}}H=\begin{bmatrix}2\sin^2\theta & 0 & 0\\ 0 & 2\sin^2\theta & 0\\ 0 & 0 & 4\cos^2\theta\end{bmatrix} \tag{3-16}$$

由式(3-16)可以看出，计算结果同样与 α 的选取无关。根据最优配置条件，当对角线值相等且 $H^{\mathrm{T}}H=\dfrac{n}{3}I$ 时，有 $2\sin^2\theta=\dfrac{4}{3}$，解得 $\theta\approx54.7356^\circ$，此时的配置为最优配置。

3.4.2　五表配置方案

(1) 方案 1(五表圆锥面均匀分布)：在半锥顶角为 θ 的圆锥面上将 5 个敏感部件均匀分布安装，具体安装方式如图 3-5 所示。

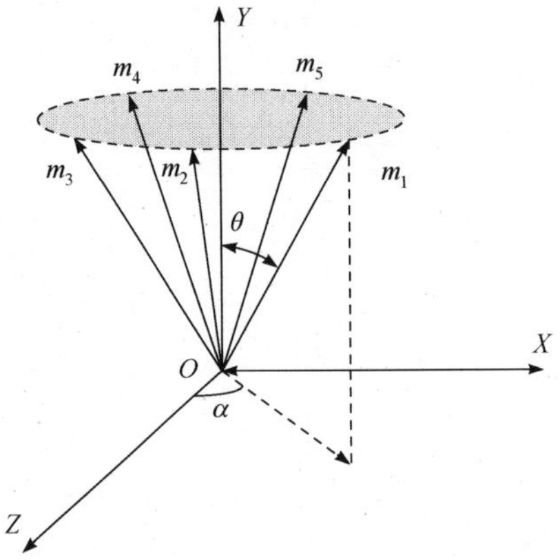

图 3-5　五表圆锥面均匀分布的具体安装方式

图 3-5 中 α 表示沿 Z 轴逆时针转向 m_1 轴在 XOZ 面上投影线的角度，则 m_2 投影的角度为 $\alpha+72^\circ$，m_3 投影的角度为 $\alpha+144^\circ$，m_4 投影的角度为 $\alpha-144^\circ$，m_5 投影的角度为 $\alpha-72^\circ$。m_1、m_2、m_3、m_4 和 m_5 的测量值分别为 z_1、z_2、z_3、z_4 和 z_5，此时的量测方程为

$$Z=H\omega=\begin{bmatrix}\sin\theta\sin\alpha & \cos\theta & \sin\theta\cos\alpha\\ \sin\theta\sin(\alpha+72^\circ) & \cos\theta & \sin\theta\cos(\alpha+72^\circ)\\ \sin\theta\sin(\alpha+144^\circ) & \cos\theta & \sin\theta\cos(\alpha+144^\circ)\\ \sin\theta\sin(\alpha-144^\circ) & \cos\theta & \sin\theta\cos(\alpha-144^\circ)\\ \sin\theta\sin(\alpha-72^\circ) & \cos\theta & \sin\theta\cos(\alpha-72^\circ)\end{bmatrix}\begin{bmatrix}\omega_x\\ \omega_y\\ \omega_z\end{bmatrix} \tag{3-17}$$

由方案 1 的配置矩阵 H_1，易得

$$\boldsymbol{H}_1^{\mathrm{T}}\boldsymbol{H}_1=\begin{bmatrix}\frac{5}{2}\sin^2\theta & 0 & 0\\ 0 & 5\cos^2\theta & 0\\ 0 & 0 & \frac{5}{2}\sin^2\theta\end{bmatrix} \tag{3-18}$$

根据最优配置条件，当 $\boldsymbol{H}_1^{\mathrm{T}}\boldsymbol{H}_1=\frac{n}{3}\boldsymbol{I}$ 时，有 $\frac{5}{2}\sin^2\theta=5\cos^2\theta=\frac{5}{3}$，解得 $\theta\approx 54.7356°$，此时的配置为最优配置。

(2) 方案 2(四表圆锥面均匀分布)：与方案 1 不同的是仅有 4 个惯性传感器敏感轴在半锥顶角为 θ 的圆锥面上均匀分布，另外 1 个轴沿正 Y 轴，具体安装方式如图 3-6 所示。

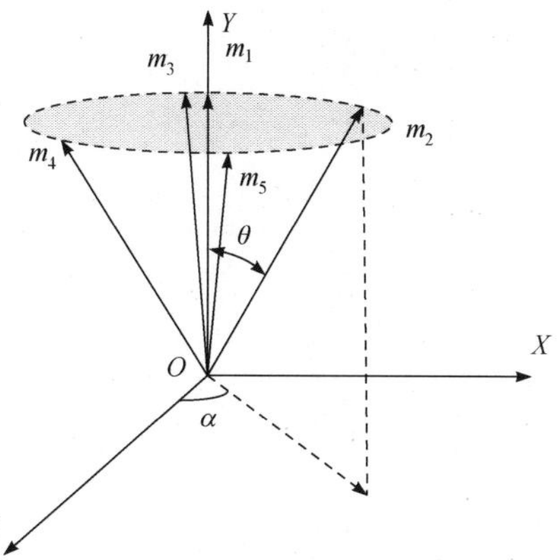

图 3-6　四表圆锥面均匀分布的具体安装方式

图 3-6 中 α 表示沿 Z 轴逆时针转向 m_2 轴在 XOZ 面上投影线的角度，则 m_3 投影的角度为 $\alpha+90°$，m_4 投影的角度为 $\alpha+180°$，m_5 投影的角度为 $\alpha-90°$。m_1、m_2、m_3、m_4 和 m_5 的测量值分别为 z_1、z_2、z_3、z_4 和 z_5，此时的量测方程为

$$\boldsymbol{Z}=\boldsymbol{H\omega}=\begin{bmatrix}0 & 1 & 0\\ \sin\theta\sin\alpha & \cos\theta & \sin\theta\cos\alpha\\ \sin\theta\sin(\alpha+90°) & \cos\theta & \sin\theta\cos(\alpha+90°)\\ \sin\theta\sin(\alpha+180°) & \cos\theta & \sin\theta\cos(\alpha+180°)\\ \sin\theta\sin(\alpha-90°) & \cos\theta & \sin\theta\cos(\alpha-90°)\end{bmatrix}\begin{bmatrix}\omega_x\\ \omega_y\\ \omega_z\end{bmatrix} \tag{3-19}$$

由方案 2 的配置矩阵 $\boldsymbol{H}_2$，易得

$$\boldsymbol{H}_2^{\mathrm{T}}\boldsymbol{H}_2 = \begin{bmatrix} 2\sin^2\theta & 0 & 0 \\ 0 & 4\cos^2\theta+1 & 0 \\ 0 & 0 & 2\sin^2\theta \end{bmatrix} \tag{3-20}$$

根据最优配置条件，当 $\boldsymbol{H}_2^{\mathrm{T}}\boldsymbol{H}_2 = \dfrac{n}{3}\boldsymbol{I}$ 时，有 $2\sin^2\theta = 4\cos^2\theta+1 = \dfrac{5}{3}$，解得 $\theta \approx 65.9052°$，此时的配置为最优配置。

(3) 方案 3(三表圆锥面均匀分布)：与方案 1 不同的是仅有 3 个惯性传感器敏感轴在半锥顶角为 θ 的圆锥面上均匀分布，另外 2 个轴分别沿正 X 轴和正 Z 轴，具体安装方式如图 3-7 所示。

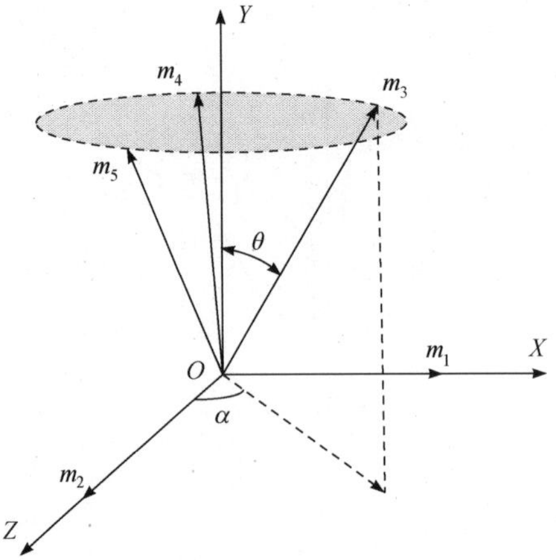

图 3-7　三表圆锥面均匀分布的具体安装方式

图 3-7 中 α 表示沿 Z 轴逆时针转向 m_3 轴在 XOZ 面上投影线的角度，则 m_4 投影的角度为 $\alpha+120°$，m_5 投影的角度为 $\alpha-120°$。m_1、m_2、m_3、m_4 和 m_5 的测量值分别为 z_1、z_2、z_3、z_4 和 z_5，此时的量测方程为

$$\boldsymbol{Z} = \boldsymbol{H\omega} = \begin{bmatrix} 1 & 0 & 0 \\ 0 & 0 & 1 \\ \sin\theta\sin\alpha & \cos\theta & \sin\theta\cos\alpha \\ \sin\theta\sin(\alpha+120°) & \cos\theta & \sin\theta\cos(\alpha+120°) \\ \sin\theta\sin(\alpha-120°) & \cos\theta & \sin\theta\cos(\alpha-120°) \end{bmatrix} \begin{bmatrix} \omega_x \\ \omega_y \\ \omega_z \end{bmatrix} \tag{3-21}$$

对于方案 3，由配置矩阵 $\boldsymbol{H}_3$ 易得

$$
\boldsymbol{H}_3^{\mathrm{T}}\boldsymbol{H}_3=\begin{bmatrix} 1+\dfrac{3}{2}\sin^2\theta & 0 & 0 \\ 0 & 3\cos^2\theta & 0 \\ 0 & 0 & 1+\dfrac{3}{2}\sin^2\theta \end{bmatrix} \tag{3-22}
$$

根据最优配置条件，当 $\boldsymbol{H}_3^{\mathrm{T}}\boldsymbol{H}_3=\dfrac{n}{3}\boldsymbol{I}$ 时，有 $1+\dfrac{3}{2}\sin^2\theta=3\cos^2\theta=\dfrac{5}{3}$，解得 $\theta\approx 41.8103°$，此时的配置为最优配置。

(4) 方案 4(三正交两斜置分布)：将三组惯性器件的测量轴正交安装在坐标轴上，剩余两组惯性器件以特定的角度斜置安装。三正交两斜置分布的安装方式充分考虑了工程可实现性，具体安装方式如图 3-8 所示[39-42]。

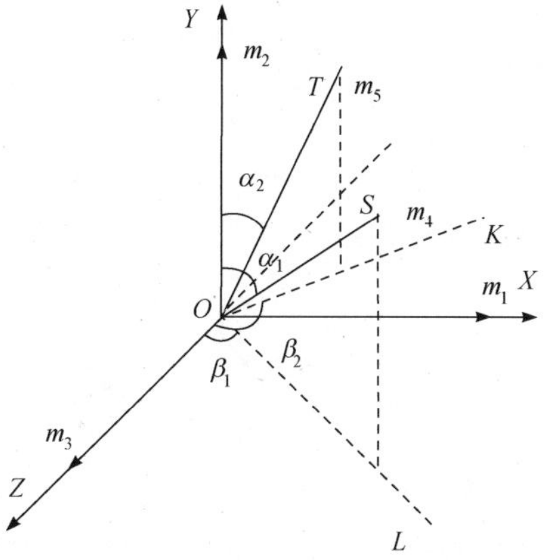

图 3-8　三正交两斜置分布的具体安装方式

图 3-8 中各参数定义如下：L、K 分别为斜置安装的测量组件在 XOZ 和 XOY 平面上的投影线；α_1、α_2 分别为 Y 轴和 m_4、m_5 所在斜置轴之间的夹角；β_1、β_2 分别为 Z 轴和 L、K 之间的夹角。

m_1、m_2、m_3、m_4 和 m_5 的测量值分别为 z_1、z_2、z_3、z_4 和 z_5，此时的量测方程为

$$
\boldsymbol{Z}=\boldsymbol{H}\boldsymbol{\omega}=\begin{bmatrix} 1 & 0 & 0 \\ 0 & 1 & 0 \\ 0 & 0 & 1 \\ \sin\alpha_1\sin\beta_1 & \cos\alpha_1 & \sin\alpha_1\cos\beta_1 \\ \sin\alpha_2\sin\beta_2 & \cos\alpha_2 & \sin\alpha_2\cos\beta_2 \end{bmatrix}\begin{bmatrix} \omega_x \\ \omega_y \\ \omega_z \end{bmatrix} \tag{3-23}
$$

根据最优配置条件，当 $\boldsymbol{H}_4^{\mathrm{T}}\boldsymbol{H}_4=\dfrac{n}{3}\boldsymbol{I}$ 时，方程无解，故该配置方式不是最优配置，但工程上经常采用这种容易实现三正交两斜置的配置。

3.4.3　六表配置方案

(1) 方案 1(正十二面体配置)：6 个陀螺仪/加速度计的测量轴沿正十二面体的 6 个法向配置，这种结构有独特的对称性，即所有的陀螺仪敏感轴都彼此相距一个球面角 $2\alpha=63°26'58''$。每一对陀螺仪的敏感轴位于参考正交坐标系的一个正交平面内，并与正交轴之间的夹角为 α，具体安装方式如图 3-9 所示[43]。

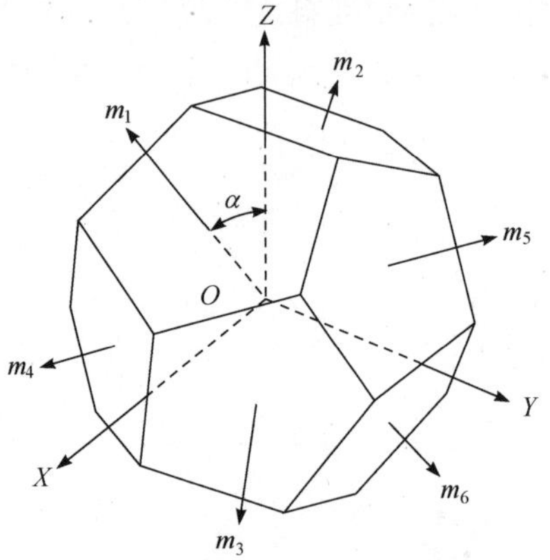

图 3-9　正十二面体配置的具体安装方式

图 3-9 中 m_1、m_2、m_3、m_4、m_5 和 m_6 的测量值分别为 z_1、z_2、z_3、z_4、z_5 和 z_6，此时的量测方程为

$$\boldsymbol{Z}=\boldsymbol{H\omega}=\begin{bmatrix}\sin\alpha & 0 & \cos\alpha\\ -\sin\alpha & 0 & \cos\alpha\\ \cos\alpha & \sin\alpha & 0\\ \cos\alpha & -\sin\alpha & 0\\ 0 & \cos\alpha & \sin\alpha\\ 0 & \cos\alpha & -\sin\alpha\end{bmatrix}\begin{bmatrix}\omega_x\\ \omega_y\\ \omega_z\end{bmatrix} \tag{3-24}$$

根据以上条件，对此方案进行计算，由配置矩阵 $\boldsymbol{H}$ 易得

$$\boldsymbol{H}^{\mathrm{T}}\boldsymbol{H}=\begin{bmatrix}2 & 0 & 0\\ 0 & 2 & 0\\ 0 & 0 & 2\end{bmatrix} \tag{3-25}$$

根据最优配置条件，当对角线值相等且 $\boldsymbol{H}^{\mathrm{T}}\boldsymbol{H}=\frac{n}{3}\boldsymbol{I}$ 恒成立时，此方案的配置始终为最优配置。

(2) 方案 2(六测量轴均匀分布)：在半锥顶角为 θ 的圆锥面上将 6 个敏感部件均匀分布安装，具体安装方式如图 3-10 所示。

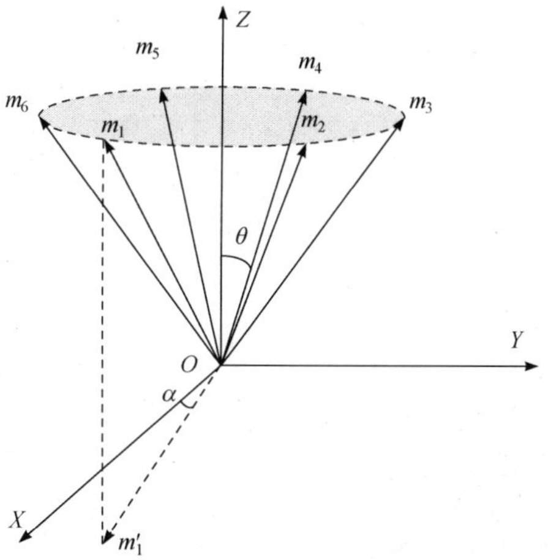

图 3-10　六测量轴均匀分布的具体安装方式

图 3-10 中 α 表示沿 X 轴逆时针转向 m_1 轴在 XOY 面上投影线 Om_1' 的角度，则 m_2 投影的角度为 $\alpha+60°$，m_3 投影的角度为 $\alpha+120°$，m_4 投影的角度为 $\alpha+180°$，m_5 投影的角度为 $\alpha-120°$，m_6 投影的角度为 $\alpha-60°$。m_1、m_2、m_3、m_4、m_5 和 m_6 的测量值分别为 z_1、z_2、z_3、z_4、z_5 和 z_6，此时的量测方程为

$$\boldsymbol{Z}=\boldsymbol{H\omega}=\begin{bmatrix}\sin\theta\cos\alpha & \sin\theta\sin\alpha & \cos\theta \\ \sin\theta\cos(\alpha+60°) & \sin\theta\sin(\alpha+60°) & \cos\theta \\ \sin\theta\cos(\alpha+120°) & \sin\theta\sin(\alpha+120°) & \cos\theta \\ \sin\theta\cos(\alpha+180°) & \sin\theta\sin(\alpha+180°) & \cos\theta \\ \sin\theta\cos(\alpha-120°) & \sin\theta\sin(\alpha-120°) & \cos\theta \\ \sin\theta\cos(\alpha-60°) & \sin\theta\sin(\alpha-60°) & \cos\theta\end{bmatrix}\begin{bmatrix}\omega_x \\ \omega_y \\ \omega_z\end{bmatrix} \tag{3-26}$$

根据以上条件，对此方案进行计算，由配置矩阵 $\boldsymbol{H}$ 易得

$$\boldsymbol{H}^{\mathrm{T}}\boldsymbol{H}=\begin{bmatrix}3\sin^2\theta & 0 & 0 \\ 0 & 3\sin^2\theta & 0 \\ 0 & 0 & 6\cos^2\theta\end{bmatrix} \tag{3-27}$$

根据最优配置条件，当对角线值相等且 $\boldsymbol{H}^{\mathrm{T}}\boldsymbol{H}=\frac{n}{3}\boldsymbol{I}$ 时，有 $3\sin^2\theta=$

$6\cos^2\theta=2$，解得 $\theta\approx54.7356°$，此时的配置为最优配置。

表 3-1 中列出了几种常用单轴惯性器件的配置矩阵及其配置结构图，如果感兴趣可以解算一下其他配置的最优方案[38]。

表 3-1　几种常用单轴惯性器件的配置矩阵及其配置结构图

n	配置矩阵 $\boldsymbol{H}$	配置结构图
3	$\boldsymbol{H}=\begin{bmatrix}1&0&0\\0&1&0\\0&0&1\end{bmatrix}$	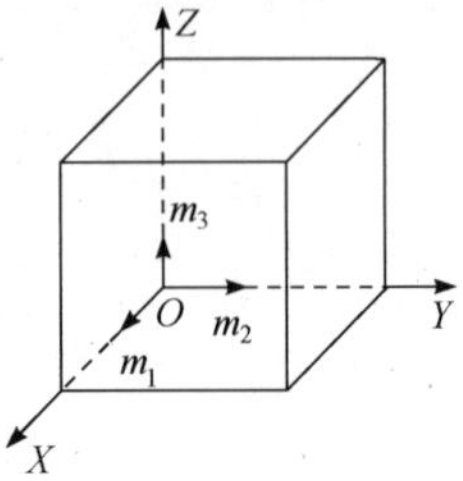
4	$\boldsymbol{H}=\begin{bmatrix}s\cos45°&s\sin45°&c\\-s\sin45°&s\cos45°&c\\-s\sin45°&-s\cos45°&c\\s\cos45°&-s\sin45°&c\end{bmatrix}$ $s=\sin\theta,c=\cos\theta$	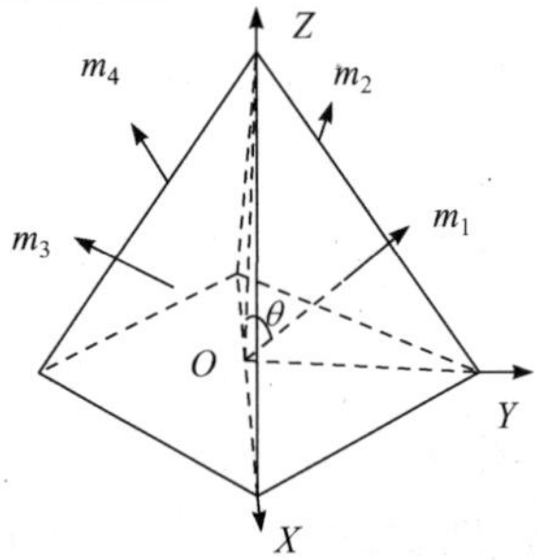
	$\boldsymbol{H}=\begin{bmatrix}0&-s&c\\-s\cos30°&s\sin30°&c\\s\cos30°&s\sin30°&c\\0&0&1\end{bmatrix}$ $s=\sin\theta,c=\cos\theta$	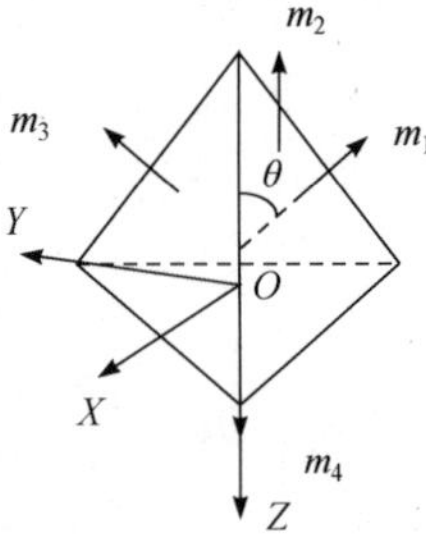
5	$\boldsymbol{H}=\begin{bmatrix}s\cos45°&s\sin45°&c\\-s\sin27°&s\cos27°&c\\-s\cos9°&-s\sin9°&c\\-s\sin9°&-s\cos9°&c\\s\cos27°&-s\sin27°&c\end{bmatrix}$ $s=\sin\theta,c=\cos\theta$	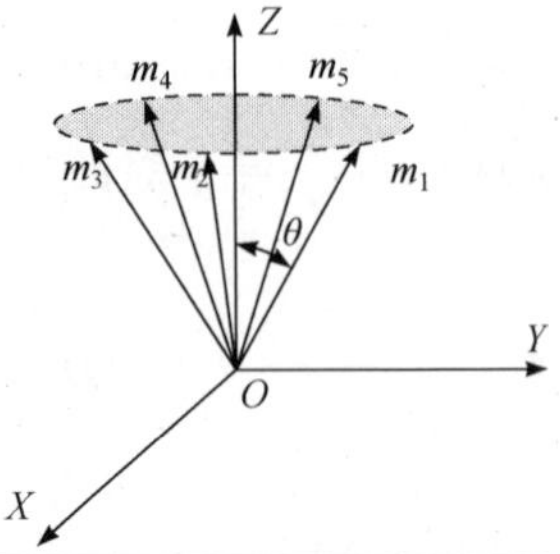

续表

<table>
<tr><th>n</th><th>配置矩阵 H</th><th>配置结构图</th></tr>
<tr><td rowspan="2">5</td><td>

$$\boldsymbol{H}=\begin{bmatrix}0 & 0 & 1\\ s & 0 & c\\ 0 & s & c\\ -s & 0 & c\\ 0 & -s & c\end{bmatrix}$$

$s=\sin\theta, c=\cos\theta$

</td><td>

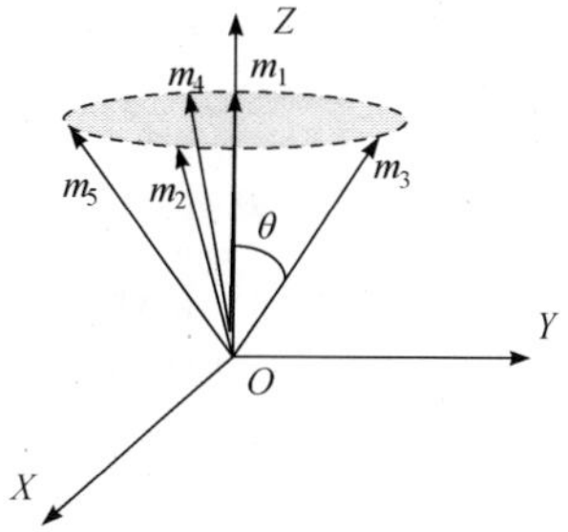

</td></tr>
<tr><td>

$$\boldsymbol{H}=\begin{bmatrix}1 & 0 & 0\\ 0 & 1 & 0\\ s\sin 45^\circ & s\cos 45^\circ & c\\ -s\cos 15^\circ & s\sin 15^\circ & c\\ s\sin 15^\circ & -s\cos 15^\circ & c\end{bmatrix}$$

$s=\sin\theta, c=\cos\theta$

</td><td>

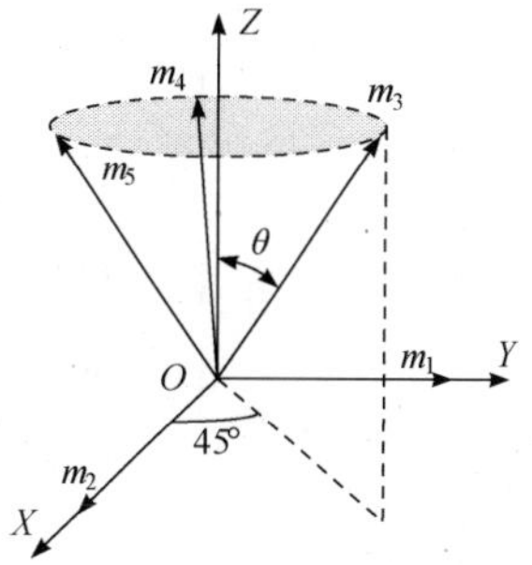

</td></tr>
<tr><td rowspan="2">6</td><td>

$$\boldsymbol{H}=\begin{bmatrix}s & 0 & c\\ -s & 0 & c\\ c & s & 0\\ c & -s & 0\\ 0 & c & s\\ 0 & c & -s\end{bmatrix}$$

$s=\sin\alpha=\sqrt{\dfrac{5-\sqrt{5}}{10}}, c=\cos\alpha=\sqrt{\dfrac{5+\sqrt{5}}{10}}$

</td><td>

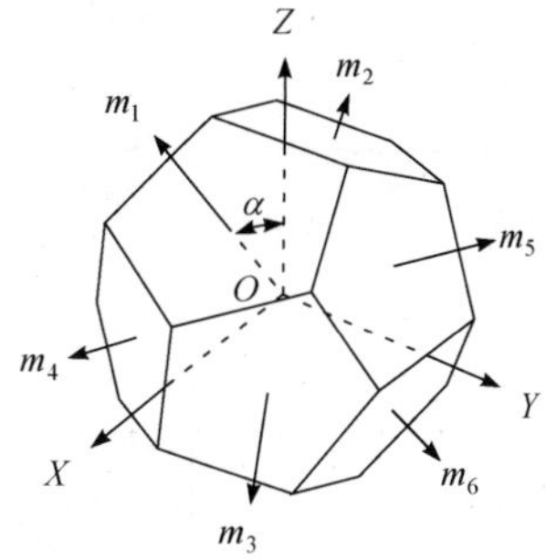

</td></tr>
<tr><td>

$$\boldsymbol{H}=\begin{bmatrix}s & 0 & c\\ s\sin 60^\circ & s\cos 60^\circ & c\\ -s\sin 30^\circ & s\cos 30^\circ & c\\ -s & 0 & c\\ -s\cos 60^\circ & -s\sin 60^\circ & c\\ s\cos 60^\circ & -s\sin 60^\circ & c\end{bmatrix}$$

$s=\sin\theta, c=\cos\theta$

</td><td>

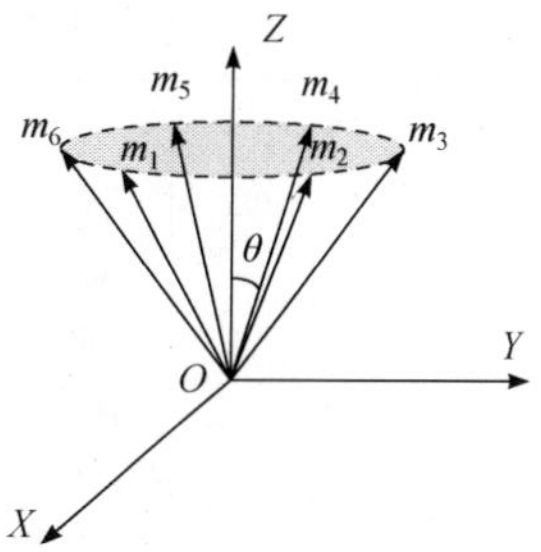

</td></tr>
</table>

续表

n	配置矩阵 $\boldsymbol{H}$	配置结构图
6	$\boldsymbol{H}=\begin{bmatrix} 1 & 0 & 0 \\ -\sin 30^\circ & \cos 30^\circ & 0 \\ -\sin 30^\circ & -\cos 30^\circ & 0 \\ s & 0 & c \\ -s\sin 30^\circ & s\cos 30^\circ & c \\ -s\sin 30^\circ & -s\cos 30^\circ & c \end{bmatrix}$ $s=\sin\theta, c=\cos\theta$	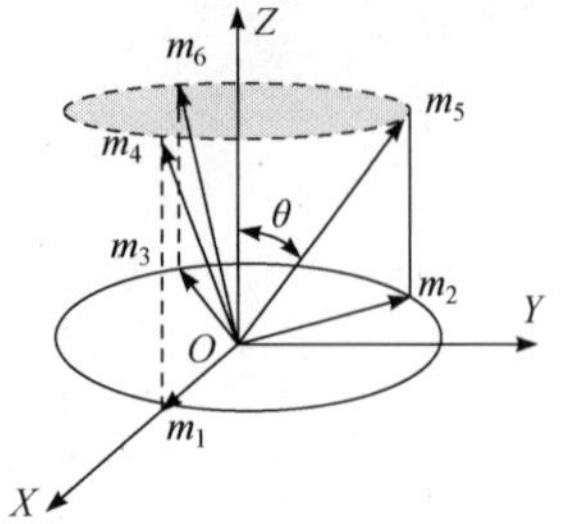
7	$\boldsymbol{H}=\begin{bmatrix} s & 0 & c \\ s\cos\frac{360^\circ}{7} & s\sin\frac{360^\circ}{7} & c \\ s\cos\frac{720^\circ}{7} & s\sin\frac{720^\circ}{7} & c \\ s\cos\frac{1080^\circ}{7} & s\sin\frac{1080^\circ}{7} & c \\ s\sin\frac{1080^\circ}{7} & -s\cos\frac{1080^\circ}{7} & c \\ s\sin\frac{720^\circ}{7} & -s\cos\frac{720^\circ}{7} & c \\ s\sin\frac{360^\circ}{7} & -s\cos\frac{360^\circ}{7} & c \end{bmatrix}$ $s=\sin\theta, c=\cos\theta$	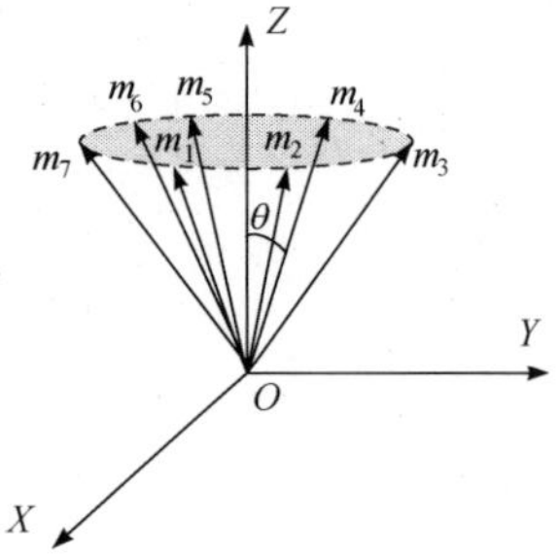
	$\boldsymbol{H}=\begin{bmatrix} s & 0 & c \\ s\cos 60^\circ & s\sin 60^\circ & c \\ -s\sin 30^\circ & s\cos 30^\circ & c \\ -s & 0 & c \\ -s\cos 60^\circ & -s\sin 60^\circ & c \\ s\cos 60^\circ & -s\sin 60^\circ & c \\ 0 & 0 & 1 \end{bmatrix}$ $s=\sin\theta, c=\cos\theta$	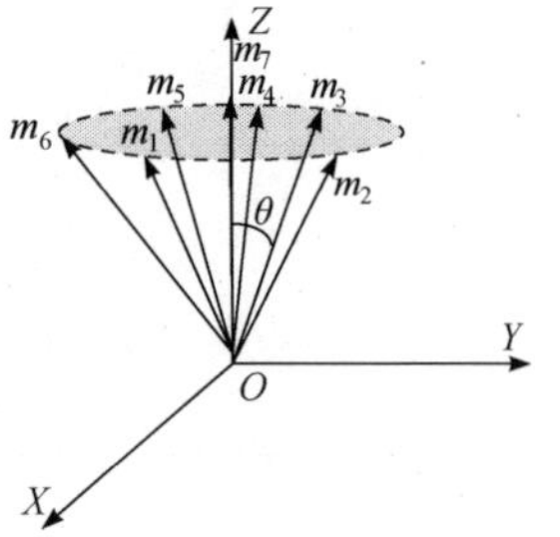
	$\boldsymbol{H}=\begin{bmatrix} 1 & 0 & 0 \\ 0 & 1 & 0 \\ s\cos 45^\circ & s\sin 45^\circ & c \\ -s\sin 27^\circ & s\cos 27^\circ & c \\ -s\cos 9^\circ & -s\sin 9^\circ & c \\ -s\sin 9^\circ & -s\cos 9^\circ & c \\ s\cos 27^\circ & -s\sin 27^\circ & c \end{bmatrix}$ $s=\sin\theta, c=\cos\theta$	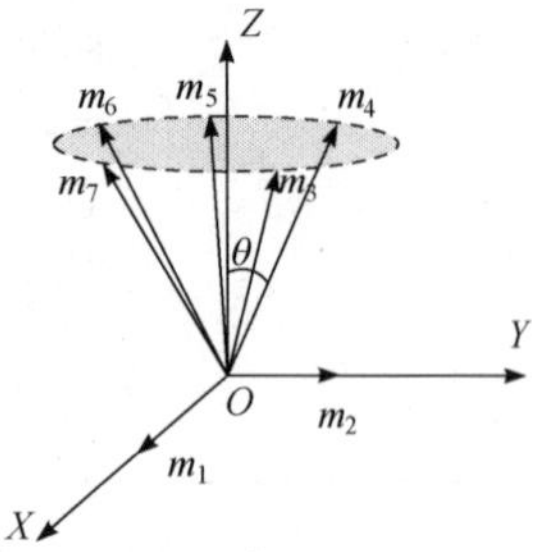

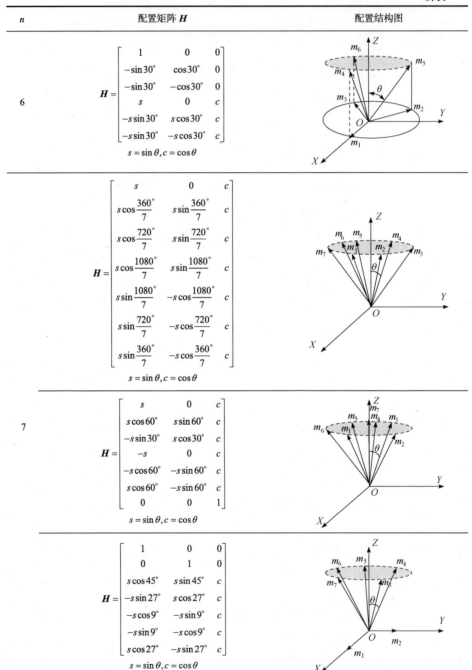

续表

n	配置矩阵 **H**	配置结构图
7	$$H=\begin{bmatrix}1&0&0\\0&1&0\\0&0&1\\s&s&c\\-s&s&c\\-s&-s&c\\s&-s&c\end{bmatrix}$$ $s=\sin\theta, c=\cos\theta$	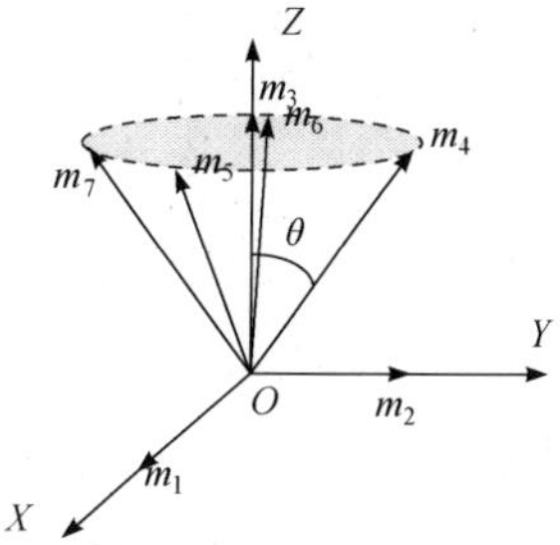
	$$H=\begin{bmatrix}0.7071&0&0.7071\\0.2185&0.6725&0.7071\\-0.5721&0.4156&0.7071\\-0.5721&-0.4156&0.7071\\0.2185&-0.6725&0.7071\\0.9280&0&0.3727\\0.2868&0.8825&0.3727\\-0.7507&0.5454&0.3727\\-0.7507&-0.5454&0.3727\\0.2868&-0.8825&0.3727\end{bmatrix}$$	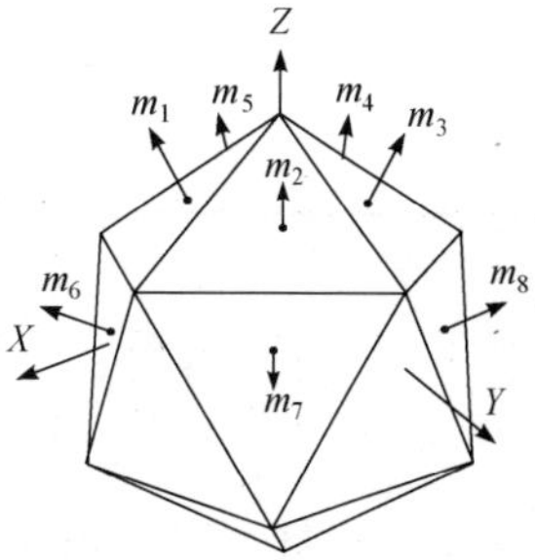
10	$$H=\begin{bmatrix}s\cos45^\circ&s\sin45^\circ&c\\-s\sin27^\circ&s\cos27^\circ&c\\-s\cos9^\circ&-s\sin9^\circ&c\\-s\sin9^\circ&-s\cos9^\circ&c\\S\cos27^\circ&-S\sin27^\circ&c\\S\cos45^\circ&S\sin45^\circ&C\\-S\sin27^\circ&S\cos27^\circ&C\\-S\cos9^\circ&-S\sin9^\circ&C\\-S\sin9^\circ&-S\cos9^\circ&C\\S\cos27^\circ&-S\sin27^\circ&C\end{bmatrix}$$ $s=\sin\alpha, c=\cos\alpha$ $S=\sin\beta, C=\cos\beta$	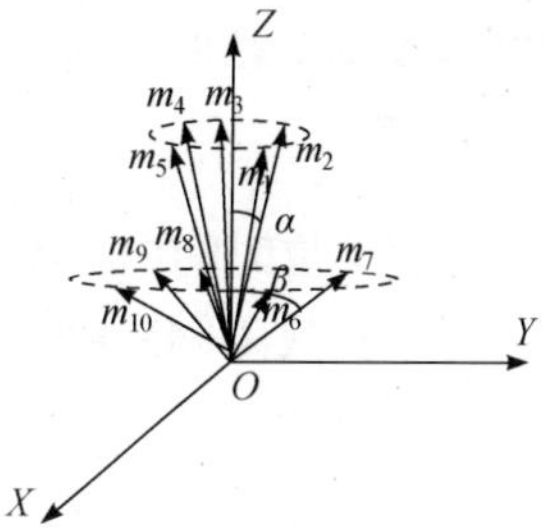
	$$H=\begin{bmatrix}0&0&1\\0.6667&0&0.7454\\-1/3&0.5774&0.7454\\-1/3&-0.5774&0.7454\\0.7454&0.5773&1/3\\0.1273&0.9342&1/3\\-0.8727&0.3568&1/3\\-0.8727&-0.3568&1/3\\0.1273&-0.9342&1/3\\0.7454&-0.5773&1/3\end{bmatrix}$$	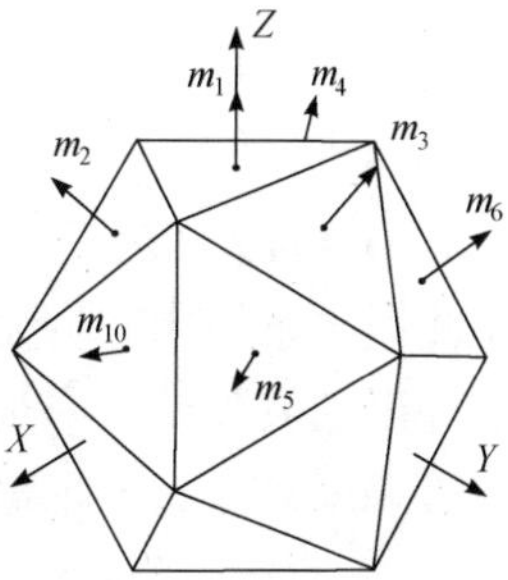

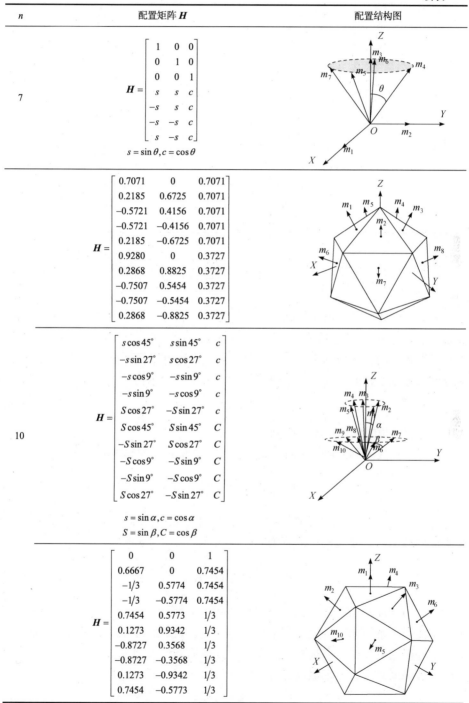

续表

n	配置矩阵 $\boldsymbol{H}$	配置结构图
10	$\boldsymbol{H}=\begin{bmatrix} 0 & 0 & 1 \\ s & 0 & c \\ -s\sin 30^\circ & s\cos 30^\circ & c \\ -s\sin 30^\circ & -s\cos 30^\circ & c \\ S & 0 & C \\ S\sin 60^\circ & S\cos 60^\circ & C \\ -S\sin 30^\circ & S\cos 30^\circ & C \\ -S & 0 & C \\ S\cos 60^\circ & -S\sin 60^\circ & C \\ S\cos 60^\circ & -S\sin 60^\circ & C \end{bmatrix}$ $s=\sin\alpha, c=\cos\alpha$ $S=\sin\beta, C=\cos\beta$	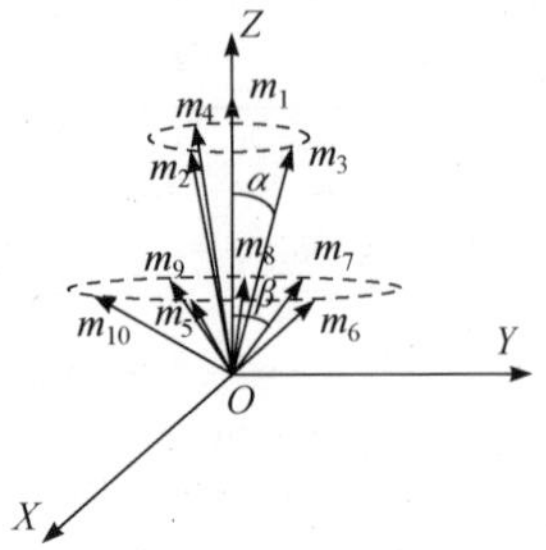

3.5　冗余捷联惯组配置的可靠性

采用冗余捷联惯组可以提高系统的可靠性，且在系统中冗余数越多，系统的可靠性越高。下面以陀螺仪为例分析系统的可靠性，假设所有陀螺仪的失效分布相同，失效率均为常数的指数分布，且任意两个陀螺仪测量轴不共线，任意三个陀螺仪测量轴不共面，此时单个陀螺仪的可靠度可表示为

$$R(t)=\mathrm{e}^{-\lambda t} \tag{3-28}$$

式中，λ 为单位时间内故障发生的次数。

可得平均故障间隔时间(mean time between failures, MTBF)：

$$\mathrm{MTBF}=\int_0^{\infty} R(t)\mathrm{d}t=\frac{1}{\lambda} \tag{3-29}$$

假设有 n 个相同可靠度的惯性器件，容许发生故障个数为 m（$n>m$），则当发生 m 个故障时，系统的可靠度为

$$R_{\mathrm{e}}=\sum_{i=k}^{n} C_n^i R^i (1-R)^{n-i} \tag{3-30}$$

式中，$k=n-m$；i 为正常工作的惯性器件。

在此惯导系统中，将无冗余系统和多个冗余系统的可靠度进行对比，假定单个元器件出现故障的概率是相互独立的，其他的器件为理想状态。那么，无冗余系统的可靠度只由三个陀螺仪的可靠度的乘积决定，可表示为

$$R_3=R^3=\mathrm{e}^{-3\lambda t} \tag{3-31}$$

$$\mathrm{MTBF}_3=\int_0^{\infty}\mathrm{e}^{-3\lambda t}\mathrm{d}t=\frac{1}{3\lambda} \tag{3-32}$$

四冗余系统全部正常工作的概率为

$$P(4)=R^4=\mathrm{e}^{-4\lambda t} \tag{3-33}$$

其中三个陀螺仪正常工作的概率为

$$P(3)=4R^3(1-R) \tag{3-34}$$

则四冗余的综合可靠度为

$$R_{\mathrm{e}}=P(3)+P(4)=4\mathrm{e}^{-3\lambda t}-3\mathrm{e}^{-4\lambda t} \tag{3-35}$$

$$\mathrm{MTBF}_4=\int_0^{\infty}\left(4\mathrm{e}^{-3\lambda t}-3\mathrm{e}^{-4\lambda t}\right)\mathrm{d}t=\frac{7}{12\lambda} \tag{3-36}$$

使用上述方法可计算出几种常用冗余系统的可靠度和 MTBF，单自由度冗余陀螺仪的可靠度和 MTBF 如表 3-2 所示。

表 3-2　单自由度冗余陀螺仪的可靠度和 MTBF

陀螺仪数量	可靠度	MTBF	比值
3	$\mathrm{e}^{-3\lambda t}$	$\frac{1}{3\lambda}$	1
4	$4\mathrm{e}^{-3\lambda t}-3\mathrm{e}^{-4\lambda t}$	$\frac{7}{12\lambda}$	1.75
5	$10\mathrm{e}^{-3\lambda t}-15\mathrm{e}^{-4\lambda t}+6\mathrm{e}^{-5\lambda t}$	$\frac{47}{60\lambda}$	2.35
6	$20\mathrm{e}^{-3\lambda t}-45\mathrm{e}^{-4\lambda t}+36\mathrm{e}^{-5\lambda t}-10\mathrm{e}^{-6\lambda t}$	$\frac{57}{60\lambda}$	2.86

由表 3-2 可知，随着冗余陀螺仪个数的增加，冗余系统 MTBF 相应变大，但是其增幅却急剧下降，也就是说陀螺仪数量增加得越多，系统可靠度的增长幅度越慢。因此，在选择冗余系统时，不能不断地增加陀螺仪个数。另外，随着陀螺仪个数的增加，相应的硬件费用和软件费用也会大幅度上升。在考虑系统使用的冗余数量时，不仅要考虑系统的可靠度与精度要求，也要对系统的体积、质量和成本问题进行考虑，最终确定最适合的冗余系统。

第 4 章　冗余捷联惯组误差及故障模型

捷联惯导系统的误差主要有硬件误差和软件误差。硬件误差主要包括：零次项误差、标度因数误差、安装误差、温度系数误差、陀螺仪漂移、随机游走、测量超量程、加速度计零偏、死区误差、量化误差和振动模型误差等。软件误差为惯组系统软件相关的误差，主要包括：圆锥误差、划桨误差和初始对准误差等。

当硬件误差大于一定程度时，可认为捷联惯组输出故障。陀螺仪和加速度计输出故障形式主要有常零值、满量程、野值和乱码等。

4.1　冗余捷联惯组误差模型

捷联惯组的误差包含很多项，不同类型的惯性传感器又由不同的误差构成。在研究冗余捷联惯组故障检测算法时，一般只考虑对惯性传感器(陀螺仪和加速度计)输出影响较大的常值漂移、刻度系数误差和安装误差。考虑上述误差时，冗余捷联惯组量测方程为

$$\boldsymbol{Z}=\left(\boldsymbol{I}+\boldsymbol{H}_{\mathrm{sf}}\right)\left[\left(\boldsymbol{H}_n+\boldsymbol{H}_{\mathrm{ma}}\right)\boldsymbol{X}+\boldsymbol{b}+\boldsymbol{\varepsilon}\right] \tag{4-1}$$

式中，$\boldsymbol{Z}$ 为惯性传感器的测量值，$\boldsymbol{Z}\in\boldsymbol{R}^{n\times1}$；$n$ 为惯性传感器的个数；$\boldsymbol{I}$ 为单位阵；$\boldsymbol{H}_{\mathrm{sf}}$ 为刻度系数误差阵，是对角阵；$\boldsymbol{H}_n$ 为标称安装矩阵，$\boldsymbol{H}_n\in\boldsymbol{R}^{n\times3}$，行向量为对应的惯性传感器测量轴的空间指向；$\boldsymbol{H}_{\mathrm{ma}}$ 为安装误差阵，$\boldsymbol{H}_{\mathrm{ma}}\in\boldsymbol{R}^{n\times3}$；$\boldsymbol{X}$ 为箭体的惯性测量信息(三轴角速度或三轴比力)，$\boldsymbol{X}\in\boldsymbol{R}^{3\times1}$；$\boldsymbol{b}$ 为惯性传感器的常值漂移，$\boldsymbol{b}\in\boldsymbol{R}^{n\times1}$；$\boldsymbol{\varepsilon}$ 为惯性传感器的噪声项。

1. 刻度系数误差

刻度系数误差阵 $\boldsymbol{H}_{\mathrm{sf}}$ 是对角阵，见式(4-2)：

$$\boldsymbol{H}_{\mathrm{sf}}=\operatorname{diag}\left(k_1,k_2,\cdots,k_n\right) \tag{4-2}$$

式中，对角元素 $k_i\ (i=1,2,\cdots,n)$ 为对应于第 i 个传感器的刻度系数误差。

2. 安装误差

1) 正交轴安装误差建模

如图 4-1 所示，常规的捷联惯组将惯性传感器配置在载体坐标系的三个轴

上。理想情况下，传感器的测量轴和坐标系轴重合。但由于加工误差及环境变化等因素，传感器的测量轴会偏离坐标系轴，即两者的指向存在偏差角。

下面以 OZ 上的传感器为例说明安装误差的建模。OZ 是惯性传感器测量轴的标称安装位置，OZ_0 是实际安装位置，ZZ_0 就是安装误差，将安装误差 ZZ_0 分解为绕另外两个轴 OX 和 OY 的两次转动分量。

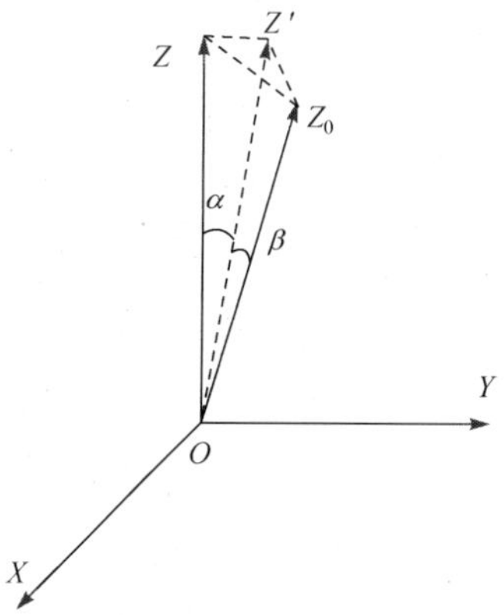

图 4-1　正交轴安装误差分解

OZ 绕 OX 正向转动 α 角后到达 OZ' 位置，OZ' 绕 OY 转动 β 角后到达 OZ_0 位置，因此有

$$OZ_0 = OZ + ZZ' + Z'Z_0 \tag{4-3}$$

因为惯性传感器的安装误差角都是小量，所以 α 和 β 均为小角度，可用线段近似代替圆弧。

约定：绕坐标轴正向旋转的角度为正。易得，$ZZ' = \begin{bmatrix} 0 & -\alpha & 0 \end{bmatrix}^{\mathrm{T}}$，$Z'Z_0 = \begin{bmatrix} \beta & 0 & 0 \end{bmatrix}^{\mathrm{T}}$。因此，$OZ$ 轴总的安装误差 ZZ_0 为

$$ZZ_0 = \begin{bmatrix} \beta & -\alpha & 0 \end{bmatrix}^{\mathrm{T}} \tag{4-4}$$

式中，安装误差角 α 和 β 的数学模型可建模为均服从正态分布 $N\left(0,\sigma^2\right)$，σ 为捷联惯组的安装误差参数。

同理，可得 OX 轴和 OY 轴的安装误差模型。

2) 斜置轴安装误差建模

受正交轴安装误差建模方法的启发，通过绕两正交轴旋转也可得到斜置轴安装误差模型，该模型以垂直于斜置轴平面上相互正交的两个分量的形式表示。Itzhack 和 Richard 通过两次旋转冗余捷联惯组坐标系，得到新的坐标系($OX''Y''Z''$)，使得斜置轴在新坐标系中正好位于某个坐标轴上(如斜置轴位于 OY'' 轴上)，这样就将斜置轴安装误差建模的问题转化成了正交轴安装误差建模的问题[44]。此外，Allerton 和 Jia[45]将斜置轴安装误差分解成两个小的偏差角——方位角和高度角，利用这两个偏差角来描述安装误差。

捷联惯组实际测量轴相对理想测量轴的安装误差角一般为角分量级，但由于相对位置是随机的，在垂直理想测量轴的平面上可用两个相互独立且垂直的随机变量描述安装误差。如图 4-2 所示，OS 为理想测量轴，OS_0 为实际测量轴，SS_0 即为安装误差。由于安装误差角为小量，可以认为，S_0 位于垂直于 OS 的平面

Π上。安装误差的随机性是SS_0模值的随机性和指向的随机性。

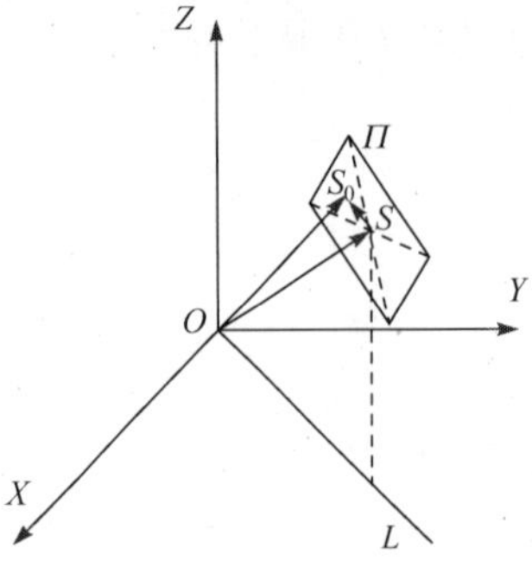

图 4-2　安装误差示意图

在平面Π上，可将SS_0分解为两个相互垂直的分量(ξ，ς)。其中，ξ和ς的数学模型均服从正态分布$N\left(0,\sigma^2\right)$，σ是捷联惯组的安装误差项，ξ和ς相互独立。

得到斜置轴安装误差模型：

$$\Delta h = \begin{bmatrix} \xi & \varsigma \end{bmatrix} \cdot \boldsymbol{M} \tag{4-5}$$

式中，Δh为安装误差；$\boldsymbol{M}$为由理想测量轴决定的矩阵。这样就建立起了安装误差Δh和随机变量(ξ，ς)的关系[46]。

3. 常值漂移

常值漂移$\boldsymbol{b}$可由一个列向量给出：

$$\boldsymbol{b} = \begin{bmatrix} \xi_1, & \xi_2, & \cdots, & \xi_i, & \cdots, & \xi_n \end{bmatrix}^{\mathrm{T}} \tag{4-6}$$

式中，ξ_i由惯性传感器参数决定，可建模为随机常数或高斯马尔可夫过程。

4. 测量噪声

噪声项$\boldsymbol{\varepsilon}$一般建模为零均值的高斯白噪声，即$\boldsymbol{\varepsilon} \sim N\left(0,\sigma^2\right)$，$\sigma$由惯性传感器参数决定。

4.2　故障建模

本书中惯性传感器的故障定义如下：

(1) 失去应有的任何一项功能为一次故障；

(2) 任何一项技术参数超出要求值为一次故障。

4.2.1　冗余捷联惯组故障建模

1. 故障类型

捷联惯组在工作过程中出现的常见故障有硬件(元器件、电路等)故障和软件故障两大类，这些故障类型种类繁多且不便于建模或量化研究。软硬件故障会导致参数变化或等同于参数变化，最终体现为输出变化。常见的故障可分为常值漂移(零次项故障)、线性漂移(一次项故障)、随机漂移、刻度系数漂移、饱和输出、零值输出、半饱和输出和振荡输出等。

(1) 常值漂移故障可被建模为一个阶跃函数，幅值可调。对于陀螺仪，常值漂移是陀螺仪测量的角速率上附加的角速率；对于加速度计，常值漂移是附加到加速度上的量。

(2) 线性漂移故障是斜坡函数，斜率可调。

(3) 随机漂移故障可建模为一个白噪声过程，其标准差比惯性传感器测量噪声大很多。

(4) 刻度系数漂移故障是传感器刻度系数发生一个阶跃跳变，由 k 变为 $k+\Delta k$ 。

(5) 饱和输出故障(最大值输出型故障)是惯性传感器始终满量程输出。

(6) 零值输出故障是传感器输出始终为零。

(7) 半饱和输出故障是传感器输出值为量程的一半。

(8) 振荡输出故障是惯性器件输出过程中，随机出现一个或多个非正常输出值，有单点跳数和多点跳数两种形式。单点跳数表现为发生时刻随机的单个野值点，多点跳数表现为在随机时刻出现多个野值点，数学描述为正常输出值量化后叠加上一个或多个脉冲值，这是惯性传感器最常见的故障。

在故障检测算法研究中，用到的最频繁的故障形式是常值漂移故障和线性漂移故障。

2. 故障注入

由于无法建立完整的惯组模型，将故障注入惯组输出中的方法是对含噪声和误差的惯组输出数据 Z 进行处理，从而得到带有故障信息的惯组输出数据 Z_f ，如图 4-3 所示。

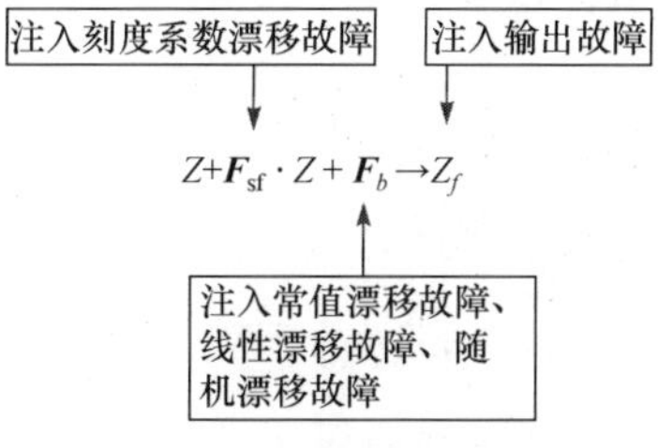

图 4-3　故障注入模型

图 4-3 中，$\boldsymbol{F}_b\in\boldsymbol{R}^{n\times 1}$ 代表常值漂移故障、线性漂移故障和随机漂移故障，三种故障中的每一个元素都有其对应的传感器；$\boldsymbol{F}_{\mathrm{sf}}$ 是对角阵，代表刻度系数漂移故障。

4.2.2　故障输出模式数学模型

惯性传感器主要的故障输出表现形式有常值漂移、线性漂移、随机漂移、刻度系数漂移、饱和输出、零值输出、半饱和输出和振荡输出等。

1. 陀螺仪故障输出形式

1) 常值漂移

陀螺仪常值漂移故障的数学描述为

$$\tilde{\boldsymbol{\omega}}_{\text{ib}}^{\text{b}}\left(t_k\right)=\boldsymbol{A} \tag{4-7}$$

式中，$\boldsymbol{A}$ 为常值漂移幅值，其数值大小随机。

2) 线性漂移

陀螺仪线性漂移故障的数学描述为

$$\tilde{\boldsymbol{\omega}}_{\text{ib}}^{\text{b}}(t_{k+1})=\tilde{\boldsymbol{\omega}}_{\text{ib}}^{\text{b}}(t_k)+\boldsymbol{k}\Delta t \tag{4-8}$$

式中，故障发生时刻 t_k 随机；$\boldsymbol{k}$ 为线性漂移故障函数的斜率。

3) 随机漂移

陀螺仪随机漂移故障的数学描述为

$$\tilde{\boldsymbol{\omega}}_{\text{ib}}^{\text{b}}\left(t_{k+1}\right)=\tilde{\boldsymbol{\omega}}_{\text{ib}}^{\text{b}}\left(t_k\right)+\boldsymbol{\omega}_{\text{g}} \tag{4-9}$$

式中，故障发生时刻 t_k 随机；$\boldsymbol{\omega}_{\text{g}}$ 为高斯白噪声。

4) 刻度系数漂移

陀螺仪刻度系数漂移故障的数学描述为

$$\boldsymbol{e}_{\text{g}}(t_{k+1})=\boldsymbol{e}_{\text{g}}(t_k)+\Delta\boldsymbol{k} \tag{4-10}$$

式中，故障发生时刻 t_k 随机；$\boldsymbol{e}_{\text{g}}$ 为陀螺仪刻度系数；$\Delta\boldsymbol{k}$ 为陀螺仪刻度系数的跳变值。

5) 饱和输出

陀螺仪饱和输出故障的数学描述为

$$\boldsymbol{\omega}_{\text{ib}}^{\text{b}}(t_k)=\boldsymbol{N}_{\text{g}} \tag{4-11}$$

式中，$\boldsymbol{\omega}_{\text{ib}}^{\text{b}}$ 为陀螺仪的输出；$\boldsymbol{N}_{\text{g}}$ 为陀螺仪的满量程值；故障发生时刻 t_k 随机。

6) 零值输出

陀螺仪零值输出故障的数学描述为

$$\boldsymbol{\omega}_{\text{ib}}^{\text{b}}(t_k)=\boldsymbol{0} \tag{4-12}$$

式中，$\boldsymbol{\omega}_{\text{ib}}^{\text{b}}$ 为陀螺仪的输出；故障发生时刻 t_k 随机。

7) 半饱和输出

陀螺仪半饱和输出故障的数学描述为

$$\boldsymbol{\omega}_{\mathrm{ib}}^{\mathrm{b}}(t_k)=\frac{\boldsymbol{N}_{\mathrm{g}}}{2} \tag{4-13}$$

式中，$\boldsymbol{\omega}_{\mathrm{ib}}^{\mathrm{b}}$ 为陀螺仪的输出；$\boldsymbol{N}_{\mathrm{g}}$ 为陀螺仪的满量程值；故障发生时刻 t_k 随机。

8) 振荡输出

(1) 单点跳数。陀螺仪单点跳数故障的数学描述为

$$\tilde{\boldsymbol{\omega}}_{\mathrm{ib}}^{\mathrm{b}}\left(t_k\right)=\boldsymbol{\omega}_{\mathrm{s}} \tag{4-14}$$

式中，$\boldsymbol{\omega}_{\mathrm{s}}$ 为陀螺仪的输出脉冲；故障发生时刻 t_k 随机；跳数故障出现个数也是随机的。

(2) 多点跳数。陀螺仪多点跳数故障的数学描述如下。

连续 N 拍多点跳数时刻分别为 $t_k,t_{k+1},\cdots,t_{k+N-1}$，则每一时刻有

$$\begin{cases}\tilde{\boldsymbol{\omega}}_{\mathrm{ib}}^{\mathrm{b}}\left(t_k\right)=\boldsymbol{\omega}_{\mathrm{d}}\left(t_k\right)\\ \qquad\vdots\\ \tilde{\boldsymbol{\omega}}_{\mathrm{ib}}^{\mathrm{b}}\left(t_{k+N-1}\right)=\boldsymbol{\omega}_{\mathrm{d}}\left(t_{k+N-1}\right)\end{cases} \tag{4-15}$$

式中，$\boldsymbol{\omega}_{\mathrm{d}}(t_i)$ 为故障发生时刻陀螺仪的输出脉冲，$i=k,k+1,\cdots,k+N-1$；故障发生时刻 t_i 随机。

2. 加速度计故障输出形式

1) 常值漂移

加速度计常值漂移故障的数学描述为线性常值模型，即

$$\tilde{\boldsymbol{f}}_{\mathrm{ib}}^{\mathrm{b}}\left(t_k\right)=\boldsymbol{A} \tag{4-16}$$

式中，$\boldsymbol{A}$ 为常值漂移幅值，其数值大小随机。

2) 线性漂移

加速度计线性漂移故障的数学描述为

$$\tilde{\boldsymbol{f}}_{\mathrm{ib}}^{\mathrm{b}}(t_{k+1})=\tilde{\boldsymbol{f}}_{\mathrm{ib}}^{\mathrm{b}}(t_k)+\boldsymbol{k}\Delta t \tag{4-17}$$

式中，故障发生时刻 t_k 随机；$\boldsymbol{k}$ 为线性漂移故障函数的斜率。

3) 随机漂移

加速度计随机漂移故障的数学描述为

$$\tilde{\boldsymbol{f}}_{\mathrm{ib}}^{\mathrm{b}}\left(t_{k+1}\right)=\tilde{\boldsymbol{f}}_{\mathrm{ib}}^{\mathrm{b}}\left(t_k\right)+\boldsymbol{f}_{\mathrm{a}} \tag{4-18}$$

式中，故障发生时刻 t_k 随机；$\boldsymbol{f}_{\mathrm{a}}$ 为高斯白噪声。

4) 刻度系数漂移

加速度计刻度系数漂移故障的数学描述为

$$\boldsymbol{e}_{\mathrm{a}}(t_{k+1})=\boldsymbol{e}_{\mathrm{a}}(t_k)+\Delta\boldsymbol{k} \tag{4-19}$$

式中，故障发生时刻 t_k 随机；$\boldsymbol{e}_{\mathrm{a}}$ 为加速度计刻度系数；$\Delta\boldsymbol{k}$ 为加速度计刻度系数的跳变值。

5) 饱和输出

加速度计饱和输出故障的数学描述为

$$\boldsymbol{f}_{\mathrm{ib}}^{\mathrm{b}}(t_k)=\boldsymbol{N}_{\mathrm{a}} \tag{4-20}$$

式中，$\boldsymbol{f}_{\mathrm{ib}}^{\mathrm{b}}$ 为加速度计的输出；$\boldsymbol{N}_{\mathrm{a}}$ 为加速度计的满量程值；故障发生时刻 t_k 随机。

6) 零值输出

加速度计零值输出故障的数学描述为

$$\boldsymbol{f}_{\mathrm{ib}}^{\mathrm{b}}(t_k)=\boldsymbol{0} \tag{4-21}$$

式中，$\boldsymbol{f}_{\mathrm{ib}}^{\mathrm{b}}$ 为加速度计的输出；故障发生时刻 t_k 随机。

7) 半饱和输出

加速度计半饱和输出故障的数学描述为

$$\boldsymbol{f}_{\mathrm{ib}}^{\mathrm{b}}(t_k)=\frac{\boldsymbol{N}_{\mathrm{a}}}{2} \tag{4-22}$$

式中，$\boldsymbol{f}_{\mathrm{ib}}^{\mathrm{b}}$ 为加速度计的输出；$\boldsymbol{N}_{\mathrm{a}}$ 为加速度计的满量程值；故障发生时刻 t_k 随机。

8) 振荡输出

(1) 单点跳数。加速度计单点跳数故障的数学描述为

$$\tilde{\boldsymbol{f}}_{\mathrm{ib}}^{\mathrm{b}}(t_k)=\boldsymbol{f}_{\mathrm{s}} \tag{4-23}$$

式中，$\boldsymbol{f}_{\mathrm{s}}$ 为加速度计的输出脉冲；故障发生时刻 t_k 随机，跳数故障出现个数也是随机的。

(2) 多点跳数。加速度计多点跳数故障的数学描述如下。

连续 N 拍多点跳数时刻分别为 $t_k,t_{k+1},\cdots,t_{k+N-1}$,则每一时刻有

$$\begin{cases}\tilde{\boldsymbol{f}}_{\mathrm{ib}}^{\mathrm{b}}(t_k)=\boldsymbol{f}_{\mathrm{d}}(t_k)\\ \qquad\vdots\\ \tilde{\boldsymbol{f}}_{\mathrm{ib}}^{\mathrm{b}}(t_{k+N-1})=\boldsymbol{f}_{\mathrm{d}}(t_{k+N-1})\end{cases} \tag{4-24}$$

式中，$\boldsymbol{f}_{\mathrm{d}}(t_i)$ 为故障发生时刻加速度计的输出脉冲，$i=k,k+1,\cdots,k+N-1$；故障发生时刻 t_i 随机。

第 5 章　基于一致性故障判别的冗余捷联惯组故障检测

在工程实际中，对于冗余惯组测量信息一般会先采取一致性判别[47,48]，包括加速度计一致性故障判别、陀螺角速度一致性故障判别和陀螺角度一致性故障判别等。加速度计一致性故障判别是指视加速度一致性故障判别，通过各个测量轴的投影关系实现；陀螺角速度一致性故障判别主要是指一段时间内的角速度增量，用于诊断惯性器件突发性的快速发散故障；陀螺角度一致性故障判别是指自起飞至当前时刻角速度的增量，主要用于解决陀螺慢漂的故障[6]。冗余惯组故障判别流程如图 5-1 所示。

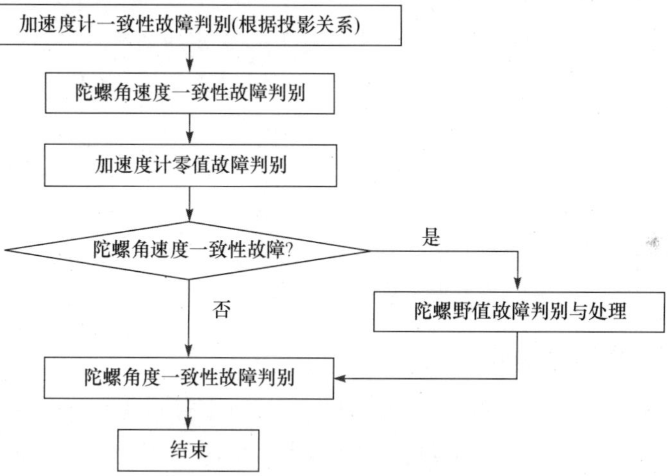

图 5-1　冗余惯组故障判别流程

除了进行一致性故障判别外，还需要进行脉冲常零值判别和极大值判别，下面介绍几种不同冗余方案的故障检测。

5.1　双套七表冗余捷联惯组故障检测

5.1.1　冗余配置方式

双捷联惯性测量系统中双套七表冗余配置的仪表组成及安装定向图如图 5-2

所示，$Ox_1y_1z_1$ 为箭体坐标系，惯组的测量坐标系与箭体坐标系重合，A_{x1}、A_{y1}、A_{z1} 为三个正交安装的加速度计，A_{s1} 为斜置安装的加速度计，为了安装方便以及有利于故障判别，其敏感轴与 $+x_1$、$-y_1$、$-z_1$ 成等角度安装。X 陀螺有两个敏感测量轴 ω_{y1} 和 ω_{z1}，Y 陀螺有两个敏感测量轴 ω_{x1} 和 ω_{z1}，Z 陀螺有两个敏感测量轴 ω_{x1} 和 ω_{y1}[47]。

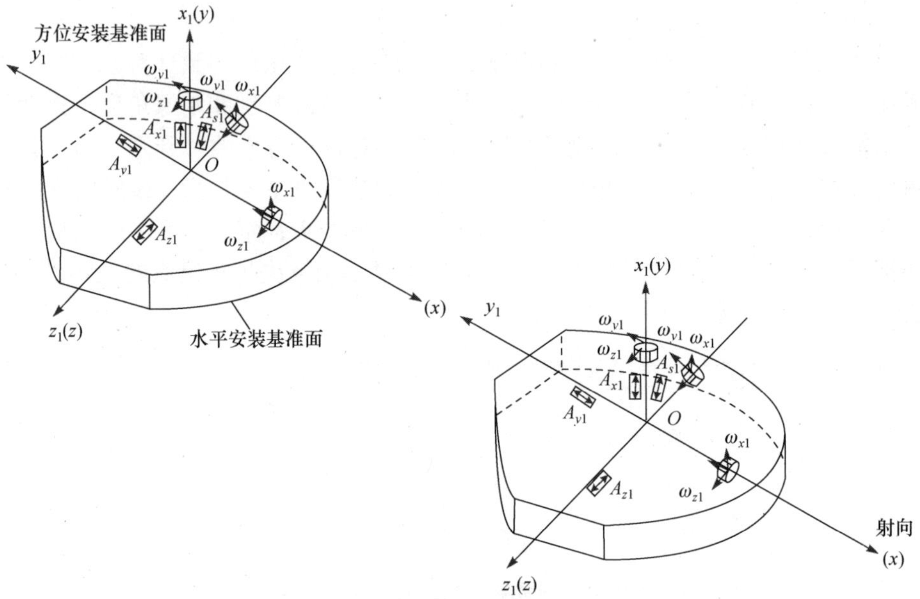

图 5-2　双套七表冗余配置的仪表组成及安装定向图

5.1.2　故障检测与隔离策略

针对角速度和角度信息，采用同轴四路信息少数服从多数的原则进行诊断，将故障定位至具体敏感轴，并据此进行隔离和重构。针对视加速度信息，采用同轴一致性比较和斜置表在正交轴投影相结合共同判断的方式，将故障定位到具体加速度计，从而进行单表级隔离和重构。除一致性比较之外，还进行单表零值故障判别和极大值故障判别[47]。双惯组冗余管理流程如图 5-3 所示。

1. 加速度计故障检测

1) 加速度零值故障判别

加速度零值故障判别主要针对纵向加速度计，横法向加速度计在正常飞行条件下输出很小，有可能为 0，因此可以不做判断。判断的方法是在每个采样周期内检查脉冲增量是否为 0，如果是，则认为该故障模式成立，判别公式如下：

$$\sum^{\Delta t} \Delta P_{\mathrm{a}} \neq 0 \tag{5-1}$$

式中，ΔP_{a} 为脉冲增量。

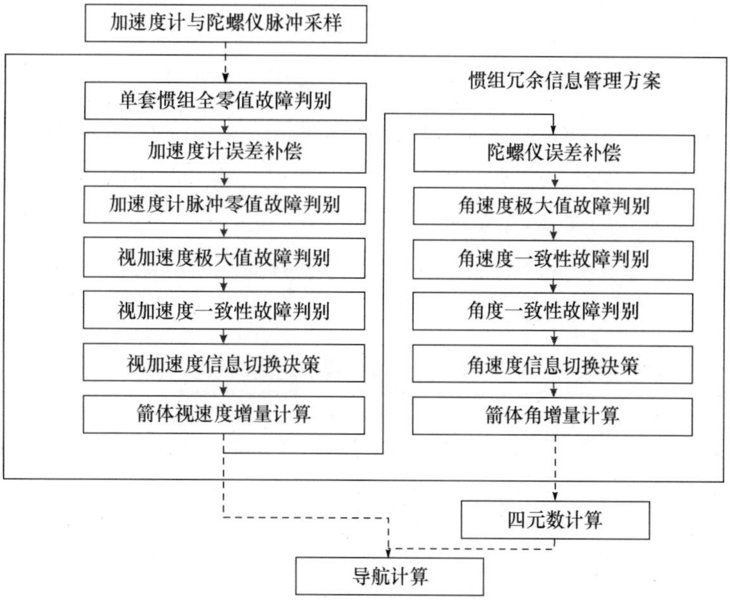

图 5-3　双惯组冗余管理流程

2) 极大值故障判别

极大值故障判别是在每一个采样周期内判断脉冲增量是否大于预设的门限值，若是，则认为该故障模式成立，并且应该将其作为野值点剔除。

3) 一致性故障判别

以视加速度为例，视加速度一致性故障判别的公式为

$$\text{公式 1：} \left| \sum^{\Delta t} \delta \mathrm{a}_{x1} - \sum^{\Delta t} \delta \mathrm{a}_{x2} \right| \leqslant \varepsilon_{Ax} \tag{5-2}$$

$$\text{公式 2：} \left| \sum^{\Delta t} \delta \mathrm{a}_{y1} - \sum^{\Delta t} \delta \mathrm{a}_{y2} \right| \leqslant \varepsilon_{Ay} \tag{5-3}$$

$$\text{公式 3：} \left| \sum^{\Delta t} \delta \mathrm{a}_{z1} - \sum^{\Delta t} \delta \mathrm{a}_{z2} \right| \leqslant \varepsilon_{Az} \tag{5-4}$$

$$\text{公式 4：} \left| \sum^{\Delta t} \delta \mathrm{a}_{s1} - \sum^{\Delta t} \delta \mathrm{a}_{s2} \right| \leqslant \varepsilon_{As} \tag{5-5}$$

公式 5：$$\left|\sum^{\Delta t}\delta a_{s1}-\left(k_{s\_x1}\cdot\sum^{\Delta t}\delta a_{x1}+k_{s\_y1}\cdot\sum^{\Delta t}\delta a_{y1}+k_{s\_z1}\cdot\sum^{\Delta t}\delta a_{z1}\right)\right|\leqslant\varepsilon_{s1} \tag{5-6}$$

公式 6：$$\left|\sum^{\Delta t}\delta a_{s2}-\left(k_{s\_x2}\cdot\sum^{\Delta t}\delta a_{x2}+k_{s\_y2}\cdot\sum^{\Delta t}\delta a_{y2}+k_{s\_z2}\cdot\sum^{\Delta t}\delta a_{z2}\right)\right|\leqslant\varepsilon_{s2} \tag{5-7}$$

式中，下标“1”为第一套惯组；下标“2”为第二套惯组；δa_{ij}为视加速度增量($i=x,y,z,s;j=1,2$)；k_{s_x1}、k_{s_y1}、k_{s_z1}为S_1加速度计在正交轴的投影系数；k_{s_x2}、k_{s_y2}、k_{s_z2}为S_2加速度计在正交轴的投影系数；ε_{Ax}、ε_{Ay}、ε_{Az}、ε_{As}、ε_{s1}、ε_{s2}为故障门限值。

根据上述 6 个公式的判别组合可以进行故障检测与隔离，视加速度一致性故障判别定位表如表 5-1 所示。

表 5-1　双套七表捷联惯组冗余方案视加速度一致性故障判别定位表

序号	公式 1	公式 2	公式 3	公式 4	公式 5	公式 6	正交加速度计是否已被隔离	判别结果
1	—	—	—	—	✓	✓	—	无故障
2	×	✓	✓	✓	×	✓	—	A_{x1} 故障
3	×	×	✓	✓	×	✓	—	A_{x1}、A_{y1} 故障
4	×	✓	✓	✓	×	×	—	A_{x1}、A_{x2} 故障
5	×	×	×	✓	×	✓	—	A_{x1}、A_{y1}、A_{z1} 故障
6	✓	✓	✓	✓	×	×	有(如 A_{y1})	见注
其他	/	/	/	/	×	×	—	不做处理

注：“✓”表示公式成立；“×”表示公式不成立；“—”表示不考虑信息状态；“/”表示公式状态发生变化。

序号 1 表示无故障的情况，利用斜置加速度计的投影判断公式。

序号 2 表示仅有一个加速度计发生故障，该加速度计同轴一致性检查和斜置投影对应关系均不成立。

序号 3 表示一套惯组内两个加速度计发生故障，各加速度计同轴一致性检查和斜置投影对应关系均不成立。

序号 4 表示两套惯组内同一个测量方向的两个加速度计发生故障，如果这两个加速度计同时发生不同表现形式的故障，则它们的一致性检查和两套惯组内斜置投影对应关系均不成立；如果故障是先后发生的，则参考序号 6 的说明。

序号 5 表示一套惯组内三个加速度计均发生故障，该惯组三个加速度计的一致性检查和斜置投影对应关系均不成立。

序号 6 表示先后发生的两度故障，且第一次发生故障的正交加速度计已被隔离的情况。如果 A_{y1} 加速度计先发生故障，通过采用与序号 2 相似的判别可以定位，故障加速度计(A_{y1})的信号将由同向另一个加速度计(A_{y2})替代，自身的信号不再使用，各个判别等式均成立。此时若同轴的另一个加速度计(A_{y2})接着发生故障，由于两个加速度计均采用了同样的测量信息，前 4 个公式仍然成立，就会出现序号 6 的情况。如果事先没有某个正交加速度计被隔离，仅根据序号 6 的判别组合无法定位故障加速度计。

如果两套惯组内各有一个不同测量方向的加速度计故障，如第一套惯组内 A_{x1} 加速度计故障，则通过序号 2 可以判别出，此后 A_{x1} 的测量值由第二套惯组的加速度计，即 A_{x2} 替代，6 个等式又恢复成立。此时若第二套惯组内 A_{y2} 加速度计故障，则 A_{y2} 的同轴一致性检查和倾斜投影对应关系均不成立，判别方法与序号 2 类似。因此，采用故障加速度计信息由正确加速度计替代后，不同惯组内不同测量方向加速度计的故障检测与单加速度计故障检测方法相同。

2. 陀螺仪故障检测

1) 角速度极大值故障判别

角速度极大值故障判别同加速度信号的处理方法类似，需要合理确定一个极大值的门限，在每一个采样周期内判断脉冲增量是否大于该门限值，若是，则认为该故障模式成立，并将其作为野值点剔除。

2) 角速度一致性故障判别

角速度一致性故障判别主要指一段时间内的角速度增量，用于诊断惯性器件突发性的快速发散故障。将两套惯组每一个测量方向共 4 个测量信息进行两两对比，下面以 x_1 方向为例，说明角速度一致性故障判别方法。

如果 $\left|\sum^{\Delta t}\delta\omega_{x1}-\sum^{\Delta t}\delta\omega_{x2}\right|<\mathrm{Td}$，则 $\Delta\omega_{12}=0$，否则 $\Delta\omega_{12}=1$；

如果 $\left|\sum^{\Delta t}\delta\omega_{x1}-\sum^{\Delta t}\delta\omega_{x3}\right|<\mathrm{Td}$，则 $\Delta\omega_{13}=0$，否则 $\Delta\omega_{13}=1$；

如果 $\left|\sum^{\Delta t}\delta\omega_{x1}-\sum^{\Delta t}\delta\omega_{x4}\right|<\mathrm{Td}$，则 $\Delta\omega_{14}=0$，否则 $\Delta\omega_{14}=1$；

如果 $\left|\sum^{\Delta t}\delta\omega_{x2}-\sum^{\Delta t}\delta\omega_{x3}\right|<\mathrm{Td}$，则 $\Delta\omega_{23}=0$，否则 $\Delta\omega_{23}=1$；

如果 $\left|\sum^{\Delta t}\delta\omega_{x2}-\sum^{\Delta t}\delta\omega_{x4}\right|<\mathrm{Td}$，则 $\Delta\omega_{24}=0$，否则 $\Delta\omega_{24}=1$；

如果 $\left|\sum^{\Delta t}\delta\omega_{x3}-\sum^{\Delta t}\delta\omega_{x4}\right|<\mathrm{Td}$，则 $\Delta\omega_{34}=0$，否则 $\Delta\omega_{34}=1$。

式中，$\delta\omega$ 为角速度增量；Td 为门限值；$x_1\sim x_4$ 为两套惯组中箭体纵轴方向的四个敏感轴。

根据 $\Delta\omega$ 的值，采用少数服从多数的方法可以定位故障。

3) 角度一致性故障判别

角度一致性故障判别与角速度一致性故障判别的方法类似，其是自起飞至当前时刻角速度的增量，主要用于解决陀螺仪慢漂的故障。

5.2 单套十表冗余捷联惯组故障检测

十表冗余是在传统正交安装的基础上，斜置安装两个测量仪表，利用彼此之间的投影关系对测试结果进行判断。如图 5-4 所示，沿 OX、OY、OZ、OS、OT 五个轴每个轴安装一个陀螺仪和一个加速度计，测量轴正向均为箭头所指方向。

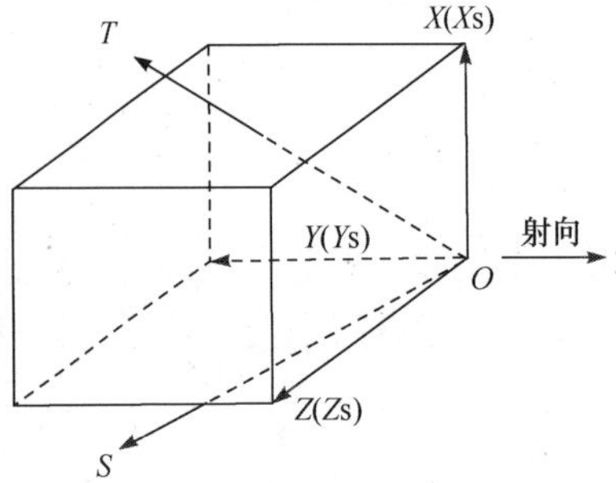

图 5-4　十表冗余配置

单套十表冗余捷联惯组故障检测同样采用零值判别、极大值判别和一致性判别。

1. 加速度计故障检测

1) 加速度脉冲零值故障判别

加速度脉冲零值故障判别主要针对纵向加速度计，横法向加速度计在正常飞行条件下输出脉冲很小，有可能为 0，因此不做判断。判断的方法是在每个采样周期内检查脉冲增量是否为 0，如是，则认为该故障模式成立，判别公式如下：

$$\sum^{\Delta t}\Delta P_{\mathrm{g}}\neq 0 \tag{5-8}$$

式中，ΔP_{g} 为脉冲增量。

2) 视加速度极大值故障判别

视加速度极大值故障判别是在每一个采样周期内判断脉冲增量是否大于预设的门限值，若是，则认为该故障模式成立，并且应该将其作为野值点剔除。

3) 视加速度一致性故障判别

视加速度一致性故障判别的检验公式为

$$\text{公式 1:}\quad \left|\sum^{\Delta t}\delta a_s - \left(k_{sx}\sum^{\Delta t}\delta a_x + k_{sy}\sum^{\Delta t}\delta a_y + k_{sz}\sum^{\Delta t}\delta a_z\right)\right| \leqslant \varepsilon_{As} \tag{5-9}$$

$$\text{公式 2:}\quad \left|\sum^{\Delta t}\delta a_t - \left(k_{tx}\sum^{\Delta t}\delta a_x + k_{ty}\sum^{\Delta t}\delta a_y + k_{tz}\sum^{\Delta t}\delta a_z\right)\right| \leqslant \varepsilon_{At} \tag{5-10}$$

公式 3：

$$\left|k_{tz}\sum^{\Delta t}\delta a_s - k_{sz}\sum^{\Delta t}\delta a_t + \left(k_{sz}k_{tx} - k_{tz}k_{sx}\right)\sum^{\Delta t}\delta a_x + \left(k_{sz}k_{ty} - k_{tz}k_{sy}\right)\sum^{\Delta t}\delta a_y\right| \leqslant \varepsilon_{Axy} \tag{5-11}$$

公式 4：

$$\left|k_{ty}\sum^{\Delta t}\delta a_s - k_{sy}\sum^{\Delta t}\delta a_t + \left(k_{sy}k_{tx} - k_{ty}k_{sx}\right)\sum^{\Delta t}\delta a_x + \left(k_{sy}k_{tz} - k_{ty}k_{sz}\right)\sum^{\Delta t}\delta a_z\right| \leqslant \varepsilon_{Axz} \tag{5-12}$$

公式 5：

$$\left|k_{tx}\sum^{\Delta t}\delta a_s - k_{sx}\sum^{\Delta t}\delta a_t + \left(k_{sx}k_{ty} - k_{tx}k_{sy}\right)\sum^{\Delta t}\delta a_y + \left(k_{sx}k_{tz} - k_{tx}k_{sz}\right)\sum^{\Delta t}\delta a_z\right| \leqslant \varepsilon_{Ayz} \tag{5-13}$$

式中，δa_i 为视加速度增量；k_{sx}、k_{sy}、k_{sz}、k_{tx}、k_{ty}、k_{tz} 为各投影系数。

视加速度一致性故障判别定位表如表 5-2 所示。

表 5-2　单套十表捷联惯组冗余方案视加速度一致性故障判别定位表

序号	公式 1	公式 2	公式 3	公式 4	公式 5	判别结果
1	✓	✓	✓	✓	✓	无故障
2	×	×	×	×	✓	A_x 故障
3	×	×	×	✓	×	A_y 故障
4	×	×	✓	×	×	A_z 故障
5	×	✓	×	×	×	A_s 故障
6	✓	×	×	×	×	A_t 故障
其他	/	/	/	/	/	不能判定

注：“✓”表示公式成立；“×”表示公式不成立；“/”表示公式状态发生变化。由表 5-2 可诊断单个加速度计的故障，并进行故障隔离[6]。

2. 陀螺仪故障检测

1) 角速度极大值故障判别

陀螺仪的角速度极大值故障判别与 5.1 节中的角速度极大值故障判别相同。

2) 角速度一致性故障判别

理想情况下，三个正交陀螺仪的测量输出对斜置轴的投影与两个斜置陀螺仪的测量输出具有等价关系。但是，惯性器件测量输出一般会包含测量误差和测量噪声，因此需要预设一个系统能够容忍的阈值，从而得到校验公式为

公式 1：
$$\left|\sum^{\Delta t}\delta\omega_s-\left(k_{sx}\sum^{\Delta t}\delta\omega_x+k_{sy}\sum^{\Delta t}\delta\omega_y+k_{sz}\sum^{\Delta t}\delta\omega_z\right)\right|\leqslant\varepsilon_{Gs} \tag{5-14}$$

公式 2：
$$\left|\sum^{\Delta t}\delta\omega_t-\left(k_{tx}\sum^{\Delta t}\delta\omega_x+k_{ty}\sum^{\Delta t}\delta\omega_y+k_{tz}\sum^{\Delta t}\delta\omega_z\right)\right|\leqslant\varepsilon_{Gt} \tag{5-15}$$

公式 3：
$$\left|k_{tz}\sum^{\Delta t}\delta\omega_s-k_{sz}\sum^{\Delta t}\delta\omega_t+\left(k_{sz}k_{tx}-k_{tz}k_{sx}\right)\sum^{\Delta t}\delta\omega_x+\left(k_{sz}k_{ty}-k_{tz}k_{sy}\right)\sum^{\Delta t}\delta\omega_y\right|\leqslant\varepsilon_{Gxy} \tag{5-16}$$

公式 4：
$$\left|k_{ty}\sum^{\Delta t}\delta\omega_s-k_{sy}\sum^{\Delta t}\delta\omega_t+\left(k_{sy}k_{tx}-k_{ty}k_{sx}\right)\sum^{\Delta t}\delta\omega_x+\left(k_{sy}k_{tz}-k_{ty}k_{sz}\right)\sum^{\Delta t}\delta\omega_z\right|\leqslant\varepsilon_{Gxz} \tag{5-17}$$

公式 5：
$$\left|k_{tx}\sum^{\Delta t}\delta\omega_s-k_{sx}\sum^{\Delta t}\delta\omega_t+\left(k_{sx}k_{ty}-k_{tx}k_{sy}\right)\sum^{\Delta t}\delta\omega_y+\left(k_{sx}k_{tz}-k_{tx}k_{sz}\right)\sum^{\Delta t}\delta\omega_z\right|\leqslant\varepsilon_{Gyz} \tag{5-18}$$

式中，$\delta\omega_i$ 为角速度增量；k_{sx}、k_{sy}、k_{sz}、k_{tx}、k_{ty}、k_{tz} 为各投影系数。

角速度一致性故障判别定位表如表 5-3 所示。

表 5-3 角速度一致性故障判别定位表

序号	公式 1	公式 2	公式 3	公式 4	公式 5	判别结果
1	✓	✓	✓	✓	✓	无故障
2	×	×	×	×	✓	G_x 故障
3	×	×	×	✓	×	G_y 故障
4	×	×	✓	×	×	G_z 故障
5	×	✓	×	×	×	G_s 故障

续表

序号	公式 1	公式 2	公式 3	公式 4	公式 5	判别结果
6	✓	×	×	×	×	G_t 故障
其他	/	/	/	/	/	不能判定

注："✓"表示公式成立；"×"表示公式不成立；"/"表示公式状态发生变化。由表 5-3 可诊断单个陀螺仪的故障，并进行故障隔离[6]。

3) 角度一致性故障判别

角度一致性故障判别是指自起飞至当前时刻角速度的增量，主要用于解决陀螺慢漂的故障。同样考虑惯性器件测量输出中的误差和测量误差，预设一个系统能够容忍的阈值，得到校验公式为

$$\text{公式 1：}\left|\sum^{t}\delta\omega_s-\left(k_{sx}\sum^{t}\delta\omega_x+k_{sy}\sum^{t}\delta\omega_y+k_{sz}\sum^{t}\delta\omega_z\right)\right|\leqslant\varepsilon_{Gs}\tag{5-19}$$

$$\text{公式 2：}\left|\sum^{t}\delta\omega_t-\left(k_{tx}\sum^{t}\delta\omega_x+k_{ty}\sum^{t}\delta\omega_y+k_{tz}\sum^{t}\delta\omega_z\right)\right|\leqslant\varepsilon_{Gt}\tag{5-20}$$

公式 3：

$$\left|k_{tz}\sum^{t}\delta\omega_s-k_{sz}\sum^{t}\delta\omega_t+\left(k_{sz}k_{tx}-k_{tz}k_{sx}\right)\sum^{t}\delta\omega_x+\left(k_{sz}k_{ty}-k_{tz}k_{sy}\right)\sum^{t}\delta\omega_y\right|\leqslant\varepsilon_{Gxy}\tag{5-21}$$

公式 4：

$$\left|k_{tx}\sum^{t}\delta\omega_s-k_{sx}\sum^{t}\delta\omega_t+\left(k_{sx}k_{ty}-k_{tx}k_{sy}\right)\sum^{t}\delta\omega_y+\left(k_{sx}k_{tz}-k_{tx}k_{sz}\right)\sum^{t}\delta\omega_z\right|\leqslant\varepsilon_{Gxz}\tag{5-22}$$

公式 5：

$$\left|k_{tx}\sum^{t}\delta\omega_s-k_{sx}\sum^{t}\delta\omega_t+\left(k_{sx}k_{ty}-k_{tx}k_{sy}\right)\sum^{t}\delta\omega_y+\left(k_{sx}k_{tz}-k_{tx}k_{sz}\right)\sum^{t}\delta\omega_z\right|\leqslant\varepsilon_{Gyz}\tag{5-23}$$

式中，$\delta\omega_i$ 为角速度增量；k_{sx}、k_{sy}、k_{sz}、k_{tx}、k_{ty}、k_{tz} 为各投影系数。

角度一致性故障判别定位表如表 5-4 所示。

表 5-4　角度一致性故障判别定位表

序号	公式 1	公式 2	公式 3	公式 4	公式 5	判别结果
1	✓	✓	✓	✓	✓	无故障
2	×	×	×	×	✓	G_x 故障
3	×	×	×	✓	×	G_y 故障

续表

序号	公式 1	公式 2	公式 3	公式 4	公式 5	判别结果
4	×	×	✓	×	×	G_z 故障
5	×	✓	×	×	×	G_s 故障
6	✓	×	×	×	×	G_t 故障
其他	/	/	/	/	/	不能判定

注：“✓”表示公式成立；“×”表示公式不成立；“/”表示公式状态发生变化。由表 5-4 可诊断单个陀螺仪的故障，并进行故障隔离[6]。

第 6 章　基于直接比较法的冗余捷联惯组故障检测

直接比较法是在阈值比较法的基础上推广而来的，阈值比较法是将测量相同物理量的多个惯性传感器的输出进行对比，如果差值大于阈值，则说明惯性传感器出现故障。然而，对于采用斜置冗余的捷联惯组，每个惯性传感器测量的方向都不同，没有可以用来直接作差比较的两个相同的传感器。基于直接比较法的冗余捷联惯组故障检测是利用冗余捷联惯组的空间配置关系，构建出不同测量方向惯性传感器的可比较关系，这种通过比较各个惯性传感器测量值来检验故障的方法又称为奇偶检测法，其相关方程称为奇偶方程。

6.1　直接比较法中的奇偶方程

在三维空间中，任意四个三维向量 $\boldsymbol{X}_1$、$\boldsymbol{X}_2$、$\boldsymbol{X}_3$、$\boldsymbol{X}_4$ 之间必存在式(6-1)表示的线性相关关系：

$$k_1\boldsymbol{X}_1 + k_2\boldsymbol{X}_2 + k_3\boldsymbol{X}_3 + k_4\boldsymbol{X}_4 = 0 \tag{6-1}$$

式中，k_1、k_2、k_3、k_4 为不全为 0 的实常数。

式(6-1)两边同时点乘任意三维向量 $\boldsymbol{\omega}$，等式关系仍然成立：

$$k_1\boldsymbol{X}_1\boldsymbol{\omega} + k_2\boldsymbol{X}_2\boldsymbol{\omega} + k_3\boldsymbol{X}_3\boldsymbol{\omega} + k_4\boldsymbol{X}_4\boldsymbol{\omega} = 0 \cdot \boldsymbol{\omega} = 0 \tag{6-2}$$

若 $\boldsymbol{X}_i$ 代表陀螺仪(或加速度计)的测量方向，$\boldsymbol{\omega}$ 代表箭体角速度(或比力)，则 $m_i = \boldsymbol{X}_i\boldsymbol{\omega}_i$ 代表陀螺仪(或加速度计)的测量输出。因此，式(6-2)可简化为

$$k_1 m_1 + k_2 m_2 + k_3 m_3 + k_4 m_4 = 0 \tag{6-3}$$

理想情况下，任意四个惯性传感器的测量输出满足式(6-3)，否则，说明至少有一个惯性传感器出现故障。因此可以将故障检测问题转换为对相关方程式(6-3)的逻辑判定问题。但是，在实际应用中，惯性传感器测量总存在误差，导致式(6-3)不成立。因此要确定一个容差范围，即阈值 Td。

若满足：

$$\left| k_1 m_1 + k_2 m_2 + k_3 m_3 + k_4 m_4 \right| \leqslant \mathrm{Td} \tag{6-4}$$

则认为惯性传感器的测量输出在正常的误差范围内；

若满足：

$$\left|k_1 m_1 + k_2 m_2 + k_3 m_3 + k_4 m_4\right| > \mathrm{Td} \tag{6-5}$$

则认为传感器出现故障。

以正十二面体配置为例，见3.4.3小节方案1，安装方式如图6-1所示，将角速度写为向量形式，即

$$\boldsymbol{\omega} = \begin{bmatrix} \omega_x & \omega_y & \omega_z \end{bmatrix}^{\mathrm{T}} \tag{6-6}$$

则由图6-1所示的空间几何关系可得6个陀螺仪(或加速度计)所反映出的测量值分别为

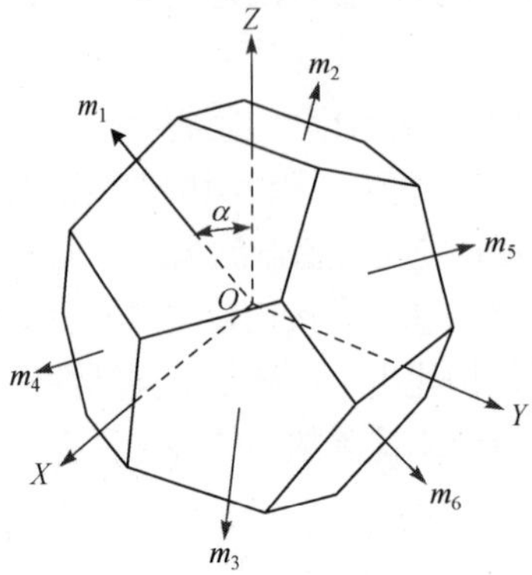

图6-1　冗余捷联惯组正十二面体配置的安装方式

$$\left.\begin{aligned} m_1 &= \omega_x \sin\alpha + \omega_z \cos\alpha \\ m_2 &= -\omega_x \sin\alpha + \omega_z \cos\alpha \\ m_3 &= \omega_x \cos\alpha + \omega_y \sin\alpha \\ m_4 &= \omega_x \cos\alpha - \omega_y \sin\alpha \\ m_5 &= \omega_y \cos\alpha + \omega_z \sin\alpha \\ m_6 &= \omega_y \cos\alpha - \omega_z \sin\alpha \end{aligned}\right\} \tag{6-7}$$

令$s = \sin\alpha$，$c = \cos\alpha$，则可列出陀螺仪(或加速度计)的所有四组合U_i，并编制正十二面体配置逻辑判断表，如表6-1所示。其中，四组合共有C_n^4种，n是冗余捷联惯组中陀螺仪(或加速度计)的个数。

表6-1　正十二面体配置逻辑判断表

序号	陀螺仪组合	奇偶检测方程
U_1	1234	$(m_1 - m_2)c - (m_3 + m_4)s \leqslant \mathrm{Td}$
U_2	1235	$(m_2 + m_3)c - (m_1 + m_5)s \leqslant \mathrm{Td}$
U_3	1236	$(m_3 - m_1)c - (m_2 - m_6)s \leqslant \mathrm{Td}$
U_4	1245	$(m_4 - m_1)c - (m_2 + m_5)s \leqslant \mathrm{Td}$
U_5	1246	$(m_2 + m_4)c - (m_1 - m_6)s \leqslant \mathrm{Td}$
U_6	1256	$(m_5 - m_6)c - (m_1 + m_2)s \leqslant \mathrm{Td}$
U_7	1345	$(m_4 + m_5)c - (m_1 + m_3)s \leqslant \mathrm{Td}$
U_8	1346	$(m_6 - m_3)c + (m_1 + m_4)s \leqslant \mathrm{Td}$
U_9	1356	$(m_1 + m_6)c + (m_3 + m_5)s \leqslant \mathrm{Td}$
U_{10}	1456	$(m_5 - m_1)c + (m_4 - m_6)s \leqslant \mathrm{Td}$

续表

序号	陀螺仪组合	奇偶检测方程
U_{11}	2345	$(m_5 - m_3)c + (m_4 - m_2)s \leqslant \mathrm{Td}$
U_{12}	2346	$(m_6 + m_4)c + (m_2 - m_3)s \leqslant \mathrm{Td}$
U_{13}	2356	$(m_2 - m_5)c + (m_3 + m_6)s \leqslant \mathrm{Td}$
U_{14}	2456	$(m_2 + m_6)c + (m_4 - m_5)s \leqslant \mathrm{Td}$
U_{15}	3456	$(m_4 - m_3)c + (m_5 + m_6)s \leqslant \mathrm{Td}$

6.2　线性关系中系数 k 的确定

回到线性关系式(6-1)，用矩阵形式表示线性关系：

$$\boldsymbol{k} \cdot \bar{\boldsymbol{H}} = 0 \tag{6-8}$$

式中，$\boldsymbol{k} = [k_1 \quad k_2 \quad k_3 \quad k_4]$；$\bar{\boldsymbol{H}} = [\boldsymbol{X}_1; \boldsymbol{X}_2; \boldsymbol{X}_3; \boldsymbol{X}_4]$，$\boldsymbol{X}_i$ 为行向量形式，即 $\boldsymbol{X}_i \in \boldsymbol{R}^{1\times3}$。

式(6-8)所描述的线性方程组的解 $\boldsymbol{k}$ 有通解 $\boldsymbol{K}$：

$$\boldsymbol{K} = \boldsymbol{I} - \bar{\boldsymbol{H}}(\bar{\boldsymbol{H}}^{\mathrm{T}}\bar{\boldsymbol{H}})^{-1}\bar{\boldsymbol{H}}^{\mathrm{T}} \tag{6-9}$$

式(6-9)中的结果是一个秩为 1 的 4 阶方阵，只需取其中任意一行作为方程组的基础解系 $\boldsymbol{k}$ 即可，这里取第一行。由于此线性方程组有无穷多组解，$\boldsymbol{k}$ 的任意倍数都是方程组的解 $m \cdot \boldsymbol{k}$，m 为任意数。因此，必须确定一个标准，以便各个组合 U_i 有相同的阈值水平。这里将方程组的基础解系 $\boldsymbol{k}$ 单位化 $\boldsymbol{k}/|\boldsymbol{k}|$，便可以确定统一标准的系数 k_1、k_2、k_3、k_4。

以正十二面体配置为例，计算取 1～4 号陀螺仪时组合 U_1 的系数。

当陀螺仪配置方案为正十二面体时，系统的配置矩阵 $\boldsymbol{H}$ 为

$$\boldsymbol{H} = \begin{bmatrix} \sin\alpha & 0 & \cos\alpha \\ -\sin\alpha & 0 & \cos\alpha \\ \cos\alpha & \sin\alpha & 0 \\ \cos\alpha & -\sin\alpha & 0 \\ 0 & \cos\alpha & \sin\alpha \\ 0 & \cos\alpha & -\sin\alpha \end{bmatrix} \tag{6-10}$$

取该量测矩阵中对应 1～4 号陀螺仪的前四行为 $\bar{\boldsymbol{H}}$ 矩阵，则

$$\bar{\boldsymbol{H}}=\begin{bmatrix}\sin\alpha & 0 & \cos\alpha\\ -\sin\alpha & 0 & \cos\alpha\\ \cos\alpha & \sin\alpha & 0\\ \cos\alpha & -\sin\alpha & 0\end{bmatrix}\tag{6-11}$$

式中，$2\alpha=63°26'58''$，将其代入式(6-9)，计算得

$$\boldsymbol{k}=\begin{bmatrix}0.6015 & -0.6015 & -0.3717 & -0.3717\end{bmatrix}$$

同理，可以求得其他组合 U_i 的权值系数，权值系数表见表 6-2。

表 6-2　权值系数表

组合	陀螺仪号	k_1	k_2	k_3	k_4
U_1	1、2、3、4	0.6015	−0.6015	−0.3717	−0.3717
U_2	1、2、3、5	0.3717	−0.6015	−0.6015	0.3717
U_3	1、2、3、6	0.6015	−0.3717	−0.6015	0.3717
U_4	1、2、4、5	0.6015	−0.3717	−0.6015	−0.3717
U_5	1、2、4、6	0.3717	−0.6015	−0.6015	−0.3717
U_6	1、2、5、6	0.3717	0.3717	−0.6015	0.6015
U_7	1、3、4、5	0.3717	0.3717	−0.6015	−0.6015
U_8	1、3、4、6	0.3717	−0.6015	0.3717	0.6015
U_9	1、3、5、6	0.6015	−0.3717	−0.3717	0.6015
U_{10}	1、4、5、6	0.6015	−0.3717	−0.6015	0.3717
U_{11}	2、3、4、5	0.3717	0.6015	−0.3717	−0.6015
U_{12}	2、3、4、6	0.3717	−0.3717	0.6015	0.6015
U_{13}	2、3、5、6	0.6015	0.3717	−0.6015	0.3717
U_{14}	2、4、5、6	0.6015	0.3717	−0.3717	0.6015
U_{15}	3、4、5、6	0.6015	−0.6015	−0.3717	−0.3717

6.3　阈值 Td 的确定

由于测量总存在各种误差，即

$$m_i=z_i+\varepsilon_i\tag{6-12}$$

式中，z_i 为箭体的惯性信息；ε_i 为误差和噪声。将式(6-12)代入式(6-3)可得

$$k_1(z_1+\varepsilon_1)+k_2(z_2+\varepsilon_2)+k_3(z_3+\varepsilon_3)+k_4(z_4+\varepsilon_4)=0$$

整理移项可得：

$$k_1z_1+k_2z_2+k_3z_3+k_4z_4=-(k_1\varepsilon_1+k_2\varepsilon_2+k_3\varepsilon_3+k_4\varepsilon_4) \tag{6-13}$$

式(6-13)等号右端是组合 U_i 的误差和噪声项，称为残差 p_i。

$$\left|k_1z_1+k_2z_2+k_3z_3+k_4z_4\right|=\left|k_1\varepsilon_1+k_2\varepsilon_2+k_3\varepsilon_3+k_4\varepsilon_4\right|<\mathrm{Td}$$

阈值 Td 可根据 $\left|k_1\varepsilon_1+k_2\varepsilon_2+k_3\varepsilon_3+k_4\varepsilon_4\right|$ 确定。

假设高斯白噪声 $\varepsilon=\begin{bmatrix}\varepsilon_1 & \varepsilon_2 & \varepsilon_3 & \varepsilon_4\end{bmatrix}^{\mathrm{T}}$ 有如下统计特性：

$$E\{\boldsymbol{\varepsilon}\}=0, E\left\{\boldsymbol{\varepsilon}\boldsymbol{\varepsilon}^{\mathrm{T}}\right\}=\sigma^2\boldsymbol{I} \tag{6-14}$$

那么，$\mu=k_1\varepsilon_1+k_2\varepsilon_2+k_3\varepsilon_3+k_4\varepsilon_4$ 具有如下统计特性：

$$E\{\boldsymbol{\mu}\}=0 \tag{6-15}$$

$$E\left\{\boldsymbol{\mu}\boldsymbol{\mu}^{\mathrm{T}}\right\}=(k_1^2+k_2^2+k_3^2+k_4^2)\sigma^2 \tag{6-16}$$

即

$$E\left\{\boldsymbol{\mu}\boldsymbol{\mu}^{\mathrm{T}}\right\}=\sigma^2 \tag{6-17}$$

6.4　直接比较法故障检测与隔离策略

在第 5 章介绍的脉冲零值判别和极大值输出判别的基础上，针对每拍惯组输出值，分别检验每一个组合 U_i 的输出值是否满足式(6-4)或式(6-5)。若大于阈值 Td，则记该组合的判断标志位 $K_i=1$；否则记为 $K_i=0$。含有故障传感器的组合 U_i 对应的 K_i 值都是 1，而不含故障传感器组合 U_i 对应的 K_i 值都是 0。例如，1 号陀螺仪失效，则与 1 号陀螺仪 m_1 有关的奇偶检测方程均不成立，$K_1\sim K_{10}$ 均等于 1；其他与 m_1 无关的 $K_{11}\sim K_{15}$ 均等于 0，从而可将 1 号陀螺仪进行故障隔离。其他陀螺仪以此类推，故障检测真值表见表 6-3。

表 6-3　故障检测真值表

故障陀螺仪	奇偶检测值															程序元
	K_1	K_2	K_3	K_4	K_5	K_6	K_7	K_8	K_9	K_{10}	K_{11}	K_{12}	K_{13}	K_{14}	K_{15}	
没有	0	0	0	0	0	0	0	0	0	0	0	0	0	0	0	P_0
1	1	1	1	1	1	1	1	1	1	1	0	0	0	0	0	P_1
2	1	1	1	1	1	1	0	0	0	0	1	1	1	1	0	P_2

续表

故障陀螺仪	奇偶检测值															程序元
	K_1	K_2	K_3	K_4	K_5	K_6	K_7	K_8	K_9	K_{10}	K_{11}	K_{12}	K_{13}	K_{14}	K_{15}	
3	1	1	1	0	0	0	1	1	1	0	1	1	1	0	1	P_3
4	1	0	0	1	1	0	1	1	0	1	1	1	0	1	1	P_4
5	0	1	0	1	0	1	1	0	1	1	1	0	1	1	1	P_5
6	0	0	1	0	1	1	0	1	1	1	0	1	1	1	1	P_6
1、2	1	1	1	1	1	1	1	1	1	1	1	1	1	1	0	P_7
1、3	1	1	1	1	1	1	1	1	1	1	1	1	1	0	1	P_8
1、4	1	1	1	1	1	1	1	1	1	1	1	1	0	1	1	P_9
1、5	1	1	1	1	1	1	1	1	1	1	1	0	1	1	1	P_{10}
1、6	1	1	1	1	1	1	1	1	1	1	0	1	1	1	1	P_{11}
2、3	1	1	1	1	1	1	1	1	1	0	1	1	1	1	1	P_{12}
2、4	1	1	1	1	1	1	1	1	0	1	1	1	1	1	1	P_{13}
2、5	1	1	1	1	1	1	1	0	1	1	1	1	1	1	1	P_{14}
2、6	1	1	1	1	1	1	0	1	1	1	1	1	1	1	1	P_{15}
3、4	1	1	1	1	1	0	1	1	1	1	1	1	1	1	1	P_{16}
3、5	1	1	1	1	0	1	1	1	1	1	1	1	1	1	1	P_{17}
3、6	1	1	1	0	1	1	1	1	1	1	1	1	1	1	1	P_{18}
4、5	1	1	0	1	1	1	1	1	1	1	1	1	1	1	1	P_{19}
4、6	1	0	1	1	1	1	1	1	1	1	1	1	1	1	1	P_{20}
5、6	0	1	1	1	1	1	1	1	1	1	1	1	1	1	1	P_{21}
3 个或 3 个以上	1	1	1	1	1	1	1	1	1	1	1	1	1	1	1	P_{22}

注：$P_0 \sim P_{21}$ 能进行故障检测与隔离；P_{22} 只能进行故障检测。

列出 $K_1, K_2, \cdots, K_i, \cdots$，对比真值表，便可确定发生故障的传感器。若 3 个或 3 个以上的陀螺仪失效，则奇偶检测方程全部为 1，这种情况下只能进行故障检测，而不能进行故障隔离。

下面介绍一种利用代码来对陀螺仪的故障进行隔离的方法，该方法较真值表简单直观。其主要思想是用一个六位码来对应由 6 个陀螺仪中的 4 个测量值构成的奇偶检测方程。若第 i 号陀螺仪的测量值 $m_i\ (i=1\sim6)$ 出现在奇偶检测方程中，则对应于该奇偶检测方程的六位码的第 i 位取值为 1，否则为 0[49]。按此规则可得到 15 个奇偶检测方程对应的代码表，如表 6-4 所示。当某些陀螺仪失效时，在 15 个奇偶检测方程中含有失效陀螺仪测量值的方程就不成立了。通过检测剩余的奇偶检测方程所对应的六位码各占的值，便可确定是哪些陀螺仪失效。检测方法是首先将剩余的奇偶检测方程所对应的六位码分别相加，然后检查所得的各位值。既然失效陀螺仪的测量值并不会出现在剩余的奇偶检测方程中，那么在相应代码中的对应位数皆为 0。因此，若剩余陀螺仪代码和的第 i 位数值为零，则说明第 i 号陀螺仪失效。下面举例说明。

表 6-4　奇偶检测方程对应的代码表

奇偶检测方程号	代码
1(1234)	111100
2(1235)	111010
3(1236)	111001
4(1245)	110110
5(1246)	110101
6(1256)	110011
7(1345)	101110
8(1346)	101101
9(1356)	101011
10(1456)	100111
11(2345)	011110
12(2346)	011101
13(2356)	011011
14(2456)	010111
15(3456)	001111

[例 6-1]　利用代码和的方法判断两种故障情况：①1 号陀螺仪失效；②1 号陀螺仪与 3 号陀螺仪失效。

解：　①1 号陀螺仪失效。由表 6-4 可知，剩余有效奇偶检测方程的序号及其对应的六位码分别为

序号	六位码
11	011110
12	011101
13	011011
14	010111
15	+001111
	044444

六位码之和的第 1 位为零，说明 1 号陀螺仪失效。

②1 号陀螺仪与 3 号陀螺仪失效。由表 6-4 可知，剩余有效奇偶检测方程的序号及其对应的六位码分别为

序号	六位码
14	010111

此时的六位码之和的第 1 位和第 3 位为零，说明 1 号陀螺仪和 3 号陀螺仪失效。

6.5　故障检测性能指标

故障检测算法性能的优劣，取决于正检率(probability of correct detection，PCD)、误警率(probability of false alarms，PFA)、漏警率(probability of miss alarms，PMA)、误隔离率(probability of false isolation，PFI)和检测延迟(ΔT)等指标，它们的定义如下[18,19,50]。

PCD：注入确定的故障，正确检测到故障的概率

$$\mathrm{PCD}=\frac{\text{正确检测并隔离故障的次数}}{\text{确定的故障蒙特卡罗打靶次数}}$$

PFA：没有故障却产生故障报警的概率

$$\mathrm{PFA}=\frac{\text{无故障报警次数}}{\text{无故障蒙特卡罗打靶次数}}$$

PMA：注入确定的故障，没有检测到故障的概率

$$\mathrm{PMA}=\frac{\text{没有报警的次数}}{\text{确定的故障蒙特卡罗打靶次数}}$$

PFI：正确检测到故障却没有正确隔离故障的概率

$$\mathrm{PFI}=\frac{\text{正确检测到故障但没有正确隔离的次数}}{\text{正确检测到故障的次数}}$$

ΔT：故障报警时刻比故障发生时刻延迟的时间

$$\Delta T=T_1-T_0$$

式中，T_0 为注入故障时刻；T_1 故障报警时刻。

6.6　直接比较法故障检测的仿真应用

一般用常值漂移模拟惯组硬故障，用线性漂移模拟惯组软故障。以正十二面

体配置为例，分别注入常值漂移故障和线性漂移故障，研究直接比较法的故障检测效果。直接比较法故障检测流程图如图 6-2 所示。

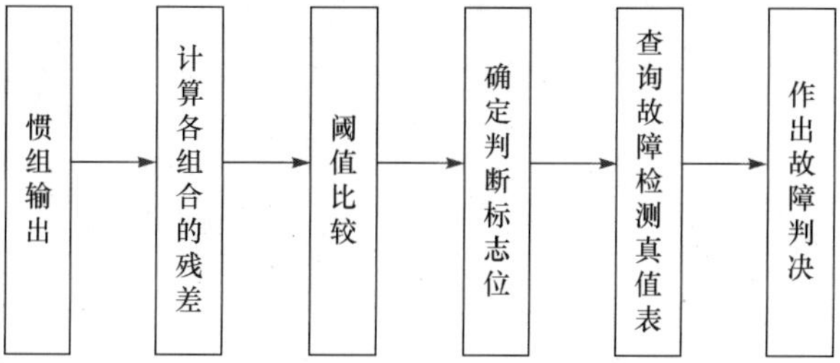

图 6-2　直接比较法故障检测流程图

6.6.1　常值漂移故障检测仿真

在 30s 处，1 号陀螺仪发生 25°/h 的阶跃故障，直接比较法 25°/h 阶跃故障检测仿真结果如图 6-3 所示，图中残差为式(6-4)左端项 $|k_1m_1+k_2m_2+k_3m_3+k_4m_4|$ 的数值。

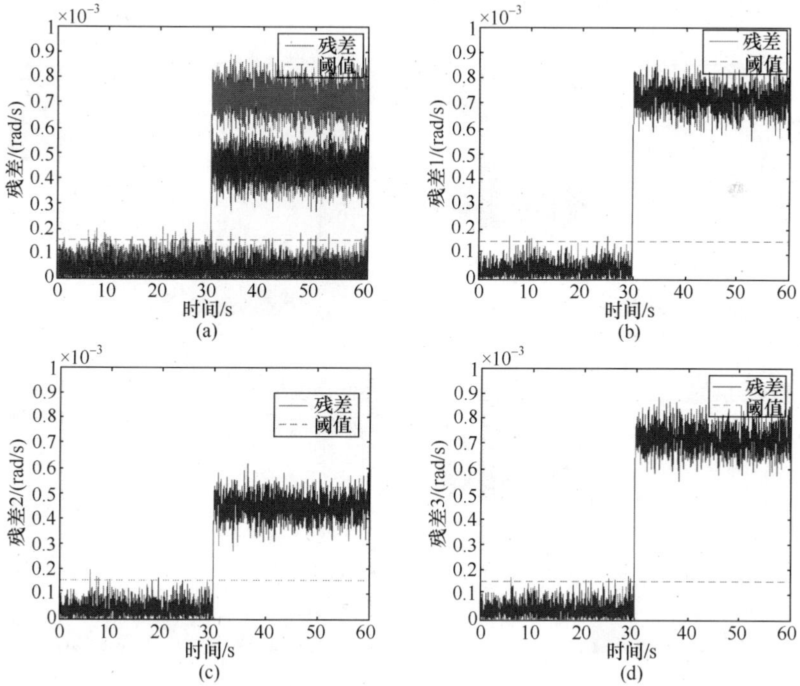

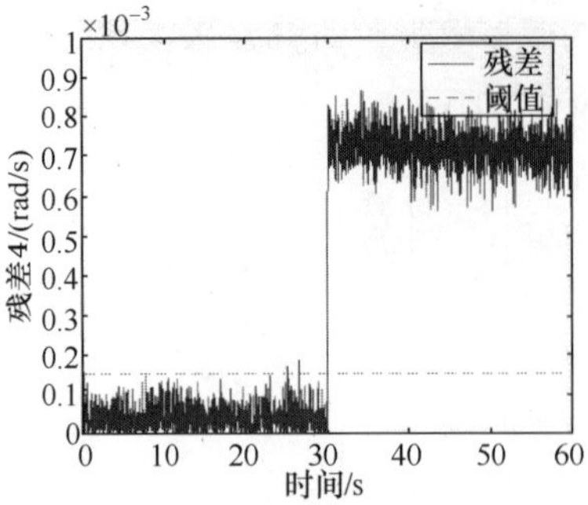
×10⁻³
残差
阈值
残差4/(rad/s)
时间/s
(e)

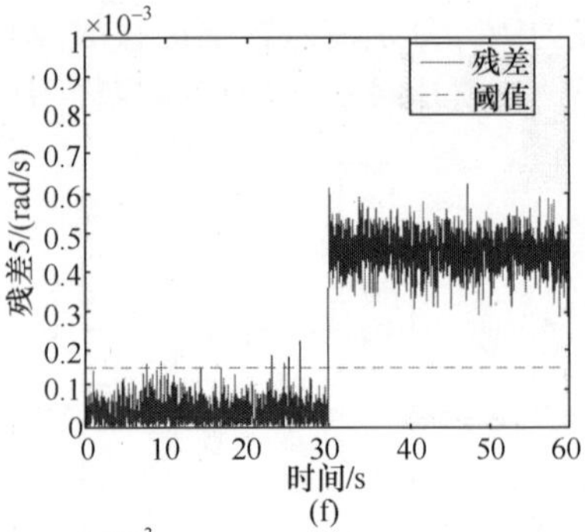
×10⁻³
残差
阈值
残差5/(rad/s)
时间/s
(f)

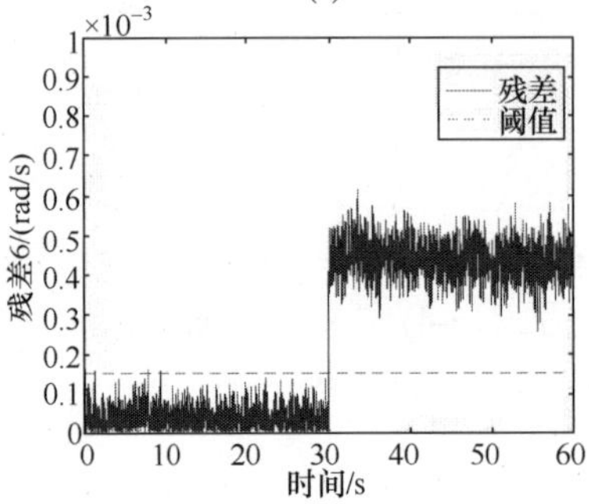
×10⁻³
残差
阈值
残差6/(rad/s)
时间/s
(g)

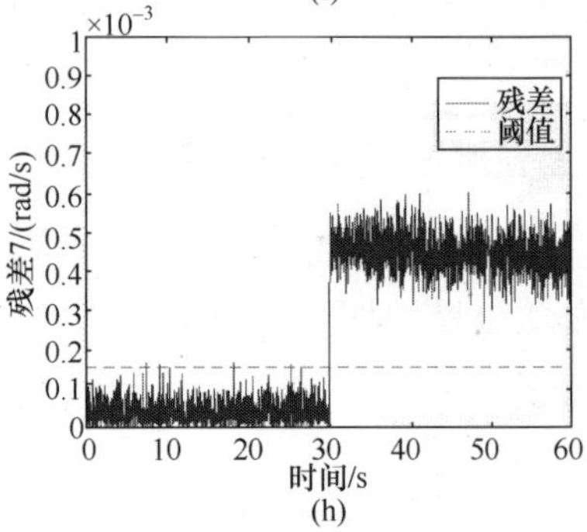
×10⁻³
残差
阈值
残差7/(rad/s)
时间/s
(h)

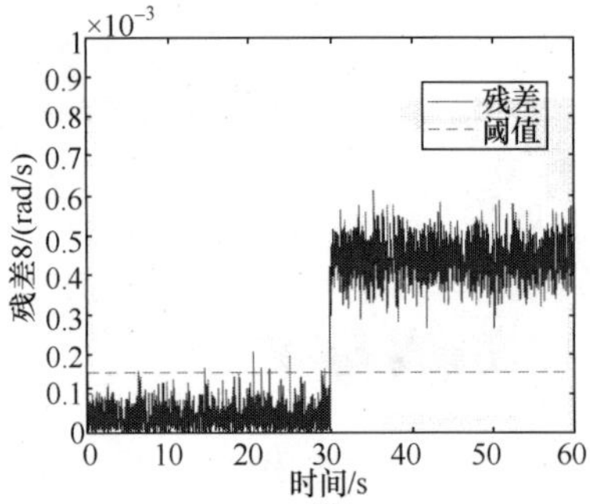
×10⁻³
残差
阈值
残差8/(rad/s)
时间/s
(i)

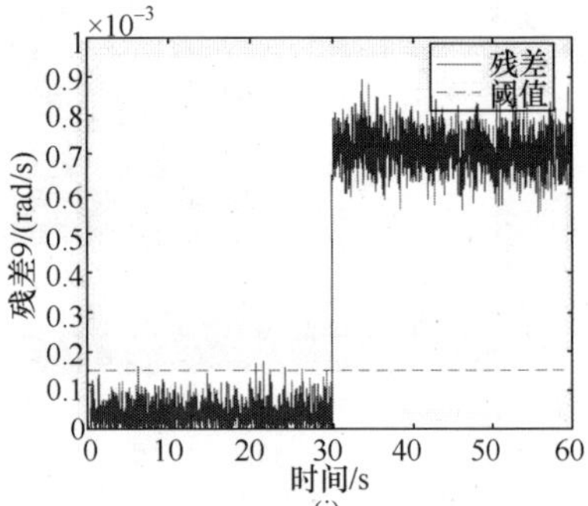
×10⁻³
残差
阈值
残差9/(rad/s)
时间/s
(j)

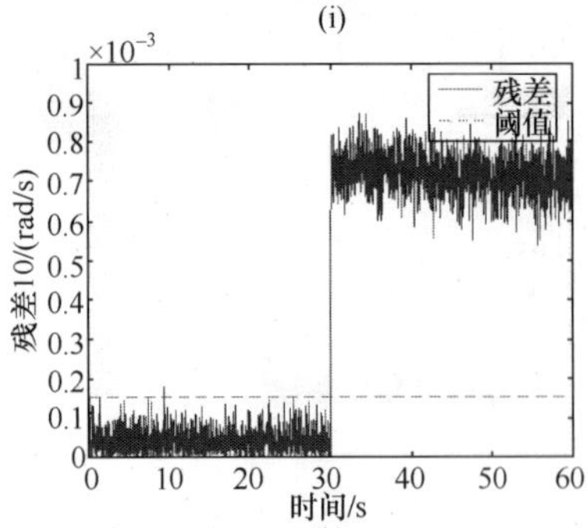
×10⁻³
残差
阈值
残差10/(rad/s)
时间/s
(k)

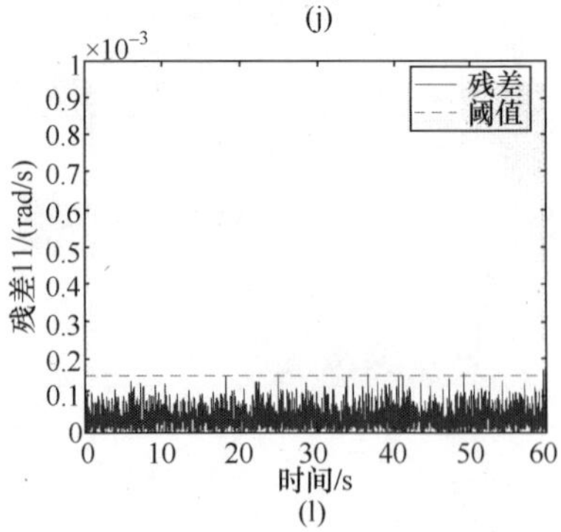
×10⁻³
残差
阈值
残差11/(rad/s)
时间/s
(l)

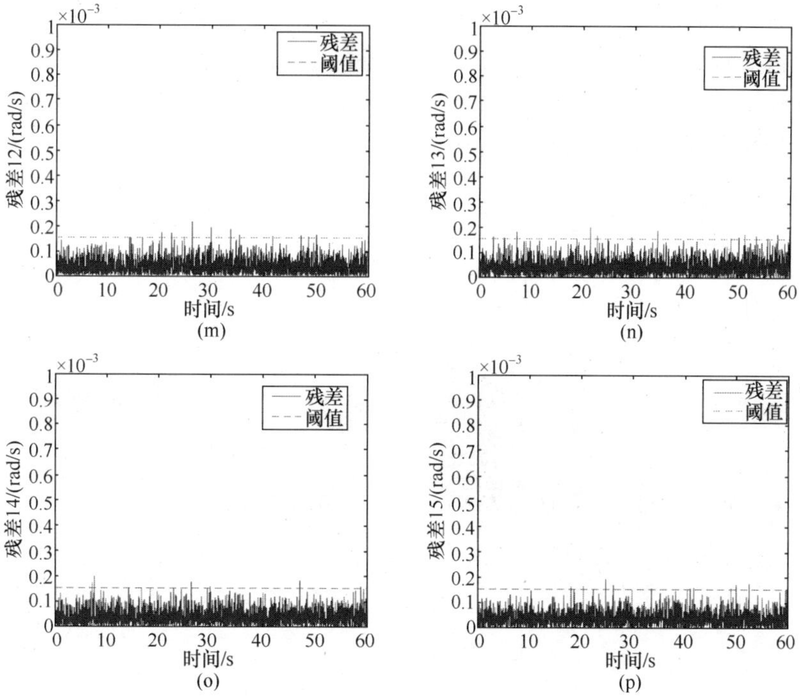

图 6-3　直接比较法 25°/h 阶跃故障检测仿真结果

从图 6-3 中可以看出，在 30s 之前，各组合的残差模值曲线混叠在阈值曲线下，30s 后，残差模值曲线出现分离。分离后，一部分曲线高于阈值，另一部分仍低于阈值。当残差小于阈值时，其对应组合的判断标志位 K_i 为 0；当残差大于阈值时，其对应组合的判断标志位 K_i 为 1。因此，在 30s 之前，$K_1 \sim K_{15}$ 均为 0，判定无故障发生；30s 后，$K_1 \sim K_{10}$ 为 1，$K_{11} \sim K_{15}$ 为 0，根据表 6-1 判定 1 号陀螺仪故障，与设置的故障吻合。

观察残差模值曲线簇，其中还隐含一个现象：30s 后，残差模值曲线分离成为上中下三层，上中两层均高于阈值曲线，下层低于阈值。

根据直接比较法的原理可知，残差模值曲线的分层现象是由算法本身的特性决定的。观察权值系数表，每一个组合的四个权值系数 k_1、k_2、k_3 和 k_4 并不相同，而且各个组合的权值系数也不尽相同，那么，当某个惯性传感器发生故障时，这个故障在不同的组合中所占的权重也是不同的。例如，1 号陀螺仪发生 25°/h 的阶跃故障，包含 1 号陀螺仪的组合是 $U_1 \sim U_{10}$，故障发生后，$U_1 \sim U_{10}$ 的残差会增大，但是 $U_1 \sim U_{10}$ 中 1 号陀螺仪测量值的权值系数是不同的，U_1、U_3、U_4、U_9、U_{10} 中的 1 号陀螺仪测量值的权值系数为 0.6015，U_2、U_5、U_6、U_7、U_8 中的 1 号陀螺仪测量值的权值系数为 0.3717，同一个故障乘以不同的权值系数后表现的残差增量是不同的。

直接比较法的判决准则是含有故障传感器组合的残差都超出阈值后，才判定出现故障。减小故障幅值，当上层残差曲线簇已经跃升到阈值以上时，中层残差曲线簇仍然在阈值处波动，会给故障检测带来困难，直接比较法10° / h 阶跃故障检测仿真结果如图 6-4 所示。

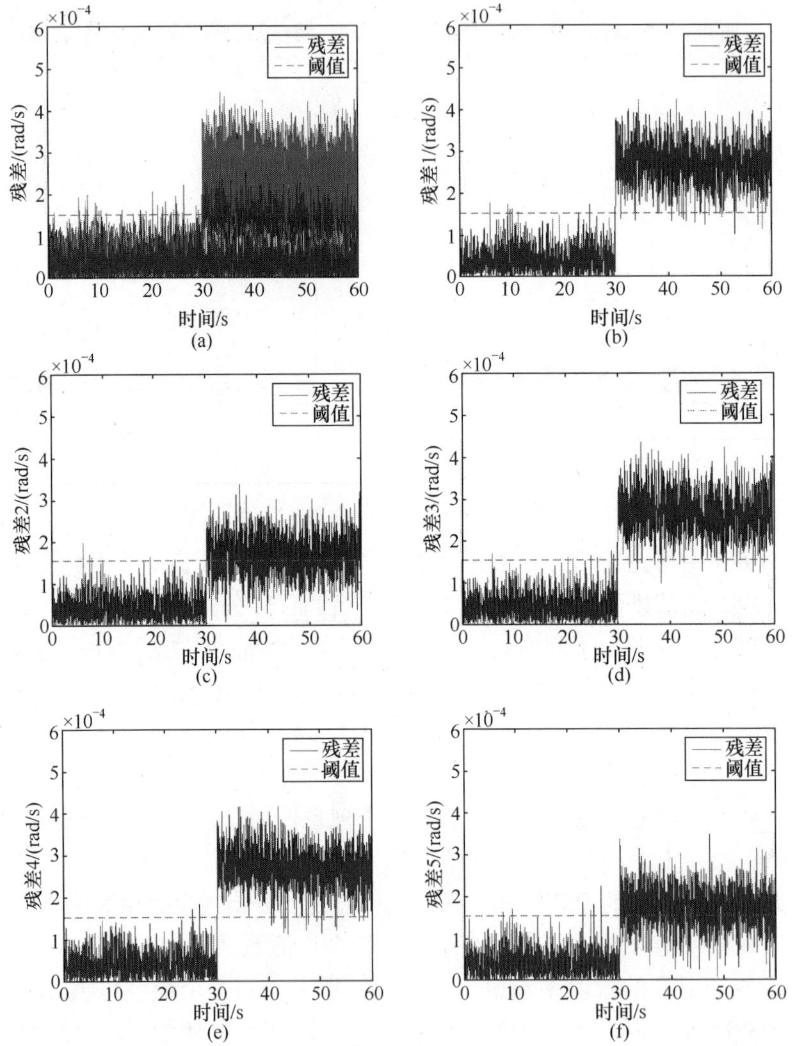

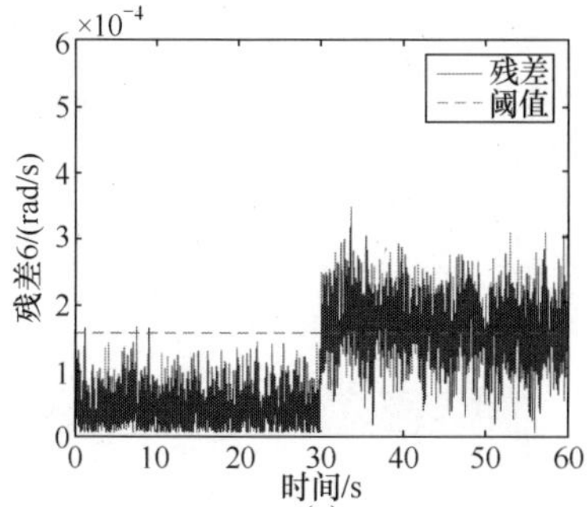
×10⁻⁴
残差
阈值
残差6/(rad/s)
时间/s
(g)

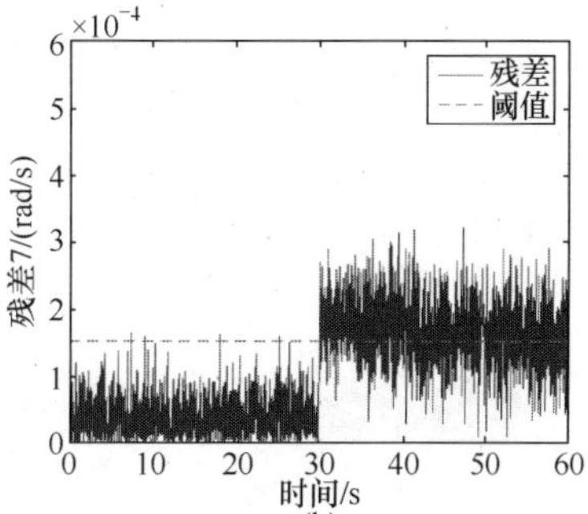
×10⁻⁴
残差
阈值
残差7/(rad/s)
时间/s
(h)

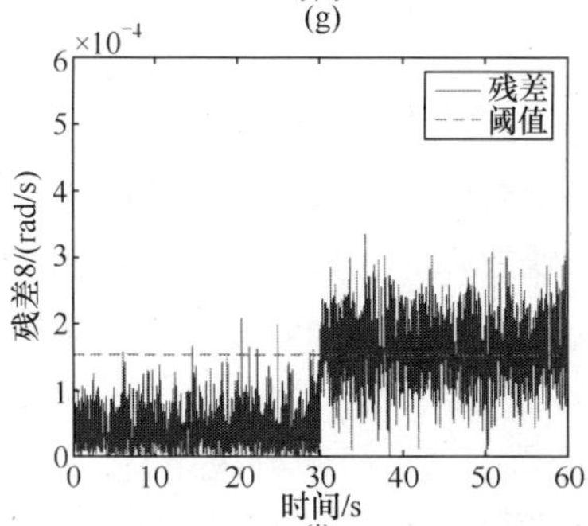
×10⁻⁴
残差
阈值
残差8/(rad/s)
时间/s
(i)

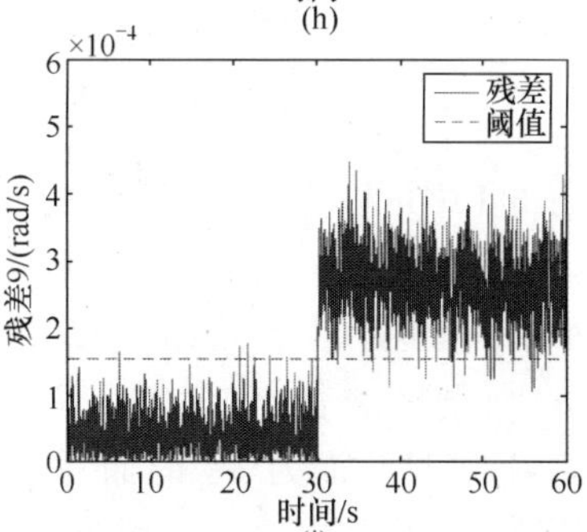
×10⁻⁴
残差
阈值
残差9/(rad/s)
时间/s
(j)

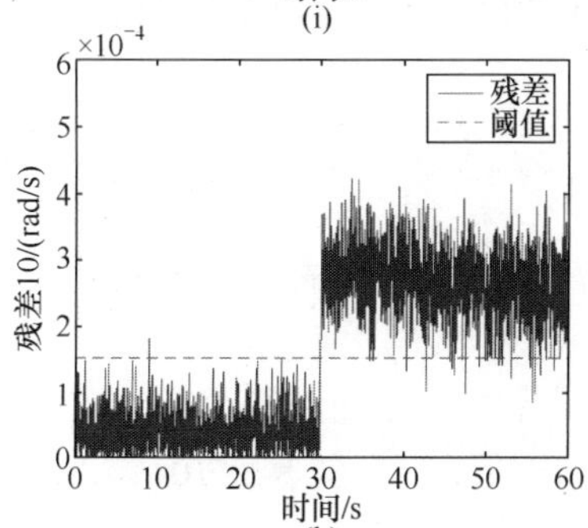
×10⁻⁴
残差
阈值
残差10/(rad/s)
时间/s
(k)

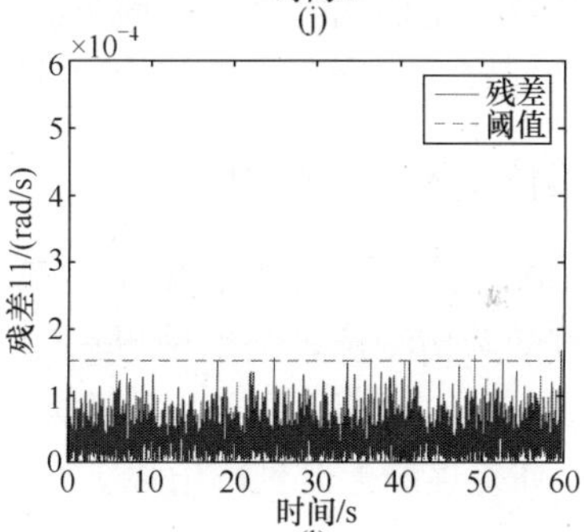
×10⁻⁴
残差
阈值
残差11/(rad/s)
时间/s
(l)

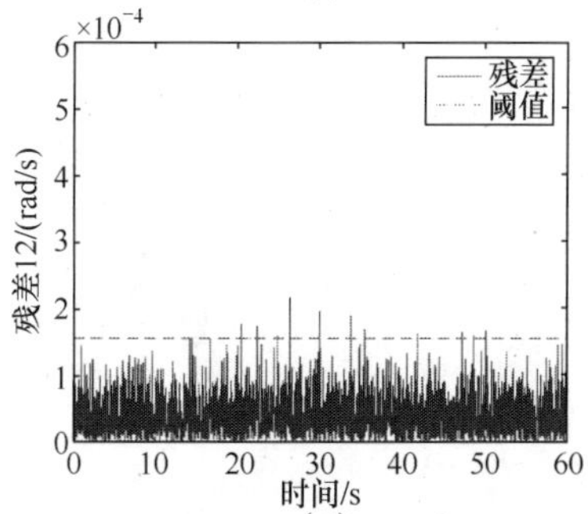
×10⁻⁴
残差
阈值
残差12/(rad/s)
时间/s
(m)

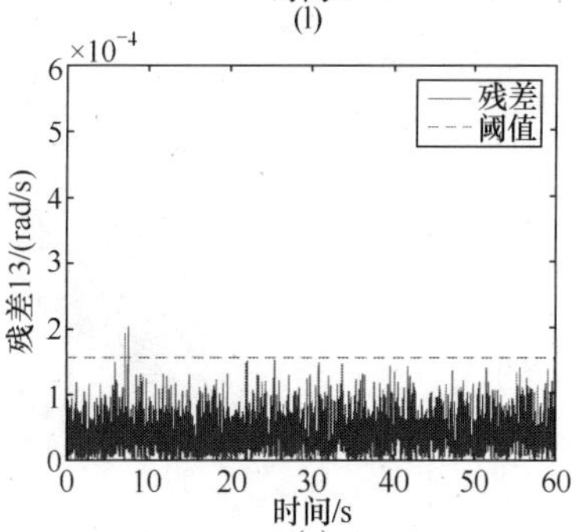
×10⁻⁴
残差
阈值
残差13/(rad/s)
时间/s
(n)

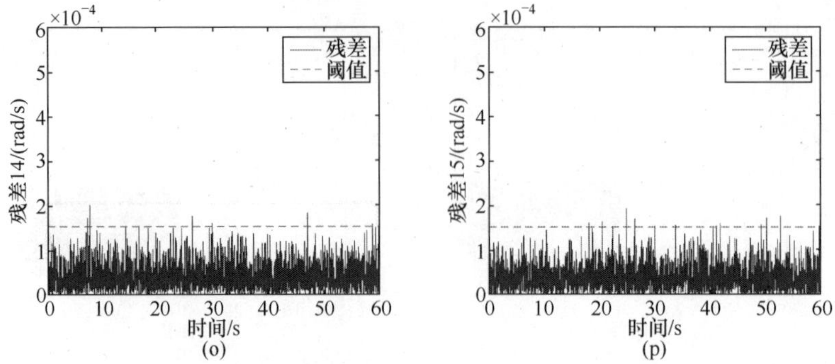

(o)　(p)

图 6-4　直接比较法 10°/h 阶跃故障检测仿真结果

从图 6-4 中可以看出，在 30s 之前，各组合的残差模值曲线混叠在阈值曲线下，30s 后，当 1 号陀螺仪发生$10°/\mathrm{h}$的阶跃故障时，残差模值曲线出现分离。当残差小于阈值时，其对应组合的判断标志位K_i为 0；当残差大于阈值时，其对应组合的判断标志位K_i为 1。K_1、K_3、K_4、K_9、K_{10}稳定为 1，而K_2、K_5、K_6、K_7、K_8则是时而为 1、时而为 0，始终无法满足故障判决条件。

权值系数是根据冗余捷联惯组的配置计算得到的。因此，冗余捷联惯组采用何种冗余配置形式会影响故障检测的效果。

6.6.2　线性漂移故障检测仿真

在 30s 处，1 号陀螺仪发生斜率为$1°/\mathrm{h}$的线性漂移故障，直接比较法$1°/\mathrm{h}$线性漂移故障检测仿真结果见图 6-5。

从图 6-5 中可以看出，故障发生后，残差模值曲线也发生了分层现象，$K_1 \sim K_{10}$残差逐渐上升到阈值以上，但是做出故障判决延迟了 10s 左右。

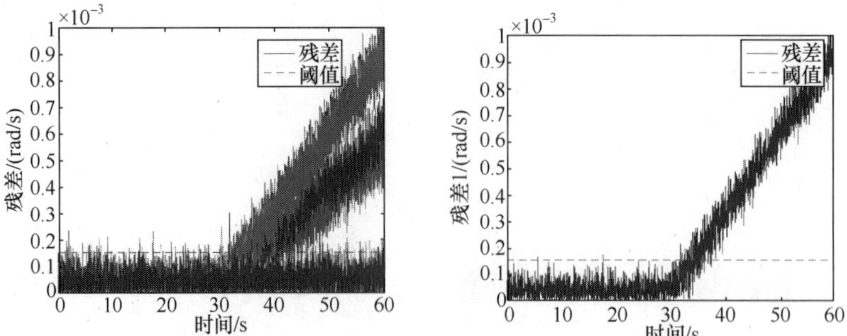

(a)　(b)

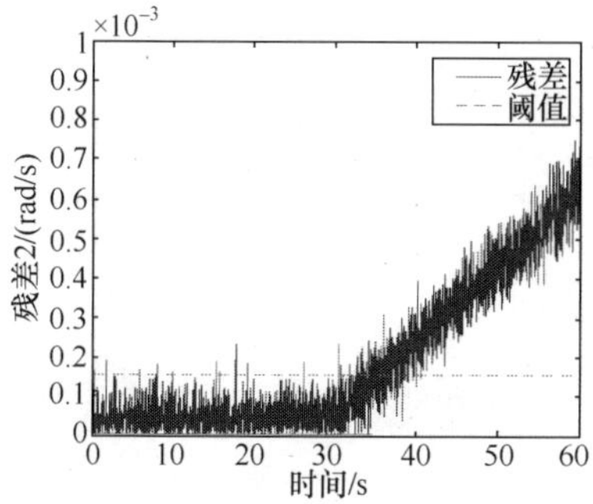
$\times 10^{-3}$
残差
阈值
残差2/(rad/s)
时间/s
(c)

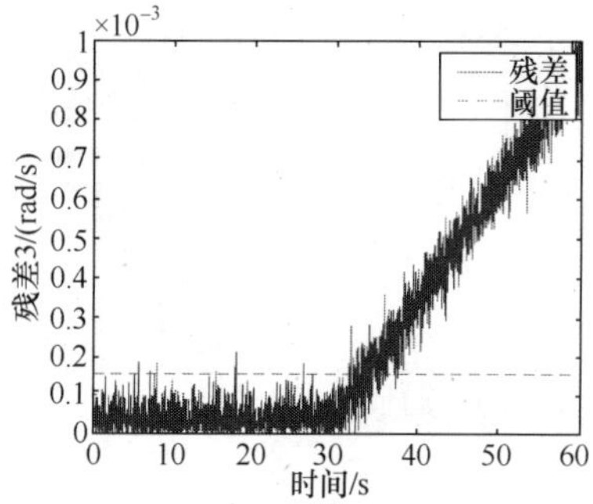
$\times 10^{-3}$
残差
阈值
残差3/(rad/s)
时间/s
(d)

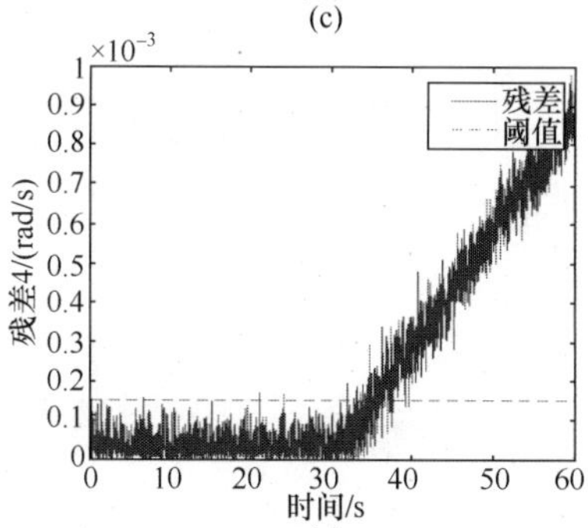
$\times 10^{-3}$
残差
阈值
残差4/(rad/s)
时间/s
(e)

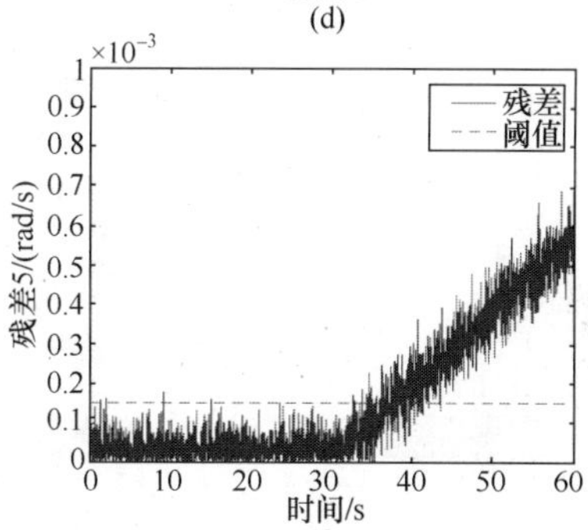
$\times 10^{-3}$
残差
阈值
残差5/(rad/s)
时间/s
(f)

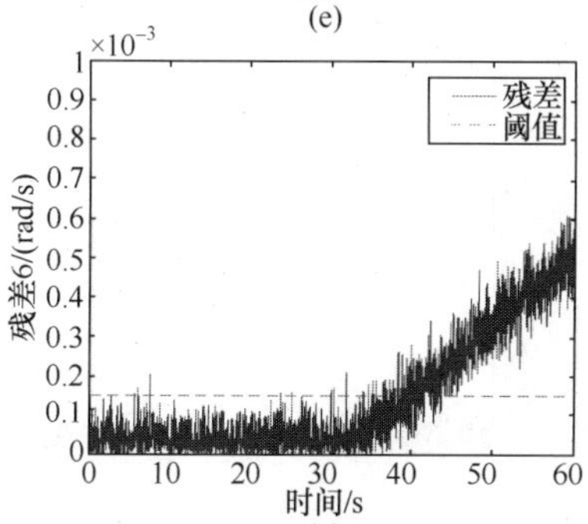
$\times 10^{-3}$
残差
阈值
残差6/(rad/s)
时间/s
(g)

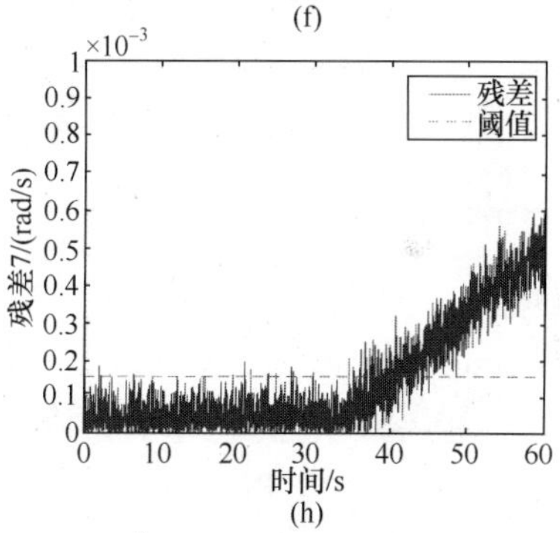
$\times 10^{-3}$
残差
阈值
残差7/(rad/s)
时间/s
(h)

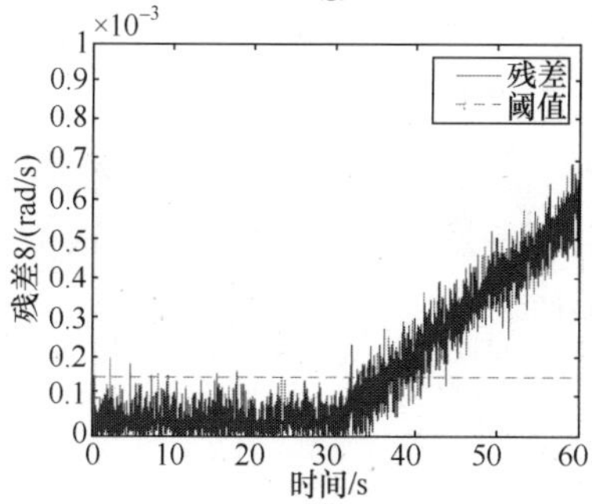
$\times 10^{-3}$
残差
阈值
残差8/(rad/s)
时间/s
(i)

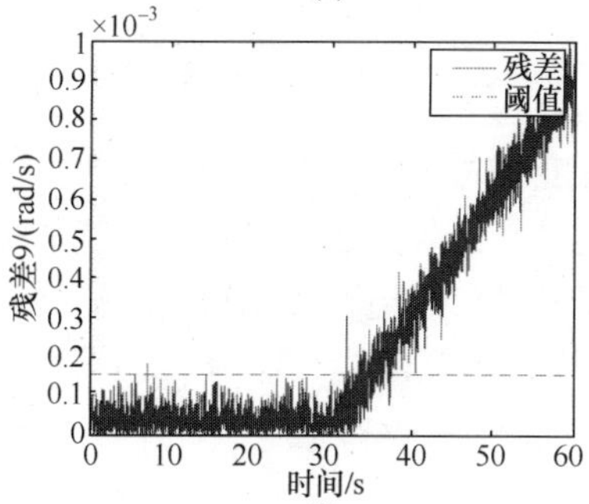
$\times 10^{-3}$
残差
阈值
残差9/(rad/s)
时间/s
(j)

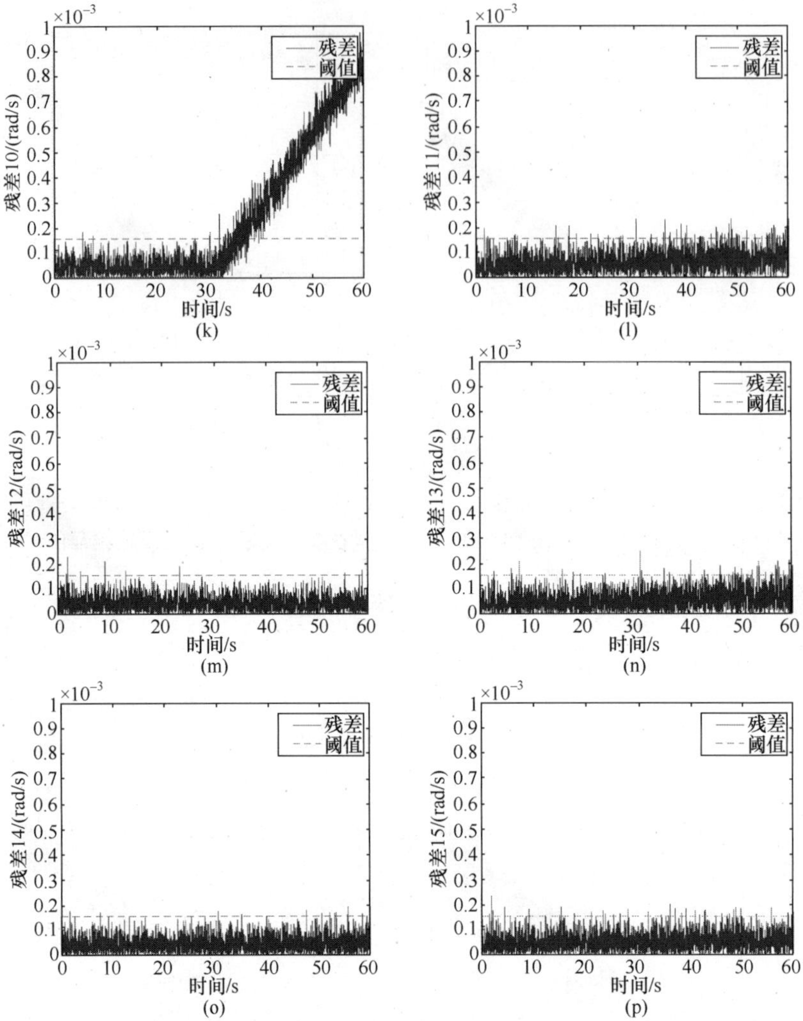

图 6-5　直接比较法 1°/h 线性漂移故障检测仿真结果

缓变型故障(如斜率为1°/h的线性漂移故障)刚发生时，对系统的影响很小，此时，可认为是传感器的性能下降，而不是发生故障。当缓变型故障积累到一定幅值时，使用直接比较法才能检测出故障。

第 7 章　基于等价空间法的冗余捷联惯组故障检测

等价空间法的基本思路是根据系统的硬件冗余方程或解析冗余方程，构造一个等价矩阵，用实际观测量检查系统数学模型(解析冗余关系)的等价性(一致性)，寻找与系统故障解耦的等价方程，构造等价向量(奇偶向量)和故障检测函数，这样便可进行故障检测与诊断。

就奇偶空间而言，直接冗余(传感器的个数多于系统状态的个数)较简单，用到的系统数学模型仅有量测方程；间接冗余(传感器的个数不多于系统状态的个数)需要用到系统状态方程。当测量矩阵有误差(如仪表安装误差、刻度因子误差等)或仪表有测量偏差时，奇偶向量将与状态和测量偏差有关，导致故障检测与诊断不准。

根据产生解耦矩阵的方式不同，等价空间法可分为广义似然比法、最优奇偶向量法、奇异值分解法等[51]。

7.1　等价空间原理

由式(3-1)可知，惯性传感器的冗余量测方程可以描述为

$$\boldsymbol{Z} = \boldsymbol{H}\boldsymbol{X} + \boldsymbol{\varepsilon} \tag{7-1}$$

式中，$\boldsymbol{X}$ 为系统状态信息；$\boldsymbol{Z}$ 为冗余量测信息；$\boldsymbol{H}$ 为系统的配置矩阵；$\boldsymbol{\varepsilon}$ 为系统测量噪声，且满足 $E\{\boldsymbol{\varepsilon}\}=0$，$E\left\{\boldsymbol{\varepsilon}\boldsymbol{\varepsilon}^{\mathrm{T}}\right\}=\alpha^2 T$。

定义式(7-1)所示的冗余量测方程的解耦矩阵$\boldsymbol{V}$，满足如下特性：

$$\boldsymbol{V}\boldsymbol{H} = 0 \tag{7-2}$$

$$\boldsymbol{V}\boldsymbol{V}^{\mathrm{T}} = \boldsymbol{I}_{n-3} \tag{7-3}$$

$$\boldsymbol{V}^{\mathrm{T}}\boldsymbol{V} = \boldsymbol{I}_n - \boldsymbol{H}\left(\boldsymbol{H}^{\mathrm{T}}\boldsymbol{H}\right)^{-1}\boldsymbol{H}^{\mathrm{T}} \tag{7-4}$$

满足式(7-2)～式(7-4)的矩阵即是对系统解耦的矩阵$\boldsymbol{V}$。

由式(7-2)～式(7-4)知，解耦矩阵$\boldsymbol{V} \in \boldsymbol{R}^{(n-3)\times n}$的行向量是相互正交的单位向量，$\boldsymbol{V}$ 的行向量组的张成空间 $\mathrm{span}\left\{v_1, v_2, \cdots, v_{n-3}\right\}$ 称为等价空间。这个等价空间就是 $\boldsymbol{H}$ 的左零空间 $N\left(\boldsymbol{H}^{\mathrm{T}}\right)$。解耦矩阵$\boldsymbol{V}$ 的列向量组定义了 n 个故障方向，每一个故障方向对应一个惯性传感器(陀螺仪或加速度计)。

利用解耦矩阵$\boldsymbol{V}$，可得如下一组线性独立的等价方程：

$$\boldsymbol{p}=\boldsymbol{VZ} \tag{7-5}$$

式中，$\boldsymbol{p}\in\boldsymbol{R}^{n-3}$称为等价向量(又称奇偶向量)。

由式(7-2)～式(7-5)可得

$$\boldsymbol{p}=\boldsymbol{V\varepsilon} \tag{7-6}$$

由式(7-6)可知，系统无故障时，等价向量与被测量$\boldsymbol{X}$是线性独立的，只与误差$\boldsymbol{\varepsilon}$和解耦矩阵相关。

然而，当传感器发生偏差故障时，量测方程变为

$$\boldsymbol{Z}=\boldsymbol{HX}+\boldsymbol{b}_{\mathrm{f}}+\boldsymbol{\varepsilon} \tag{7-7}$$

式中，$\boldsymbol{b}_{\mathrm{f}}$为故障向量，其对应于有故障的传感器的元不为零，其他元均为零，同理可得

$$\boldsymbol{p}=\boldsymbol{V\varepsilon}+\boldsymbol{Vb}_{\mathrm{f}} \tag{7-8}$$

这时奇偶向量不仅与噪声有关，还与故障有关。如果某个惯性传感器发生故障，那么等价向量$\boldsymbol{p}$会在对应的故障方向上增大[52]。正是由于奇偶向量在有故障和无故障情况下的不一致性，为故障检测提供了参考[53]。

7.2 广义似然比法

7.2.1 广义似然比法故障检测

基于 7.1 节中对等价空间原理的介绍，本节开展对广义似然比(generalized likelihood ratio, GLR)法的理论推导。

由于噪声向量$\boldsymbol{\varepsilon}$有以下统计特性：

$$E\{\boldsymbol{\varepsilon}\}=0,\ E\left\{\boldsymbol{\varepsilon\varepsilon}^{\mathrm{T}}\right\}=\sigma^2\boldsymbol{I} \tag{7-9}$$

由式(7-6)和式(7-8)可知，奇偶向量$\boldsymbol{p}$在无故障假设H_0和有故障假设H_1情况下的统计特性为

$$H_0:\ E\{\boldsymbol{p}\}=0,\ E\left\{\boldsymbol{pp}^{\mathrm{T}}\right\}=\sigma^2\boldsymbol{VV}^{\mathrm{T}} \tag{7-10}$$

$$H_1:\ E\{\boldsymbol{p}\}=\boldsymbol{\mu},\ E\left\{(\boldsymbol{p}-\boldsymbol{\mu})(\boldsymbol{p}-\boldsymbol{\mu})^{\mathrm{T}}\right\}=\sigma^2\boldsymbol{VV}^{\mathrm{T}} \tag{7-11}$$

式中

$$\boldsymbol{\mu}=\boldsymbol{Vb}_{\mathrm{f}} \tag{7-12}$$

为确定某种假设的合理性，定义如下对数似然比：

$$\Lambda(\boldsymbol{p})=\ln\frac{p_{\mathrm{r}}(\boldsymbol{p}/\boldsymbol{H}_1)}{p_{\mathrm{r}}(\boldsymbol{p}/\boldsymbol{H}_0)} \tag{7-13}$$

式中，$p_{\mathrm{r}}(\cdot/\cdot)$为正态条件概率密度函数。由式(7-10)和式(7-11)可得

$$\Lambda(\boldsymbol{p})=\frac{1}{2}[\boldsymbol{p}^{\mathrm{T}}(\boldsymbol{V}\boldsymbol{V}^{\mathrm{T}})^{-1}\boldsymbol{p}-(\boldsymbol{p}-\boldsymbol{\mu})^{\mathrm{T}}(\boldsymbol{V}\boldsymbol{V}^{\mathrm{T}})^{-1}(\boldsymbol{p}-\boldsymbol{\mu})] \tag{7-14}$$

式中，$\boldsymbol{\mu}$为未知向量，由式(7-14)可求得极大似然估计为

$$\hat{\boldsymbol{\mu}}=\boldsymbol{p} \tag{7-15}$$

将式(7-15)代入式(7-14)得

$$\Lambda(\boldsymbol{p})=\frac{1}{2}\left[\boldsymbol{p}^{\mathrm{T}}(\boldsymbol{V}\boldsymbol{V}^{\mathrm{T}})^{-1}\boldsymbol{p}\right] \tag{7-16}$$

构造故障检测函数 DFd [54]：

$$\mathrm{DFd}=\boldsymbol{p}^{\mathrm{T}}(\boldsymbol{V}\boldsymbol{V}^{\mathrm{T}})^{-1}\boldsymbol{p} \tag{7-17}$$

若$\mathrm{DFd}>\mathrm{Td}$，则判定出现故障；若$\mathrm{DFd}\leqslant\mathrm{Td}$，则判定无故障。其中，$\mathrm{Td}$为预先设定的阈值。由式(7-6)可知无故障时$\boldsymbol{p}$为高斯随机向量，若$\boldsymbol{p}\in\boldsymbol{R}^k$，则$\mathrm{DFd}\sim\chi^2(k)$。当给定误警率$P_{\mathrm{f}}=P_{\mathrm{r}}[\mathrm{DFd}>\mathrm{Td}/H_0]$($P_{\mathrm{r}}[\cdot]$为概率)时，可根据$\chi^2$分布表确定$\mathrm{Td}$。

7.2.2　广义似然比法故障隔离

检测到故障后就必须进行故障隔离，为此要检验以下m个假设。

H_j：第j个传感器发生故障，$j=1,2,\cdots,m$。假定第j个传感器发生故障，则式(7-7)中的故障向量可写为

$$\boldsymbol{b}_{\mathrm{f}}=\boldsymbol{e}_j\boldsymbol{f} \tag{7-18}$$

式中，$\boldsymbol{e}_j$为单位向量，它的第j个元为 1，其他元为零；$\boldsymbol{f}$为故障大小。由式(7-12)可得

$$\boldsymbol{\mu}=\boldsymbol{V}\boldsymbol{b}_{\mathrm{f}}=\boldsymbol{V}\boldsymbol{e}_j\boldsymbol{f}=\boldsymbol{f}\boldsymbol{v}_j \tag{7-19}$$

式中，$\boldsymbol{v}_j$为矩阵$\boldsymbol{V}$的第j列。

在假设H_j的情况下，奇偶向量$\boldsymbol{p}$的统计特性为

$$H_j:\quad E\{\boldsymbol{p}\}=\boldsymbol{f}\boldsymbol{v}_j,\ E\left\{\left(\boldsymbol{p}-\boldsymbol{f}\boldsymbol{v}_j\right)\left(\boldsymbol{p}-\boldsymbol{f}\boldsymbol{v}_j\right)^{\mathrm{T}}\right\}=\sigma^2\boldsymbol{V}\boldsymbol{V}^{\mathrm{T}} \tag{7-20}$$

此时有关奇偶向量$\boldsymbol{p}$的似然函数为

$$p_{\mathrm{r}}(\boldsymbol{p}/H_j)=K\exp\{-\frac{1}{2\sigma^2}(\boldsymbol{p}-\boldsymbol{f}\boldsymbol{v}_j)^{\mathrm{T}}(\boldsymbol{V}\boldsymbol{V}^{\mathrm{T}})^{-1}(\boldsymbol{p}-\boldsymbol{f}\boldsymbol{v}_j)\} \tag{7-21}$$

式中，K为常数；$\boldsymbol{f}$为待估计的故障量大小(标量)。由式(7-21)求得$\boldsymbol{f}$的极大似然估计为

$$\hat{f} = \frac{p^{\mathrm{T}}(VV^{\mathrm{T}})^{-1}v_j}{v_j^{\mathrm{T}}(VV^{\mathrm{T}})^{-1}v_j} \tag{7-22}$$

构造故障隔离函数DFI [55,56]：

$$\mathrm{DFI}_j = \frac{\left[p^{\mathrm{T}}\left(VV^{\mathrm{T}}\right)^{-1}v_j\right]^2}{v_j^{\mathrm{T}}\left(VV^{\mathrm{T}}\right)^{-1}v_j} \tag{7-23}$$

式中，v_j为矩阵V的第j列。分别计算DFI_j ($j=1,2,\cdots,m$)，找出DFI_j中最大的值，如$\mathrm{DFI}_k = \max\limits_j \mathrm{DFI}_j(j=1,2,\cdots,m)$，那么认为第$k$个传感器发生故障，对其进行隔离即可。

7.2.3 解耦矩阵的求解

上述故障检测及隔离算法要求V矩阵是已知的，现在介绍V矩阵的求解方法。由式(7-2)可知，V矩阵位于H的左零空间，因此V的秩为$(m-n)$，即V至多有$(m-n)$个线性无关行。由此可以选定V矩阵的维数为$(m-n)\times m$，于是得到的奇偶方程个数是$(m-n)$。待定的V矩阵有(m^2-nm)个元，而式(7-2)只有$(nm-n^2)$个等式。故V矩阵仍有$(m-n)^2$个元可以自由选择。为了简化判决函数，不妨对V矩阵增加以下约束，即

$$VV^{\mathrm{T}} = I \tag{7-24}$$

式(7-24)含$(m-n)^2$个等式，由于VV^{T}是对称矩阵，故这些等式并非完全是线性无关的。为了完全确定V矩阵，Potter 等学者建议将V矩阵选择为具有正对角元的上三角矩阵，然后通过正交化运算便可完全确定V矩阵[57]。

Potter算法具体为

$$W = I - H\left(H^{\mathrm{T}}H\right)^{-1}H^{\mathrm{T}} = \left[w(i,j)\right]_{n\times n}$$

$$v^2(1,1) = w(1,1)$$

$$v(1,j) = w(1,j)/v(1,1), j=2,\cdots,n$$

$$v^2(i,i) = w(i,i) - \sum_{k=1}^{i-1} v^2(k,i), i=2,\cdots,(n-3)$$

$$v(i,j) = \left[w(i,j) - \sum_{k=1}^{i-1} v(k,i)v(k,j)\right]\Big/ v(i,i),\quad i=2,\cdots,(n-3), j=(i+1),\cdots,n$$

$$v(i,j) = 0, i=2,\cdots,(m-n), j=1,\cdots,(i-1)$$

由上述算法选定V矩阵后，判决函数式(7-17)和式(7-23)可简化为

$$\begin{cases} \mathrm{DFd} = \boldsymbol{p}^{\mathrm{T}}\boldsymbol{p} \\ \mathrm{DFI}_j = \dfrac{(\boldsymbol{p}^{\mathrm{T}}\boldsymbol{v}_j)^2}{\boldsymbol{v}_j^{\mathrm{T}}\boldsymbol{v}_j} \end{cases} \tag{7-25}$$

若 $\boldsymbol{v}_j^{\mathrm{T}}\boldsymbol{v}_j$ 和 j 无关，则式(7-25)可进一步简化为

$$\mathrm{DFI}_j = (\boldsymbol{p}^{\mathrm{T}}\boldsymbol{v}_j)^2 \tag{7-26}$$

7.2.4　广义似然比法的改进

对于大多数的冗余配置形式(如六陀螺仪正十二面体配置、五陀螺仪圆锥面配置等)，利用 Potter 算法求得的 $\boldsymbol{V}$ 矩阵都能正确进行故障检测和隔离。但在遇到成套冗余的捷联惯组(如图 7-1 所示的三捷联惯组配置形式)时，Potter 算法就会出现问题。对于三捷联配置，利用 Potter 算法求 $\boldsymbol{V}$ 矩阵时，发现 $\boldsymbol{V}$ 矩阵中出现全零行和全零列。

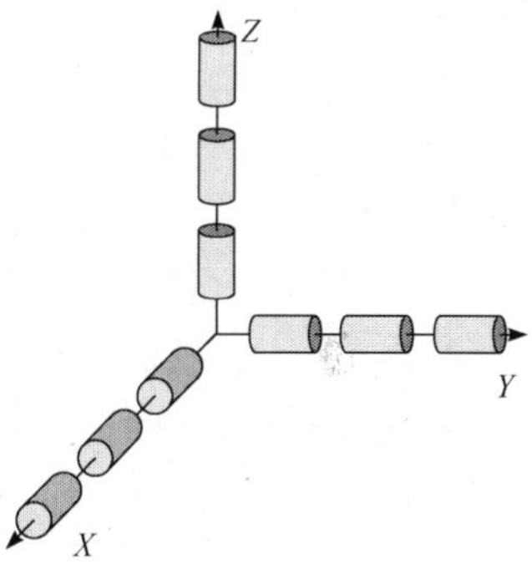

图 7-1　三捷联惯组配置形式

出现以上问题的原因是 Potter 算法只选取配置矩阵 $\boldsymbol{H}$ 的正交投影阵 $\boldsymbol{W} = \boldsymbol{I}_n - \boldsymbol{H}\left(\boldsymbol{H}^{\mathrm{T}}\boldsymbol{H}\right)^{-1}\boldsymbol{H}^{\mathrm{T}}$ 的前 $n-3$ 行来构造解耦矩阵。但是 $\boldsymbol{W}$ 的前 $n-3$ 行不一定是线性无关的，若出现线性相关的情形，则解耦得到的等价向量会丢失部分有用信息，故障检测就会出现问题。

解决方法：选取 $\boldsymbol{W}$ 行向量组中的一个极大无关组，并进行 Schmidt 正交化，作为解耦矩阵 $\boldsymbol{V}$ [58,59]。

7.2.5　广义似然比法故障检测的仿真应用

以正十二面体冗余配置为例，安装方式如图 6-1 所示，图中 α 满足 $(2\alpha = 63°26'5.8'')$，则其配置矩阵为

$$\boldsymbol{H} = \begin{bmatrix} 0.52573 & -0.52573 & 0.85065 & 0.85065 & 0 & 0 \\ 0 & 0 & 0.52573 & -0.52573 & 0.85065 & 0.85065 \\ 0.85065 & 0.85065 & 0 & 0 & 0.52573 & -0.52573 \end{bmatrix}^{\mathrm{T}}$$

由 Potter 算法可得到相应的 $\boldsymbol{V}$ 矩阵为

$$\boldsymbol{V} = \begin{bmatrix} 0.70711 & -0.31623 & -0.31623 & -0.31623 & -0.31623 & 0.31623 \\ 0 & 0.63246 & 0.19544 & 0.19544 & -0.51167 & 0.51167 \\ 0 & 0 & 0.60150 & -0.60150 & -0.37175 & -0.37175 \end{bmatrix}$$

当只有陀螺仪 $i(i=1,2,\cdots,6)$ 失效时，剩余的正确量测方程为

$$\boldsymbol{Z}^i=\boldsymbol{H}^i\boldsymbol{X}+\boldsymbol{\varepsilon}^i \tag{7-27}$$

式中，上标 i 为由原矩阵去掉第 i 行后形成的矩阵。此时，相应的 $\boldsymbol{H}^i\in\boldsymbol{R}^{5\times3}$；相应的 $\boldsymbol{V}^i\in\boldsymbol{R}^{2\times5}$，$\boldsymbol{V}^i$ 由 Potter 算法求得。

若接着陀螺仪 $j(j=1,2,\cdots,6,j\neq i)$ 失效，则剩余的正确量测方程为

$$\boldsymbol{Z}^{ij}=\boldsymbol{H}^{ij}\boldsymbol{X}+\boldsymbol{\varepsilon}^{ij} \tag{7-28}$$

式中，上标 ij 为由原矩阵去掉第 i、j 行后形成的矩阵。此时 $\boldsymbol{H}^{ij}\in\boldsymbol{R}^{4\times3}$。相应的 $\boldsymbol{V}^{ij}\in\boldsymbol{R}^{1\times4}$，$\boldsymbol{V}^{ij}$ 也由 Potter 算法求得。

在有 3 个陀螺仪失效后，奇偶方程就不存在了。这说明对 6 个单自由度陀螺仪的余度结构，该容错方案不能检测第 4 个陀螺仪故障，n 个传感器只能检测到 $(n-3)$ 个故障。表 7-1 和表 7-2 分别给出了 1 个陀螺仪和 2 个陀螺仪失效后各种情况的 $\boldsymbol{V}$ 矩阵。表中的每个 $\boldsymbol{V}$ 矩阵都应对应一个检测和隔离模块，可预先存入计算机内。一旦某个陀螺仪失效，管理程序就切换到相应的检测和隔离模块，由此即可完成对该余度传感器结构的容错管理[60]。广义似然比法故障检测流程如图 7-2 所示。

表 7-1　1 个陀螺仪失效后各种情况的 $\boldsymbol{V}$ 矩阵

失效陀螺仪号	矩阵 $\boldsymbol{V}(2\times5)$				
1	0.62346 0	0.19544 0.60150	0.19544 −0.60150	−0.51167 −0.37157	0.51167 −0.37175
2	0.62346 0	−0.19544 0.60150	−0.19544 −0.60150	−0.51167 −0.37157	0.51167 −0.37175
3	0.62346 0	−0.19544 0.60150	−0.51167 0.37157	−0.51167 −0.37157	0.19544 0.60150
4	0.62346 0	−0.19544 0.60150	−0.51167 0.37175	−0.19544 −0.60150	0.51167 0.37175
5	0.62346 0	−0.51167 0.37175	−0.51167 −0.37175	−0.19544 0.60150	0.19544 0.60150
6	0.62346 0	−0.51167 −0.37175	−0.19544 0.60150	−0.51167 −0.37157	−0.19544 −0.60150

表 7-2　2 个陀螺仪失效后各种情况的 $\boldsymbol{V}$ 矩阵

失效陀螺仪号	矩阵 $\boldsymbol{V}(1\times4)$			
1、2	0.60150	−0.60150	−0.37175	−0.37175
1、3	0.60150	0.37175	−0.37175	0.60150
1、4	0.60150	0.37175	−0.60150	0.37175
1、5	0.37175	−0.37175	0.60150	0.60150
1、6	0.37175	0.60150	−0.37175	−0.60150
2、3	0.37175	−0.37175	−0.60150	0.37157

续表

失效陀螺仪号	矩阵 $V(1\times4)$			
2、4	0.60150	−0.37175	−0.37175	0.60150
2、5	0.60150	−0.60150	0.37175	0.60150
2、6	0.37175	0.37175	−0.60150	−0.60150
3、4	0.37175	0.37175	−0.60150	0.60150
3、5	0.37175	−0.60150	−0.60150	−0.37175
3、6	0.60150	−0.37175	−0.60150	−0.37175
4、5	0.60150	−0.37175	−0.60150	−0.37175
4、6	0.37175	−0.60150	−0.60150	0.37175
5、6	0.60150	−0.60150	−0.37175	−0.37175

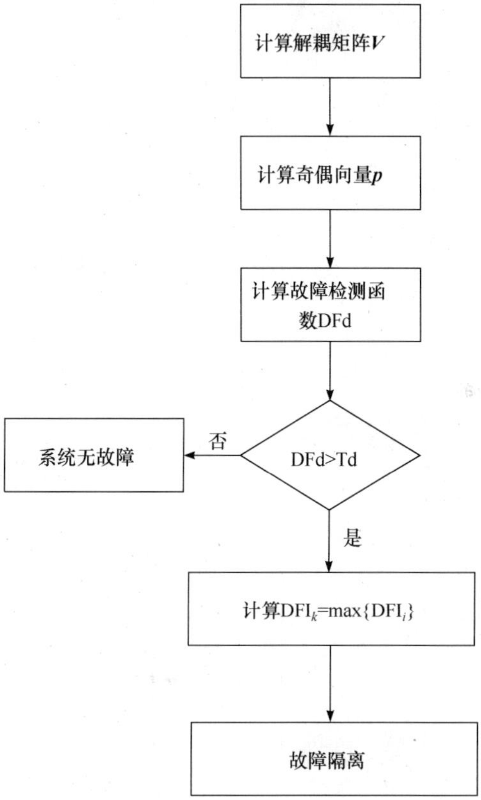

图 7-2　广义似然比法故障检测流程图

1. 常值漂移故障检测仿真

在 30s 时，1 号陀螺仪发生$10°/h$阶跃故障，广义似然比法$10°/h$阶跃故障检测仿真结果见图 7-3。

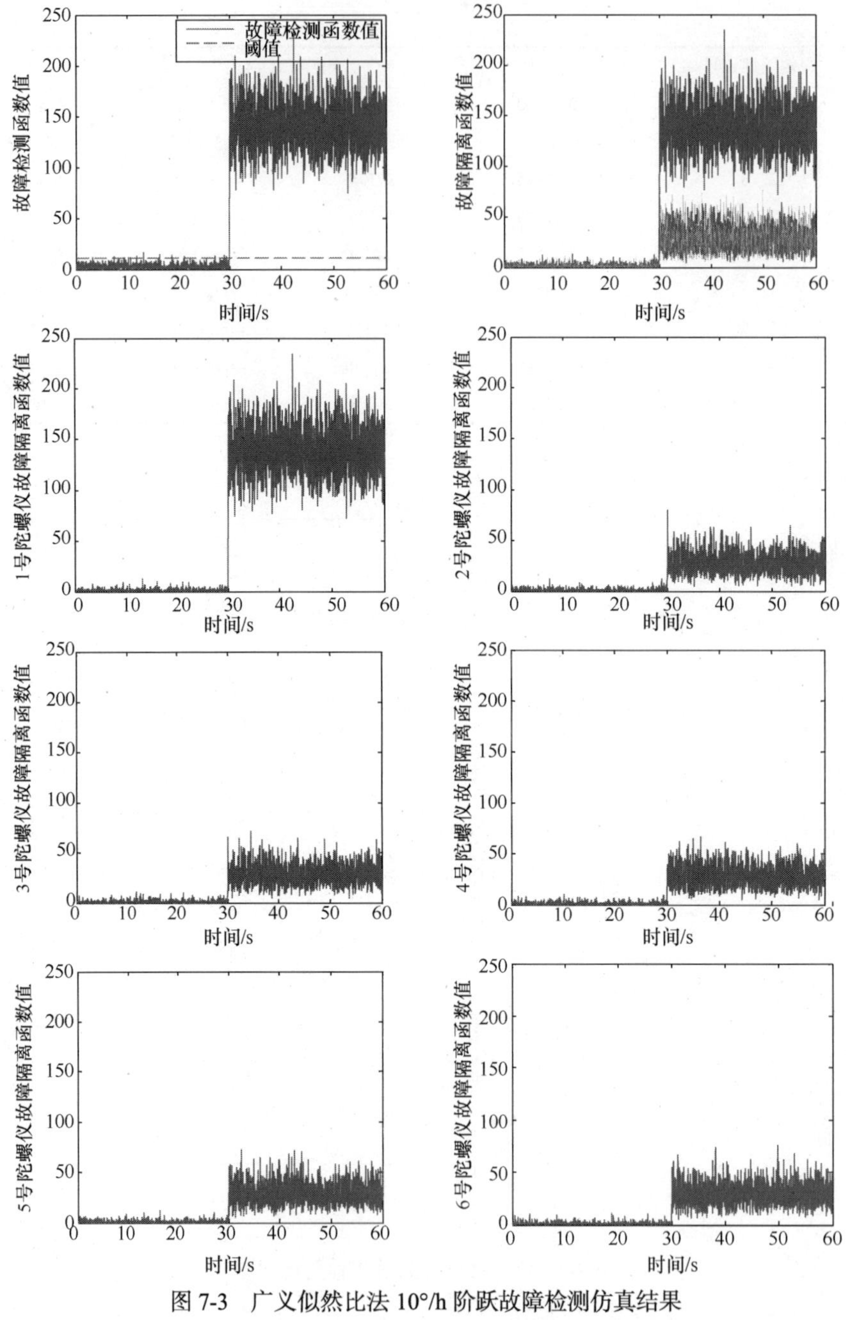

图 7-3　广义似然比法 10°/h 阶跃故障检测仿真结果

由图 7-3 可知，在 30s 时故障检测函数值出现阶跃抬升，在 30.04s 时故障检测函数值大于阈值，判定系统出现故障，转入故障隔离步骤，计算得到 1 号陀螺仪故障隔离函数值最大，被判别为故障陀螺仪。

2. 线性漂移故障检测仿真

在 30s 时，1 号陀螺仪发生1°/h 线性漂移故障，广义似然比法1°/h 线性漂移故障检测仿真结果见图 7-4。

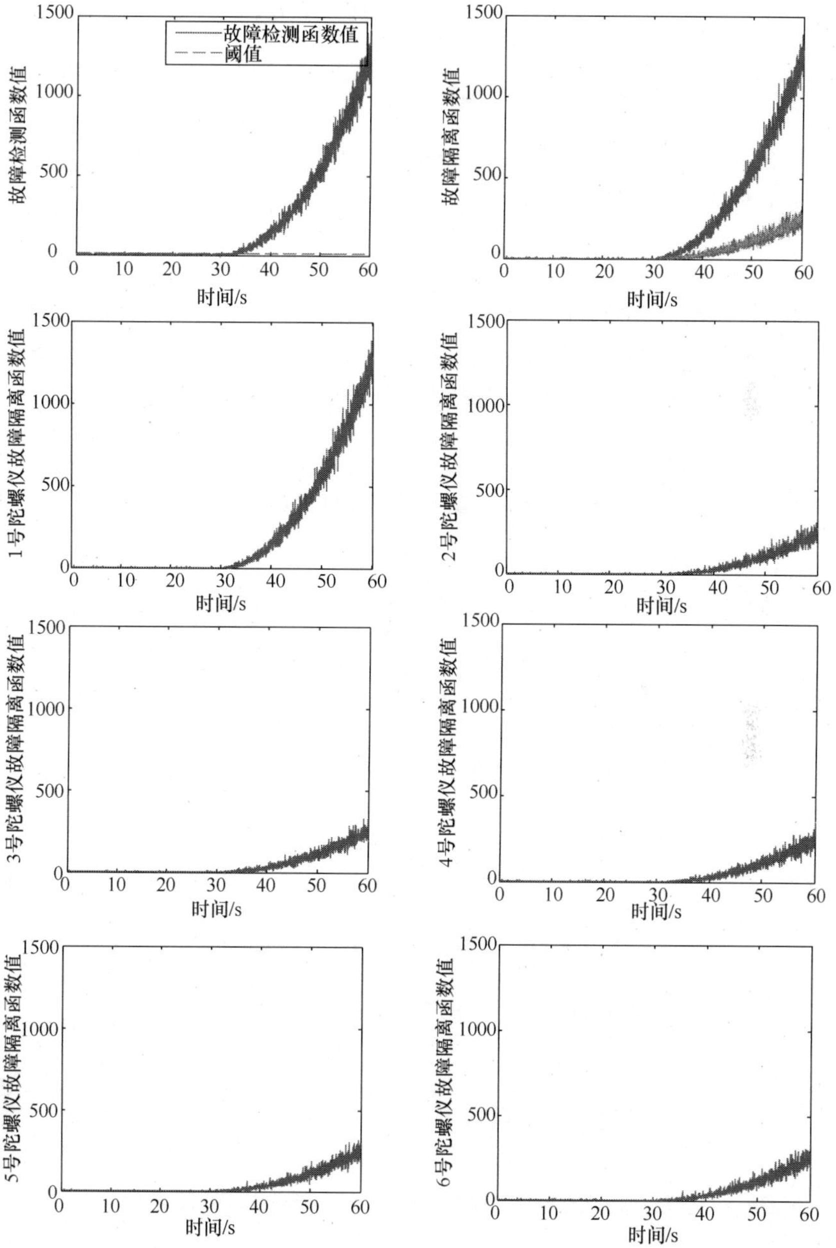

图 7-4　广义似然比法 1°/h 线性漂移故障检测仿真结果

由图 7-4 可知，故障发生后，故障检测函数值逐渐上升，当函数值大于阈值时判定系统出现故障，但是做出故障判决已经延迟了几秒钟。

7.3 最优奇偶向量法

7.3.1 最优奇偶向量法故障检测与隔离策略

在最优奇偶向量(optimal parity vector, OPV)法中，考虑故障输入和噪声输入，量测方程为

$$\boldsymbol{Z} = \boldsymbol{HX} + \boldsymbol{Df} + \boldsymbol{F\varepsilon} \tag{7-29}$$

式中，$\boldsymbol{D}$ 和 $\boldsymbol{F}$ 分别为故障输入矩阵和噪声输入矩阵。

由于 $m>n$，即系统传感器冗余，而且系统在任一时刻最多仅有一个传感器发生故障。对第 i 个传感器故障，选取最优奇偶向量 $\boldsymbol{v}_i$ 。由式(7-29)可得 m 个奇偶方程：

$$\boldsymbol{r}_i = \boldsymbol{v}_i'\boldsymbol{Z} = \boldsymbol{v}_i'\boldsymbol{Df} + \boldsymbol{v}_i'\boldsymbol{F\varepsilon}, i=1,2,\cdots,m \tag{7-30}$$

式中，$\boldsymbol{r}_i$ 为与第 i 个传感器故障对应的残差。

设已检测出系统发生了故障，则按如下决策进行故障隔离，若

$$|\boldsymbol{r}_i| > |\boldsymbol{r}_j|, j=1,2,\cdots,m, j\neq i \tag{7-31}$$

则判断第 i 个传感器发生了故障。

不失一般性，考虑第 i 个故障发生，其他 $m-1$ 个故障未发生的情况，奇偶方程化为

$$\boldsymbol{r}_i = \boldsymbol{v}_i'\boldsymbol{D}\boldsymbol{e}_i\boldsymbol{f}_i + \boldsymbol{v}_i'\boldsymbol{F\varepsilon} \tag{7-32}$$

$$\boldsymbol{r}_j = \boldsymbol{v}_j'\boldsymbol{D}\boldsymbol{e}_i\boldsymbol{f}_i + \boldsymbol{v}_j'\boldsymbol{F\varepsilon}, j=1,2,\cdots,m, j\neq i \tag{7-33}$$

则第 i 个传感器故障敏感的最优奇偶向量 $\boldsymbol{v}_i$ 的性能指标为

$$\max_{v_i'H=0} S_i = \max_{v_i'H=0}\frac{(\boldsymbol{v}_i'\boldsymbol{D}\boldsymbol{e}_i)^2}{\left[\left\|\boldsymbol{v}_i'\boldsymbol{F}\right\|^2 + \sum_{j\neq i}(\boldsymbol{v}_i'\boldsymbol{D}\boldsymbol{e}_j)^2\right]} = \max_{v_i'H=0}\frac{(\boldsymbol{v}_i'\boldsymbol{D}\boldsymbol{e}_i)^2}{\boldsymbol{v}_i'(\boldsymbol{FF}' + \sum_{j\neq i}\boldsymbol{D}\boldsymbol{e}_j\boldsymbol{e}_j'\boldsymbol{D}')\boldsymbol{v}_i} \tag{7-34}$$

式中，$\boldsymbol{v}_i'\boldsymbol{D}\boldsymbol{e}_i$ 和 $\boldsymbol{v}_i'\boldsymbol{D}\boldsymbol{e}_j$ 分别为对第 i 个和第 j 个传感器故障的敏感度；$\left\|\boldsymbol{v}_i'\boldsymbol{F}\right\|$ 为对噪声的敏感度[61]。

最大化 S_i 的目的在于使 $\boldsymbol{r}_i$ 对第 i 个传感器故障敏感，对其他传感器故障和

量测噪声不敏感。当第 i 个故障发生时，使 $|\boldsymbol{r}_i|$ 尽量大，从而优化故障隔离决策[62]。

最优奇偶向量为

$$\boldsymbol{v}_i = \boldsymbol{V}\boldsymbol{c}_i = a\boldsymbol{V}\boldsymbol{M}^{-1}\boldsymbol{u} \tag{7-35}$$

式中，$\boldsymbol{u} = \boldsymbol{V}'\boldsymbol{D}\boldsymbol{e}_i \in \boldsymbol{R}^{m-n}$；$\boldsymbol{M} = \boldsymbol{V}'(\boldsymbol{F}\boldsymbol{F}' + \boldsymbol{D}\boldsymbol{D}' - \boldsymbol{D}\boldsymbol{e}_i\boldsymbol{e}_i'\boldsymbol{D}')\boldsymbol{V}$，为 $m-n$ 阶对称阵。

不失一般性，将 $\boldsymbol{v}_i$ 标准化，得最优奇偶向量 $\boldsymbol{v}_i^* = \boldsymbol{v}_i / \|\boldsymbol{v}_i\|$，用 $\boldsymbol{v}_i^*$ 可以对第 i 个传感器是否发生故障进行检测。为了表示方便，下面将标准化后的最优奇偶向量仍用 $\boldsymbol{v}_i$ 表示，于是相应的最优奇偶残差 $\boldsymbol{\rho}_i^* = \boldsymbol{v}_i'\boldsymbol{Z} = \boldsymbol{v}_i'\boldsymbol{F}\boldsymbol{\varepsilon}, (i=1,2,\cdots,m)$。若 $f=0$，$\boldsymbol{\rho}_i^* \sim N\left(0, \sigma^2 \left\|\boldsymbol{v}_i'\boldsymbol{F}\right\|^2\right)$，将其标准化得最优奇偶残差：

$$\boldsymbol{\rho}_i = \boldsymbol{\rho}_i^* / \left(\sigma \left\|\boldsymbol{v}_i'\boldsymbol{F}\right\|\right), i=1,2,\cdots,m \tag{7-36}$$

标准化以后的奇偶残差 $\boldsymbol{\rho}_i \sim N(0,1)$，可确定绝对值最大的标准残差 $|\boldsymbol{\rho}_k| = \max\limits_i |\boldsymbol{\rho}_i|$。

决策规则如下：

$$|\boldsymbol{\rho}_k| < \mathrm{Td} \quad \text{无故障}$$

$$|\boldsymbol{\rho}_k| \geqslant \mathrm{Td} \quad \text{第 } k \text{ 个传感器发生故障}$$

因此，正态分布检验法进行故障检测与隔离的步骤如下：

(1) 用 Potter 算法计算奇偶矩阵 $\boldsymbol{V}_{m\times(m-n)}$；

(2) 计算 m 个标准化的最优奇偶向量 $\boldsymbol{v}_i$；

(3) 计算 m 个标准化的奇偶残差 $\boldsymbol{\rho}_i^*$；

(4) 计算 m 个残差 $\boldsymbol{\rho}_i^*$ 中绝对值最大者 $|\boldsymbol{\rho}_k| = \max\limits_i |\boldsymbol{\rho}_i|$；

(5) 对给定的虚警概率 α，得到检测门限 $T_1 = u_{1-\alpha/2}$；

(6) 作出故障隔离决策。如果 $|\boldsymbol{\rho}_k| > T_1$，则判断第 k 个传感器发生故障；否则，判断传感器无故障[63]。

7.3.2　最优奇偶向量法故障检测的仿真应用

与 6.6 节一样，以正十二面体冗余配置为例，分别注入常值漂移故障模拟系统硬故障和线性漂移故障模拟系统软故障，进行仿真验证。

1. 常值漂移故障检测仿真

在 30s 时，1 号陀螺仪发生 $10°/\mathrm{h}$ 阶跃故障，最优奇偶向量法 $10°/\mathrm{h}$ 阶跃故

障检测仿真结果如图 7-5 所示。

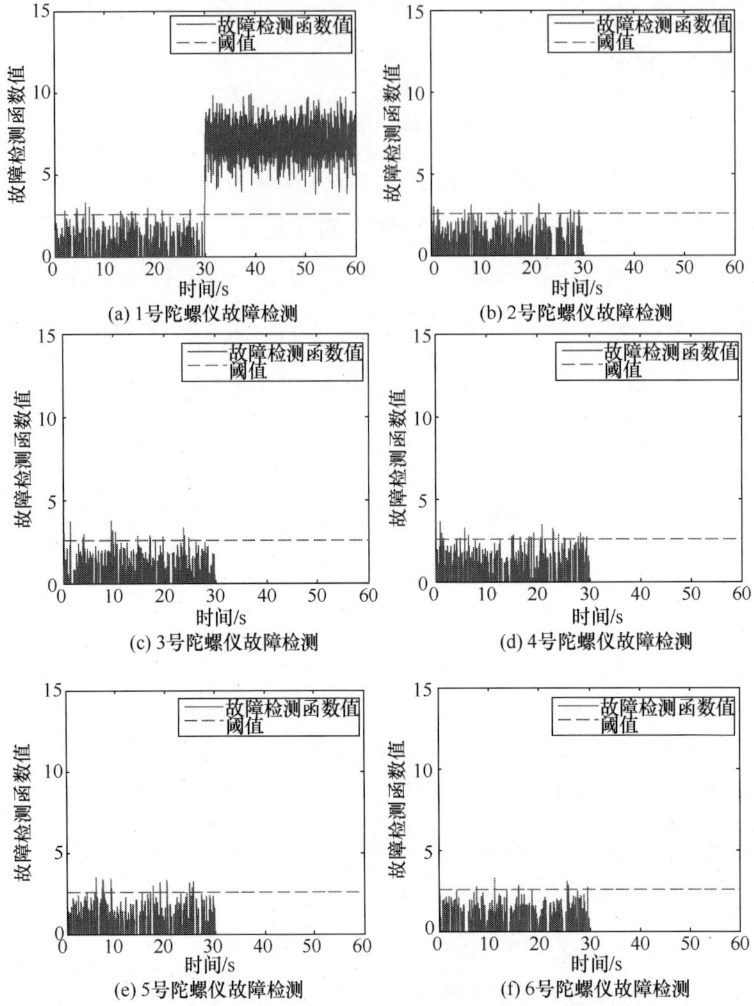

图 7-5　最优奇偶向量法 10°/h 阶跃故障检测仿真结果

由图 7-5 可知，在 0～30s 时，1～6 号陀螺仪的故障检测函数值均小于阈值；在 30s 后，1 号陀螺仪的故障检测函数值超过阈值，2～6 号陀螺仪的故障检测函数值仍在阈值以内，判别 1 号陀螺仪为故障陀螺仪。

2. 线性漂移故障检测仿真

在 30s 时，1 号陀螺仪发生线性漂移故障，最优奇偶向量法 1°/h 线性漂移故障检测仿真结果如图 7-6 所示。

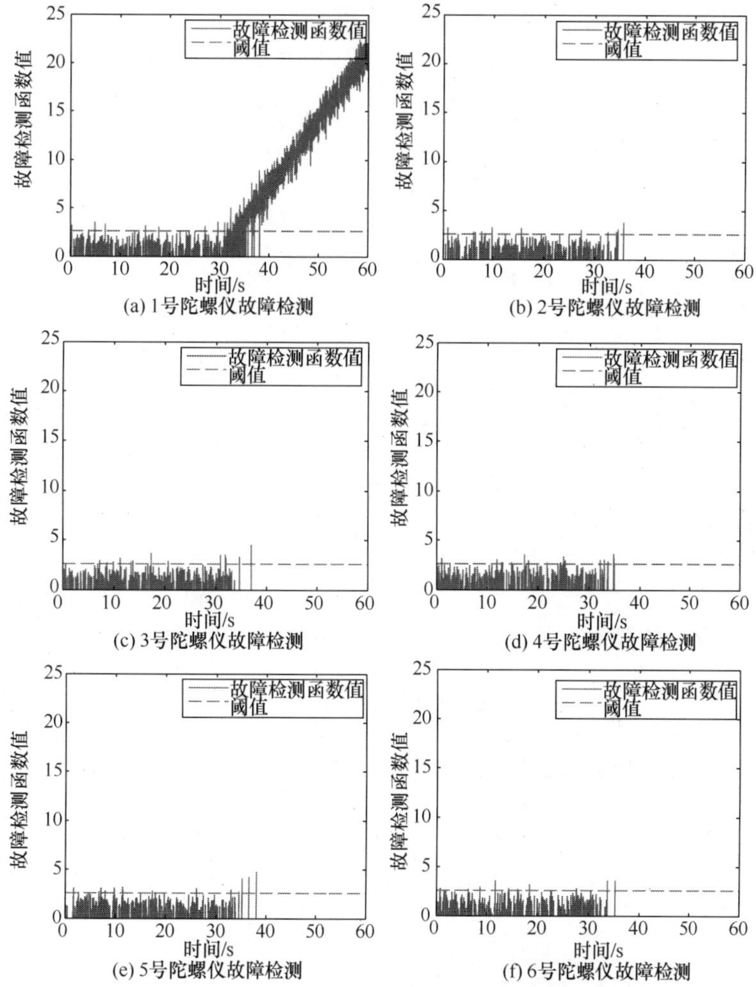

图 7-6　最优奇偶向量法 1°/h 线性漂移故障检测仿真结果

由图 7-6 可知，在 0～30s 时，1～6 号陀螺仪的故障检测函数值均小于阈值，故障发生后，1 号陀螺仪的故障检测函数值逐渐上升，2～6 号陀螺仪的故障检测函数值仍在阈值以内。当 1 号陀螺仪的函数值大于阈值时，判定 1 号陀螺仪出现故障，但是做出故障判决已经延迟了几秒钟。

7.4　奇异值分解法

7.4.1　奇异值分解法故障检测与隔离策略

使用奇异值分解(singular value decomposition, SVD)法进行故障检测时，根

据式(2-7)对配置矩阵 $\boldsymbol{H}_{n\times3}$ 进行奇异值分解可得

$$\begin{aligned}\boldsymbol{U}^{\mathrm{H}}\boldsymbol{H}\boldsymbol{V}&=\begin{pmatrix}\boldsymbol{U}_1^{\mathrm{H}}\\\boldsymbol{U}_2^{\mathrm{H}}\end{pmatrix}\boldsymbol{H}\left(\boldsymbol{V}_1,\boldsymbol{V}_2\right)=\begin{pmatrix}\boldsymbol{U}_1^{\mathrm{H}}\boldsymbol{H}\boldsymbol{V}_1&\boldsymbol{U}_1^{\mathrm{H}}\boldsymbol{H}\boldsymbol{V}_2\\\boldsymbol{U}_2^{\mathrm{H}}\boldsymbol{H}\boldsymbol{V}_1&\boldsymbol{U}_2^{\mathrm{H}}\boldsymbol{H}\boldsymbol{V}_2\end{pmatrix}\\&=\begin{pmatrix}\boldsymbol{U}_1^{\mathrm{H}}\left(\boldsymbol{U}_1\boldsymbol{\varSigma}\right)&\boldsymbol{O}\\\boldsymbol{U}_2^{\mathrm{H}}\left(\boldsymbol{U}_1\boldsymbol{\varSigma}\right)&\boldsymbol{O}\end{pmatrix}=\begin{pmatrix}\boldsymbol{\varSigma}&\boldsymbol{O}\\\boldsymbol{O}&\boldsymbol{O}\end{pmatrix}=\boldsymbol{\varLambda}\end{aligned}\tag{7-37}$$

式中，$\boldsymbol{V}^{\mathrm{H}}\boldsymbol{V}=\boldsymbol{V}\boldsymbol{V}^{\mathrm{H}}=\boldsymbol{I}$；$\boldsymbol{U}^{\mathrm{H}}\boldsymbol{U}=\boldsymbol{U}\boldsymbol{U}^{\mathrm{H}}=\boldsymbol{I}$；$\boldsymbol{\varSigma}$ 为对角阵。

因此有

$$\boldsymbol{H}=\boldsymbol{U}\boldsymbol{\varLambda}\boldsymbol{V}^{\mathrm{H}}\tag{7-38}$$

式中，$\boldsymbol{V}^{\mathrm{H}}$ 为正交矩阵；$\boldsymbol{U}=\left[\boldsymbol{U}_1\ \vdots\ \boldsymbol{U}_2\right]$，$\boldsymbol{U}_1\in\boldsymbol{R}^{n\times3}$，$\boldsymbol{U}_2\in\boldsymbol{R}^{n\times(n-3)}$。

由式(7-6)可知，当陀螺仪无故障时，奇偶向量仅是噪声的函数；当陀螺仪发生故障时，量测方程变为

$$\boldsymbol{Z}=\boldsymbol{H}\boldsymbol{\omega}+\boldsymbol{b}_{\mathrm{f}}+\boldsymbol{\varepsilon}\tag{7-39}$$

当系统发生故障时，将式(7-38)代入式(7-39)可得

$$\boldsymbol{Z}=\boldsymbol{U}\boldsymbol{\varLambda}\boldsymbol{V}^{\mathrm{H}}\boldsymbol{\omega}+\boldsymbol{b}_{\mathrm{f}}+\boldsymbol{\varepsilon}\tag{7-40}$$

将式(7-40)两侧同时左乘 $\boldsymbol{U}^{\mathrm{H}}$ 得

$$\boldsymbol{U}^{\mathrm{H}}\boldsymbol{Z}=\boldsymbol{\varLambda}\boldsymbol{V}^{\mathrm{H}}\boldsymbol{\omega}+\boldsymbol{U}^{\mathrm{H}}\boldsymbol{b}_{\mathrm{f}}+\boldsymbol{U}^{\mathrm{H}}\boldsymbol{\varepsilon}\tag{7-41}$$

分解式(7-41)得

$$\begin{cases}\boldsymbol{U}_1^{\mathrm{H}}\boldsymbol{Z}=\boldsymbol{\varSigma}_1\boldsymbol{V}^{\mathrm{H}}\boldsymbol{\omega}+\boldsymbol{U}_1^{\mathrm{H}}\left(\boldsymbol{b}_{\mathrm{f}}+\boldsymbol{\varepsilon}\right)\\\boldsymbol{U}_2^{\mathrm{H}}\boldsymbol{Z}=\boldsymbol{U}_2^{\mathrm{H}}\left(\boldsymbol{b}_{\mathrm{f}}+\boldsymbol{\varepsilon}\right)\end{cases}\tag{7-42}$$

因此，可利用 $\boldsymbol{U}_2$ 构造等价向量 $\boldsymbol{p}=\boldsymbol{U}_2\boldsymbol{U}_2^{\mathrm{T}}\boldsymbol{Z}$ [64]。

1. FDI 奇异值分解法方法一

(1) 对配置矩阵 $\boldsymbol{H}$ 进行奇异值分解求得 $\boldsymbol{U}_2$；

(2) 针对每一组量测数据 $\boldsymbol{Z}$，计算等价向量 $\boldsymbol{p}$；

(3) 计算 $\boldsymbol{p}^{\mathrm{T}}\overline{\boldsymbol{f}}_i$，其中，$\overline{\boldsymbol{f}}_i$ 是 $\boldsymbol{U}_2\boldsymbol{U}_2^{\mathrm{T}}$ 的第 i 列，$i=1,2,\cdots,n$；

(4) 找出所有 $\boldsymbol{p}^{\mathrm{T}}\overline{\boldsymbol{f}}_i$ 中模值最大的一个，如 $\boldsymbol{p}^{\mathrm{T}}\overline{\boldsymbol{f}}_k$；

(5) 若 $\boldsymbol{p}^{\mathrm{T}}\overline{\boldsymbol{f}}_k>\mathrm{Td}$，则认为第 k 个传感器发生故障，否则认为没有发生故障[65]。其中，Td 为预设的阈值。

2. FDI 奇异值分解法方法二

(1) 求得 $\boldsymbol{U}_2$ 和等价向量 $\boldsymbol{p}$ (同方法一)；

(2) 若 $\boldsymbol{p}^{\mathrm{T}}\boldsymbol{p} > \mathrm{Td}$，则认为发生故障(Td 为预设的阈值)，并转到隔离步骤(3)，否则认为无故障；

(3) 如果发生故障，则计算所有 $\boldsymbol{p}^{\mathrm{T}}\overline{\boldsymbol{f}}_i$ (同方法一)，隔离值最大的惯性传感器。

$\boldsymbol{p}^{\mathrm{T}}\boldsymbol{p}$ 服从 χ^2 分布，由给定的误警率 α 可查表得到对应的阈值 Td 。

7.4.2　奇异值分解法的等价空间原理证明

为了说明 FDI 奇异值分解法的等价空间原理，只需证明 $\boldsymbol{U}_2^{\mathrm{T}}$ (下文将说明为何不采用 $\boldsymbol{U}_2\boldsymbol{U}_2^{\mathrm{T}}$)就是系统的解耦矩阵 $\boldsymbol{V}$ ，即满足等价空间原理的三个等式关系：式(7-2)～式(7-4)。

1) 证明等式关系一——式(7-2)

令 $\boldsymbol{A}=\boldsymbol{H}^{\mathrm{T}}$，那么 $\boldsymbol{A}$ 的奇异值分解为 $\boldsymbol{A}=\boldsymbol{U}_A\left[\boldsymbol{\Sigma}_A \vdots \boldsymbol{O}\right]\boldsymbol{V}_A^{\mathrm{T}}$，其中 $\boldsymbol{V}_A=\left[\boldsymbol{V}_1 \vdots \boldsymbol{V}_2\right]$。

由式(7-38)知：$\boldsymbol{V}_H=\boldsymbol{U}_A$，$\boldsymbol{\Sigma}^{\mathrm{T}}=\boldsymbol{\Sigma}_A$，$\boldsymbol{U}_1=\boldsymbol{V}_1$，$\boldsymbol{U}_2=\boldsymbol{V}_2$。那么，$\boldsymbol{H}$ 和 $\boldsymbol{A}$ 的奇异值分解可化简为

$$\boldsymbol{A}=\boldsymbol{U}_A\boldsymbol{\Sigma}_A\boldsymbol{V}_1^{\mathrm{T}} \tag{7-43}$$

$$\boldsymbol{H}=\boldsymbol{U}_1\boldsymbol{\Sigma}\boldsymbol{V}_H^{\mathrm{T}} \tag{7-44}$$

$\boldsymbol{A}$ 的零空间 $N(\boldsymbol{A})=\left\{\boldsymbol{x} \mid \boldsymbol{A}\boldsymbol{x}=0, \boldsymbol{x}\in\boldsymbol{R}^{n\times1}\right\}$，由式(7-43)可得

$$N(\boldsymbol{A})=\left\{\boldsymbol{x} \mid \boldsymbol{U}_A\boldsymbol{\Sigma}_A\boldsymbol{V}_1^{\mathrm{T}}\boldsymbol{x}=0, \boldsymbol{x}\in\boldsymbol{R}^{n\times1}\right\} \tag{7-45}$$

因为 $\mathrm{rank}\left(\boldsymbol{U}_A\boldsymbol{\Sigma}_A\boldsymbol{V}_1^{\mathrm{T}}\right)=\mathrm{rank}\left(\boldsymbol{V}_1^{\mathrm{T}}\right)$，所以 $\boldsymbol{U}_A\boldsymbol{\Sigma}_A\boldsymbol{V}_1^{\mathrm{T}}\boldsymbol{x}=0$ 和 $\boldsymbol{V}_1^{\mathrm{T}}\boldsymbol{x}=0$ 是同解方程组，即式(7-45)可化为

$$N(\boldsymbol{A})=\left\{\boldsymbol{x} \mid \boldsymbol{V}_1^{\mathrm{T}}\boldsymbol{x}=0, \boldsymbol{x}\in\boldsymbol{R}^{n\times1}\right\} \tag{7-46}$$

又因为 $\boldsymbol{V}_A$ 是正交矩阵，所以方程组 $\boldsymbol{V}_1^{\mathrm{T}}\boldsymbol{x}=0$ 的解空间就是 $\boldsymbol{V}_2$ 列向量的展开空间，也是 $\boldsymbol{V}_2$ 的值域 $R(\boldsymbol{V}_2)$。因此，$N(\boldsymbol{A})=N\left(\boldsymbol{H}^{\mathrm{T}}\right)=R\left(\boldsymbol{V}_2\right)=R\left(\boldsymbol{U}_2\right)$ 成立，即 $\boldsymbol{H}^{\mathrm{T}}\boldsymbol{U}_2=0$，也就是 $\boldsymbol{U}_2^{\mathrm{T}}\boldsymbol{H}=0$ 成立。等式关系一得证。

2) 证明等式关系二——式(7-3)

由于 $\boldsymbol{V}_A$ 是正交矩阵，$\boldsymbol{V}_A$ 的列向量都是相互正交的单位向量。因此 $\boldsymbol{V}_2^{\mathrm{T}}\boldsymbol{V}_2=\boldsymbol{I}$

成立，即 $\boldsymbol{U}_2^{\mathrm{T}}\boldsymbol{U}_2=\boldsymbol{I}$ 成立。等式关系二得证。

3) 证明等式关系三——式(7-4)

由矩阵的广义逆可知，$\boldsymbol{A}$ 是行满秩矩阵，$\boldsymbol{A}$ 的 Moore-Penrose 逆，即 $\boldsymbol{A}^{+}$ 为

$$\boldsymbol{A}^{+}=\boldsymbol{A}^{\mathrm{T}}\left(\boldsymbol{A}\boldsymbol{A}^{\mathrm{T}}\right)^{-1} \tag{7-47}$$

又由奇异值分解知识可知：

$$\boldsymbol{A}^{+}=\boldsymbol{V}_A\begin{bmatrix}\Sigma_A^{-1}\\ \boldsymbol{O}\end{bmatrix}\boldsymbol{U}_A^{\mathrm{T}}=\left[\boldsymbol{V}_1 \vdots \boldsymbol{V}_2\right]\begin{bmatrix}\Sigma_A^{-1}\\ \boldsymbol{O}\end{bmatrix}\boldsymbol{U}_A^{\mathrm{T}}=\boldsymbol{V}_1\Sigma_A^{-1}\boldsymbol{U}_A^{\mathrm{T}} \tag{7-48}$$

由于 $\boldsymbol{I}_n-\boldsymbol{H}\left(\boldsymbol{H}^{\mathrm{T}}\boldsymbol{H}\right)^{-1}\boldsymbol{H}^{\mathrm{T}}=\boldsymbol{I}_n-\boldsymbol{A}^{\mathrm{T}}\left(\boldsymbol{A}\boldsymbol{A}^{\mathrm{T}}\right)^{-1}\boldsymbol{A}$，将式(7-47)、(7-48)和(7-43)依次代入式(7-4)等号右端可得

$$\boldsymbol{I}_n-\boldsymbol{H}\left(\boldsymbol{H}^{\mathrm{T}}\boldsymbol{H}\right)^{-1}\boldsymbol{H}^{\mathrm{T}}=\boldsymbol{I}_n-\boldsymbol{V}_1\Sigma_A^{-1}\boldsymbol{U}_A^{\mathrm{T}}\boldsymbol{U}_A\Sigma_A\boldsymbol{V}_1^{\mathrm{T}} \tag{7-49}$$

由于 $\boldsymbol{U}_A$ 为正交矩阵，式(7-49)可简化为

$$\boldsymbol{I}_n-\boldsymbol{H}\left(\boldsymbol{H}^{\mathrm{T}}\boldsymbol{H}\right)^{-1}\boldsymbol{H}^{\mathrm{T}}=\boldsymbol{I}_n-\boldsymbol{V}_1\boldsymbol{V}_1^{\mathrm{T}} \tag{7-50}$$

又因为 $\boldsymbol{V}_A$ 为正交矩阵，所以 $\boldsymbol{I}_n-\boldsymbol{V}_1\boldsymbol{V}_1^{\mathrm{T}}=\boldsymbol{V}_2\boldsymbol{V}_2^{\mathrm{T}}$，即 $\boldsymbol{I}_n-\boldsymbol{H}\left(\boldsymbol{H}^{\mathrm{T}}\boldsymbol{H}\right)^{-1}\boldsymbol{H}^{\mathrm{T}}=\boldsymbol{U}_2\boldsymbol{U}_2^{\mathrm{T}}$ 成立。等式关系三得证。

7.4.3　奇异值分解法的改进

1. 改进措施

1) SVD 方法一缺少单位化

对比研究奇异值分解法的方法一和冗余捷联惯组故障检测与隔离方法的 OPV 法，可以看出方法一是比照 OPV 法实现的。

引理 7.1：若矩阵 $\boldsymbol{M}=\boldsymbol{I}_n-\boldsymbol{H}\left(\boldsymbol{H}^{\mathrm{T}}\boldsymbol{H}\right)^{-1}\boldsymbol{H}^{\mathrm{T}}$，$\boldsymbol{H}\in\boldsymbol{R}^{n\times m}$，则 $\boldsymbol{M}\boldsymbol{M}_i=\boldsymbol{M}_i$，其中 $\boldsymbol{M}_i$ 是 $\boldsymbol{M}$ 的第 i 列，$i=1,2,\cdots,n$。

证明：由 $\boldsymbol{M}$ 的表达式知

$$\begin{aligned}\boldsymbol{M}\boldsymbol{M}&=\left(\boldsymbol{I}_n-\boldsymbol{H}\left(\boldsymbol{H}^{\mathrm{T}}\boldsymbol{H}\right)^{-1}\boldsymbol{H}^{\mathrm{T}}\right)\left(\boldsymbol{I}_n-\boldsymbol{H}\left(\boldsymbol{H}^{\mathrm{T}}\boldsymbol{H}\right)^{-1}\boldsymbol{H}^{\mathrm{T}}\right)\\&=\boldsymbol{I}_n-\boldsymbol{H}\left(\boldsymbol{H}^{\mathrm{T}}\boldsymbol{H}\right)^{-1}\boldsymbol{H}^{\mathrm{T}}\\&=\boldsymbol{M}\end{aligned}$$

将 $\boldsymbol{M}=\left[\boldsymbol{M}_1\ \cdots\ \boldsymbol{M}_i\ \cdots\ \boldsymbol{M}_n\right]$ 代入 $\boldsymbol{M}\boldsymbol{M}=\boldsymbol{M}$ 得

$$\boldsymbol{M}\left[\boldsymbol{M}_1 \ \cdots \ \boldsymbol{M}_i \ \cdots \ \boldsymbol{M}_n\right]=\left[\boldsymbol{M}_1 \ \cdots \ \boldsymbol{M}_i \ \cdots \ \boldsymbol{M}_n\right]$$

$$\left[\boldsymbol{M}\boldsymbol{M}_1 \ \cdots \ \boldsymbol{M}\boldsymbol{M}_i \ \cdots \ \boldsymbol{M}\boldsymbol{M}_n\right]=\left[\boldsymbol{M}_1 \ \cdots \ \boldsymbol{M}_i \ \cdots \ \boldsymbol{M}_n\right]$$

因此，$\boldsymbol{M}\boldsymbol{M}_i=\boldsymbol{M}_i$。引理得证。

对于 SVD 方法一的步骤(3)，计算 $\boldsymbol{p}^{\mathrm{T}}\overline{\boldsymbol{f}}_i$ 时，需用到 $\overline{\boldsymbol{f}}_i$，其是 $\boldsymbol{U}_2\boldsymbol{U}_2^{\mathrm{T}}$ 的第 i 列。由引理 7.1 知：

$$\begin{aligned}\boldsymbol{p}^{\mathrm{T}}\overline{\boldsymbol{f}}_i &= \boldsymbol{Z}^{\mathrm{T}}\left(\boldsymbol{U}_2\boldsymbol{U}_2^{\mathrm{T}}\right)\overline{\boldsymbol{f}}_i \\ &= \boldsymbol{Z}^{\mathrm{T}}\overline{\boldsymbol{f}}_i\end{aligned}$$

又因为 $\boldsymbol{p}^{\mathrm{T}}\overline{\boldsymbol{f}}_i$ 是数值(1×1 矩阵)，所以有 $\boldsymbol{p}^{\mathrm{T}}\overline{\boldsymbol{f}}_i=\overline{\boldsymbol{f}}_i^{\mathrm{T}}\boldsymbol{Z}$，即步骤(2)和(3)可简化为只计算 $\overline{\boldsymbol{f}}_i^{\mathrm{T}}\boldsymbol{Z}$。

已知 OPV 法的最优奇偶向量是将 $\boldsymbol{I}_n-\boldsymbol{H}\left(\boldsymbol{H}^{\mathrm{T}}\boldsymbol{H}\right)^{-1}\boldsymbol{H}^{\mathrm{T}}$，即 $\boldsymbol{U}_2\boldsymbol{U}_2^{\mathrm{T}}$ 的各列进行单位化，也就是 $\overline{\boldsymbol{f}}_i$ 单位化后的向量。

由此可以看出 SVD 方法一存在着 $\overline{\boldsymbol{f}}_i$ 缺少单位化的问题，使得冗余捷联惯组的各量测轴的故障检测率出现不均等的情况。只有将 $\overline{\boldsymbol{f}}_i$ 单位化后，相同幅值的故障在各轴上的检测率才相同。

改进措施：对 $\overline{\boldsymbol{f}}_i$ 进行单位化($\overline{\boldsymbol{f}}_i'$)，利用 $\overline{\boldsymbol{f}}_i'$ 计算 $\boldsymbol{p}^{\mathrm{T}}\overline{\boldsymbol{f}}_i$。

2) SVD 方法一误警率偏大

由前述分析可知，SVD 方法一是比照 OPV 法实现的。OPV 法存在误警率偏高的问题，SVD 方法一自然存在相同的问题。

究其原因，SVD 方法一选择的投影矩阵 $\boldsymbol{U}_2\boldsymbol{U}_2^{\mathrm{T}}$ 的列向量组是线性相关的。

改进措施：取投影矩阵 $\boldsymbol{U}_2\boldsymbol{U}_2^{\mathrm{T}}$ 的列向量组中极大线性无关组，推荐采用 $\boldsymbol{U}_2^{\mathrm{T}}$ [66,67]。

3) SVD 方法二统计分布有误

对比研究奇异值分解法的 FDI 方法二和冗余捷联惯组故障检测与隔离方法的 GLR 法，可以看出方法二是比照 GLR 法实现的(GLR 法也满足等价空间原理)。然而 GLR 法中构造的等价向量 $\boldsymbol{p}_{\mathrm{GLR}}$ 为

$$\boldsymbol{p}_{\mathrm{GLR}}=\boldsymbol{V}_{\mathrm{GLR}}\boldsymbol{Z}=\boldsymbol{V}_{\mathrm{GLR}}\boldsymbol{\varepsilon} \tag{7-51}$$

因为投影矩阵 $\boldsymbol{V}_{\mathrm{GLR}}$ 的行向量组是相互正交的单位向量，所以 $\boldsymbol{p}_{\mathrm{GLR}}$ 满足：

$$E\left\{\boldsymbol{p}_{\mathrm{GLR}}\right\}=0 \tag{7-52}$$

$$E\left\{\boldsymbol{p}_{\mathrm{GLR}}\boldsymbol{p}_{\mathrm{GLR}}^{\mathrm{T}}\right\}=\sigma^2\boldsymbol{I} \tag{7-53}$$

由式(7-52)和式(7-53)可以看出，无故障时，$\boldsymbol{p}_{\mathrm{GLR}}$ 的元素是相互独立的零均值白噪声，那么，$\boldsymbol{p}_{\mathrm{GLR}}^{\mathrm{T}}\boldsymbol{p}_{\mathrm{GLR}}/\sigma^2$ 才是服从 χ^2 分布的随机变量。

SVD 方法二构造的等价向量 $\boldsymbol{p}_{\mathrm{SVD}}=\boldsymbol{U}_2\boldsymbol{U}_2^{\mathrm{T}}\boldsymbol{Z}$ 不满足形如式(7-52)和式(7-53)的统计特性。因为方法中采用的投影矩阵 $\boldsymbol{U}_2\boldsymbol{U}_2^{\mathrm{T}}$ 的行向量组并不是相互正交的单位向量，所以无故障时，$\boldsymbol{p}_{\mathrm{SVD}}$ 的各元素不是相互独立的，$\boldsymbol{p}_{\mathrm{SVD}}^{\mathrm{T}}\boldsymbol{p}_{\mathrm{SVD}}/\sigma^2$ 也不服从 χ^2 分布。

改进措施：选取 $\boldsymbol{U}_2^{\mathrm{T}}$ 为投影矩阵[68]，这样 $\boldsymbol{p}_{\mathrm{SVD}}=\boldsymbol{U}_2^{\mathrm{T}}\boldsymbol{Z}$ 的各元素就是相互独立的，$\boldsymbol{p}_{\mathrm{SVD}}^{\mathrm{T}}\boldsymbol{p}_{\mathrm{SVD}}/\sigma^2$ 服从 χ^2 分布。对于给定的误警率 α，可以利用 χ^2 分布表获取阈值。

4) SVD 方法二隔离算法有误

SVD 方法二的步骤(3)是判定故障后的隔离操作：计算所有 $\boldsymbol{p}^{\mathrm{T}}\overline{\boldsymbol{f}}_i$，并隔离值最大的惯性传感器。

不应该隔离 $\boldsymbol{p}^{\mathrm{T}}\overline{\boldsymbol{f}}_i$ 最大值，应该隔离所有 $\boldsymbol{p}^{\mathrm{T}}\overline{\boldsymbol{f}}_i$ 中模值最大的，即 $\left|\boldsymbol{p}^{\mathrm{T}}\overline{\boldsymbol{f}}_i\right|$。

如果捷联惯组中出现负向故障，虽然检测步骤(2)能正确执行，但隔离步骤会出错。因为出现负向故障的量测轴，其 $\boldsymbol{p}^{\mathrm{T}}\overline{\boldsymbol{f}}_k$ 可能是负值，所以隔离就会出错。

改进措施：将步骤(3)改为隔离所有 $\left|\boldsymbol{p}^{\mathrm{T}}\overline{\boldsymbol{f}}_i\right|$ 中值最大的。

2. 改进后的故障检测与隔离策略

(1) 对配置矩阵 $\boldsymbol{H}$ 进行奇异值分解求得 $\boldsymbol{U}_2$，见式(7-38)；

(2) 针对每一组量测数据 $\boldsymbol{Z}$，计算等价向量 $\boldsymbol{p}=\boldsymbol{U}_2^{\mathrm{T}}\boldsymbol{Z}/\boldsymbol{\sigma}$；

(3) 计算 $\mathrm{DFd}=\boldsymbol{p}^{\mathrm{T}}\boldsymbol{p}$，若 $\mathrm{DFd}>\mathrm{Td}$（Td 为预设的阈值），则认为发生故障，并转到隔离步骤(4)，否则认为无故障并转到步骤(2)；

(4) 计算所有 $\mathrm{DFI}_j=[\boldsymbol{p}^{\mathrm{T}}(\boldsymbol{U}_2^{\mathrm{T}})_j]^2/((\boldsymbol{U}_2^{\mathrm{T}})_j^{\mathrm{T}}(\boldsymbol{U}_2^{\mathrm{T}})_j)$，其中 $(\boldsymbol{U}_2^{\mathrm{T}})_j$ 是 $\boldsymbol{U}_2^{\mathrm{T}}$ 的第 j 列，$j=1,2,\cdots,n$，求得最大的 DFI_k 并隔离第 k 个传感器。

7.4.4 奇异值分解法故障检测的仿真应用

1. 常值漂移故障检测仿真

在 30s 时，1 号陀螺仪发生 $10^\circ/\mathrm{h}$ 阶跃故障，奇异值分解法 $10^\circ/\mathrm{h}$ 阶跃故障检测仿真结果见图 7-7。

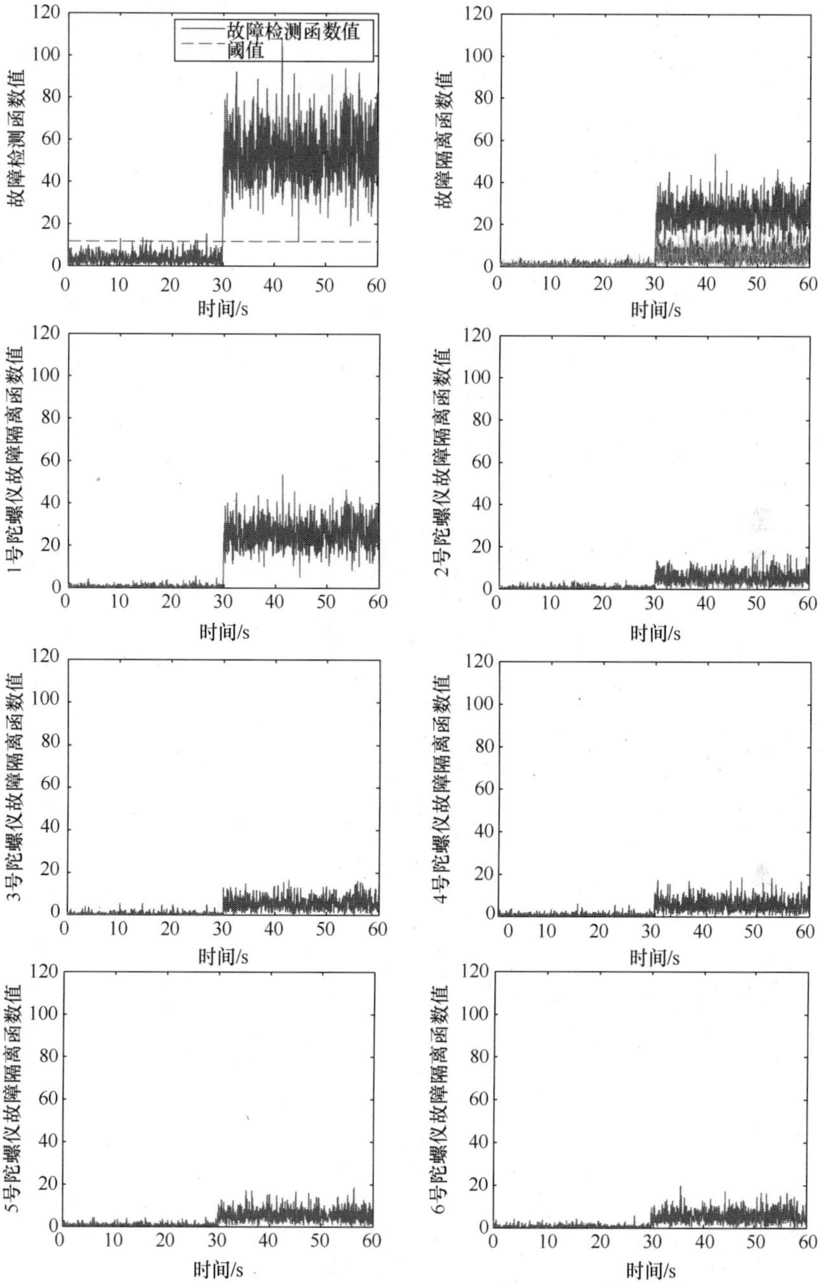

图 7-7　奇异值分解法 10°/h 阶跃故障检测仿真结果

由图 7-7 可知，在 30s 时故障检测函数值出现阶跃抬升，在 30.04s 时故障检测函数值大于阈值，判定系统出现故障，转入故障隔离步骤。计算得到 1 号陀螺仪故障隔离函数值最大，被判别为故障陀螺仪。

2. 线性漂移故障检测仿真

在 30s 时，1 号陀螺仪发生1°/h 线性漂移故障，奇异值分解法1°/h 线性漂移故障检测仿真结果见图 7-8。

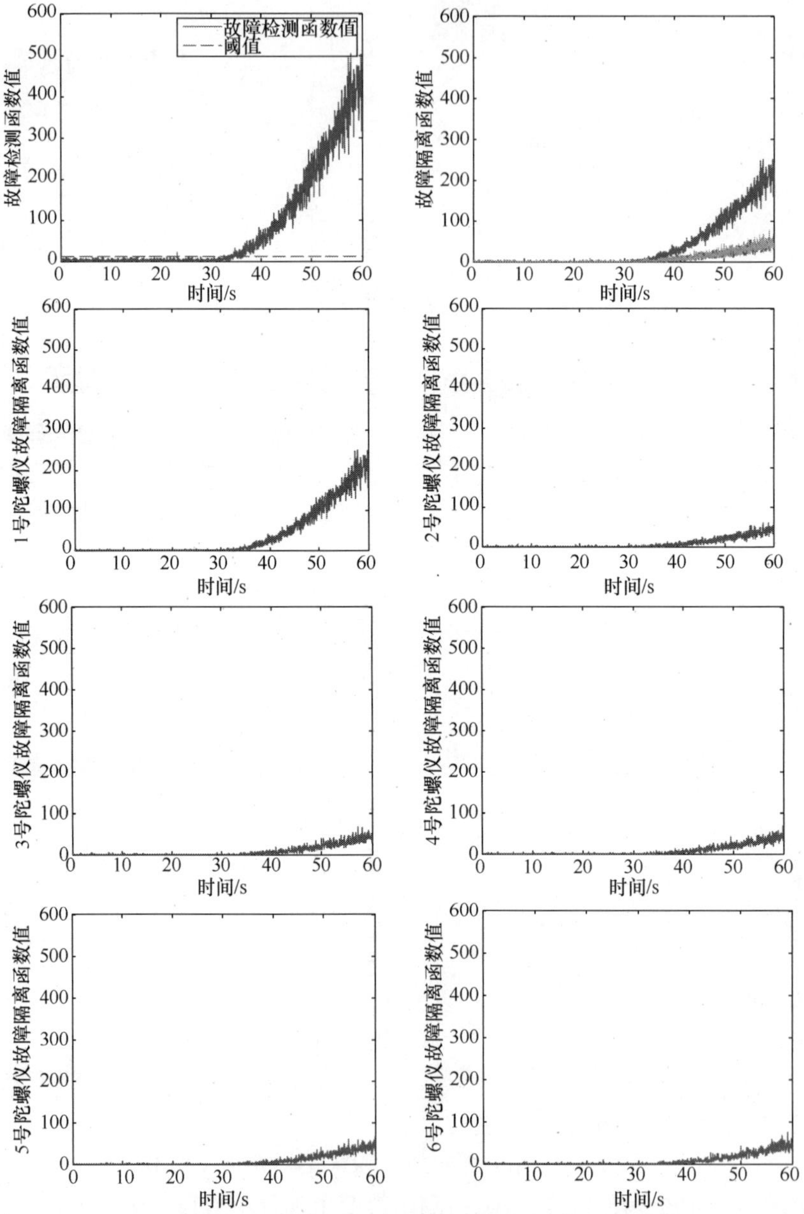

图 7-8　奇异值分解法 1°/h 线性漂移故障检测仿真结果

由图 7-8 可知，故障发生后，故障隔离函数值逐渐上升，当函数值大于阈值时，判定系统出现故障，但是做出故障判决已经延迟了几秒钟。

7.5　奇偶向量的补偿

在前面的推导中假定量测值不包含敏感器误差，只包含量测误差。但实际情况并非如此，一般情况下敏感器误差包括刻度系数误差、安装误差和常值漂移，在无故障情况下，量测方程为

$$\boldsymbol{Z}=\left(\boldsymbol{I}+\boldsymbol{H}_{\mathrm{sf}}\right)\left[\left(\boldsymbol{H}_n+\boldsymbol{H}_{\mathrm{ma}}\right)\boldsymbol{X}+\boldsymbol{b}+\boldsymbol{\varepsilon}\right] \tag{7-54}$$

式中，$\boldsymbol{Z}$ 为惯性传感器的测量值，$\boldsymbol{Z}\in\boldsymbol{R}^{n\times1}$；$n$ 为惯性传感器的个数；$\boldsymbol{I}$ 为单位阵；$\boldsymbol{H}_{\mathrm{sf}}$ 为刻度系数误差阵，为对角阵；$\boldsymbol{H}_n$ 为标称安装矩阵，$\boldsymbol{H}_n\in\boldsymbol{R}^{n\times3}$，行向量为对应的惯性传感器测量轴的空间指向；$\boldsymbol{H}_{\mathrm{ma}}$ 为安装误差阵，$\boldsymbol{H}_{\mathrm{ma}}\in\boldsymbol{R}^{n\times3}$；$\boldsymbol{X}$ 为箭体的惯性测量信息(三轴姿态角速度或三轴比力)，$\boldsymbol{X}\in\boldsymbol{R}^{3\times1}$；$\boldsymbol{b}$ 为惯性传感器的常值漂移，$\boldsymbol{b}\in\boldsymbol{R}^{n\times1}$；$\boldsymbol{\varepsilon}$ 为惯性传感器的噪声项。

考虑到误差阵 $\boldsymbol{H}_{\mathrm{sf}}$ 和 $\boldsymbol{H}_{\mathrm{ma}}$ 的元的数量级都较小，故认为 $\boldsymbol{H}_{\mathrm{sf}}\boldsymbol{H}_{\mathrm{ma}}\approx0$，则式(7-54)变为

$$\boldsymbol{Z}=\left(\boldsymbol{H}_n+\boldsymbol{H}_{\mathrm{ma}}+\boldsymbol{H}_{\mathrm{sf}}\boldsymbol{H}_n\right)\boldsymbol{X}+\left(\boldsymbol{I}+\boldsymbol{H}_{\mathrm{sf}}\right)\left(\boldsymbol{b}+\boldsymbol{\varepsilon}\right) \tag{7-55}$$

令

$$\begin{cases}\boldsymbol{b}_1=\left(\boldsymbol{I}+\boldsymbol{H}_{\mathrm{sf}}\right)\boldsymbol{b}\\ \boldsymbol{\varepsilon}_1=\left(\boldsymbol{I}+\boldsymbol{H}_{\mathrm{sf}}\right)\boldsymbol{\varepsilon}\\ \boldsymbol{H}_m=\left(\boldsymbol{H}_{\mathrm{ma}}+\boldsymbol{H}_{\mathrm{sf}}\boldsymbol{H}_n\right)\end{cases} \tag{7-56}$$

则式(7-55)可写成

$$\boldsymbol{Z}=\left(\boldsymbol{H}_n+\boldsymbol{H}_m\right)\boldsymbol{X}+\boldsymbol{b}_1+\boldsymbol{\varepsilon}_1 \tag{7-57}$$

再由式(7-2)和式(7-5)可得奇偶向量：

$$\boldsymbol{p}=\boldsymbol{V}\boldsymbol{H}_m\boldsymbol{X}+\boldsymbol{V}\boldsymbol{b}_1+\boldsymbol{V}\boldsymbol{\varepsilon}_1 \tag{7-58}$$

这时奇偶向量 $\boldsymbol{p}$ 是真实状态 $\boldsymbol{X}$、正常的常值漂移和测量噪声的函数。当飞行器做机动飞行时，奇偶向量各元的数值将增大，从而导致故障检测判决函数有可能超过给定的门限，造成误警。

为了改进故障检测与隔离的性能，应该估计出敏感器的所有误差，以便得到比较精确的量测方程，使敏感器不再影响奇偶向量[69]。然而，并非所有的误差都是可观测的，因此采用仅估计误差的线性组合方法[70]。一旦误差项的线性组

合被估计出来，就可以排除其对奇偶向量的影响，提高故障检测与隔离的性能。

在无故障发生时，式(7-58)可改写成

$$\boldsymbol{p}=\boldsymbol{A}\boldsymbol{X}+\boldsymbol{b}'+\boldsymbol{V}\boldsymbol{\varepsilon}_1 \tag{7-59}$$

式中，$\boldsymbol{A}=\boldsymbol{V}\boldsymbol{H}_m$；$\boldsymbol{b}'=\boldsymbol{V}\boldsymbol{b}_1$。待估计量是$(n-3)\times 3$维矩阵$\boldsymbol{A}$的元和$\boldsymbol{b}'$向量的$(n-3)$个元。将矩阵$\boldsymbol{A}$按如下形式排列成一个向量：

$$\boldsymbol{a}=\begin{bmatrix}a_{11} & a_{12} & a_{13} & a_{21} & \cdots & a_{l3}\end{bmatrix}^{\mathrm{T}} \tag{7-60}$$

式中，a_{ij}为矩阵$\boldsymbol{A}$的元；$l=n-3$。因此，式(7-59)等号右端第一项可以写成

$$\boldsymbol{A}\boldsymbol{X}=\boldsymbol{C}\boldsymbol{a} \tag{7-61}$$

式中，$\boldsymbol{C}$为$l\times 3l$的矩阵，定义为

$$\boldsymbol{C}=\begin{bmatrix}\boldsymbol{X}^{\mathrm{T}} & \boldsymbol{0}_{1\times3} & \cdots & \boldsymbol{0}_{1\times3}\\ \boldsymbol{0}_{1\times3} & \boldsymbol{X}^{\mathrm{T}} & \cdots & \boldsymbol{0}_{1\times3}\\ \vdots & \vdots & \cdots & \vdots\\ \boldsymbol{0}_{1\times3} & \boldsymbol{0}_{1\times3} & \cdots & \boldsymbol{X}^{\mathrm{T}}\end{bmatrix} \tag{7-62}$$

则式(7-59)可以表示为

$$\boldsymbol{p}=\boldsymbol{C}\boldsymbol{a}+\boldsymbol{b}'+\boldsymbol{V}\boldsymbol{\varepsilon}_1 \tag{7-63}$$

式(7-63)是量测方程，但式中$\boldsymbol{C}$是未知的，由于$\boldsymbol{C}$和真实状态$\boldsymbol{X}$有关，可以用$\boldsymbol{X}$的估计值$\hat{\boldsymbol{X}}=\left(\boldsymbol{H}^{\mathrm{T}}\boldsymbol{H}\right)^{-1}\boldsymbol{H}^{\mathrm{T}}\boldsymbol{Z}$估计$\boldsymbol{C}$，并将$\boldsymbol{C}$的估计值$\hat{\boldsymbol{C}}$代入式(7-63)，得

$$\boldsymbol{p}=\hat{\boldsymbol{C}}\boldsymbol{a}+\boldsymbol{b}'+\boldsymbol{\varepsilon}' \tag{7-64}$$

假定$\boldsymbol{\varepsilon}_1$是零均值高斯白噪声，且各元之间相互独立，则$\boldsymbol{\varepsilon}'=\boldsymbol{V}\boldsymbol{\varepsilon}_1$也是零均值高斯白噪声。若$\boldsymbol{\varepsilon}_1$的方差为$\boldsymbol{R}$，则$\boldsymbol{\varepsilon}'$的方差为$\boldsymbol{R}'=\boldsymbol{V}\boldsymbol{R}\boldsymbol{V}^{\mathrm{T}}$。

为了估计式(7-64)中的$\boldsymbol{a}$和$\boldsymbol{b}'$，还必须知道误差动态模型。考虑常值偏差$\boldsymbol{b}'$，则一般的离散动态误差模型为

$$\begin{cases}\boldsymbol{a}_k=\boldsymbol{A}_{k-1}\boldsymbol{a}_{k-1}+\boldsymbol{B}_{k-1}\boldsymbol{b}'_{k-1}+\boldsymbol{\eta}_{k-1}\\ \boldsymbol{b}'_k=\boldsymbol{b}_{k-1}\end{cases} \tag{7-65}$$

离散量测方程为

$$\boldsymbol{p}_k=\hat{\boldsymbol{C}}_k\boldsymbol{a}_k+\boldsymbol{b}'_k+\boldsymbol{\varepsilon}'_k \tag{7-66}$$

式中，$\boldsymbol{\eta}_k$和$\boldsymbol{\varepsilon}_k$为相互独立的零均值高斯白噪声，其方差分别为$\boldsymbol{Q}_k$和$\boldsymbol{R}_k$。

尽管使用卡尔曼滤波算法可以估计$\boldsymbol{a}_k$和$\boldsymbol{b}'_k$，但是该算法要求将偏差$\boldsymbol{b}'_k$增广

为状态，然后对增广后的状态进行估计，势必会增加计算量和计算时间[71]。这里介绍一种偏差分离估计方法，采用该方法直接对状态 $\boldsymbol{a}_k$ 和偏差 $\boldsymbol{b}'_k$ 进行估计，无须进行状态增广，而是同时对无偏差状态和偏差进行估计，然后用偏差估计值对无偏差状态估计值进行修正，得到状态的最优估计值。由于不存在状态增广，该方法计算效率高，且数值特性好，其具体计算公式如下。

无偏差状态估计：

$$\begin{cases} \overline{\boldsymbol{a}}_k = \boldsymbol{A}_{k-1}\overline{\boldsymbol{a}}_{k-1} + \boldsymbol{K}_k\boldsymbol{r}_k \\ \boldsymbol{r}_k = \boldsymbol{p}_k - \hat{\boldsymbol{C}}_k\boldsymbol{A}_{k-1}\overline{\boldsymbol{a}}_{k-1} \\ \boldsymbol{K}_k = \boldsymbol{P}_k\hat{\boldsymbol{C}}_k^{\mathrm{T}}\left(\hat{\boldsymbol{C}}_k\boldsymbol{P}_k\hat{\boldsymbol{C}}_k^{\mathrm{T}} + \boldsymbol{R}_k\right)^{-1} \\ \boldsymbol{T}_k = \left(\boldsymbol{I} - \boldsymbol{K}_k\hat{\boldsymbol{C}}_k\right)\boldsymbol{P}_k \\ \boldsymbol{P}_{k+1} = \boldsymbol{A}_k\boldsymbol{T}_k\boldsymbol{A}_k^{\mathrm{T}} + \boldsymbol{Q}_k \end{cases} \tag{7-67}$$

偏差估计：

$$\begin{cases} \hat{\boldsymbol{b}}'_k = \left(\boldsymbol{I} - \boldsymbol{G}_k\boldsymbol{S}_k\right)\hat{\boldsymbol{b}}'_{k-1} + \boldsymbol{G}_k\boldsymbol{\gamma}_k \\ \boldsymbol{G}_k = \boldsymbol{M}_k\boldsymbol{S}_k^{\mathrm{T}}\left(\hat{\boldsymbol{C}}_k\boldsymbol{P}_k\hat{\boldsymbol{C}}_k^{\mathrm{T}} + \boldsymbol{R}_K + \boldsymbol{S}_k\boldsymbol{M}_k\boldsymbol{S}_k^{\mathrm{T}}\right)^{-1} \\ \boldsymbol{S}_k = \hat{\boldsymbol{C}}_k\boldsymbol{U}_k + \boldsymbol{I} \\ \boldsymbol{V}_k = \boldsymbol{U}_k - \boldsymbol{K}_k\boldsymbol{S}_k \\ \boldsymbol{U}_{k+1} = \boldsymbol{A}_k\boldsymbol{V}_k + \boldsymbol{B}_k \\ \boldsymbol{M}_{k+1} = \left(\boldsymbol{I} - \boldsymbol{G}_k\boldsymbol{S}_k\right)\boldsymbol{M}_k \end{cases} \tag{7-68}$$

最优状态估计：

$$\hat{\boldsymbol{a}}_k = \overline{\boldsymbol{a}}_k + \boldsymbol{V}_k\hat{\boldsymbol{b}}'_k \tag{7-69}$$

从而可以用估计值 $\hat{\boldsymbol{a}}$ 、$\hat{\boldsymbol{b}}'$ 对奇偶向量进行补偿，令

$$\boldsymbol{p}^* = \boldsymbol{p} - \hat{\boldsymbol{C}}\hat{\boldsymbol{a}} - \hat{\boldsymbol{b}}' \tag{7-70}$$

代入式(7-64)得

$$\boldsymbol{p}^* = \hat{\boldsymbol{C}}\left(\boldsymbol{a} - \hat{\boldsymbol{a}}\right) + \left(\boldsymbol{b}' - \hat{\boldsymbol{b}}'\right) + \boldsymbol{\varepsilon}' \tag{7-71}$$

如果估计比较精确，则 $\left(\boldsymbol{a} - \hat{\boldsymbol{a}}\right)$ 和 $\left(\boldsymbol{b}' - \hat{\boldsymbol{b}}'\right)$ 都近似为零，故

$$\boldsymbol{p}^* \approx \boldsymbol{\varepsilon}' = \boldsymbol{V}\boldsymbol{\varepsilon}_1 \tag{7-72}$$

即经补偿后的奇偶向量 $\boldsymbol{p}^*$ 近似为噪声的函数。

当故障发生时，式(7-72)变为

$$\boldsymbol{p}^* = \boldsymbol{V}\boldsymbol{b}_{\mathrm{f}} + \boldsymbol{V}\boldsymbol{\varepsilon}_1 \tag{7-73}$$

即 $\boldsymbol{p}^*$ 仅是故障和噪声的函数，因此可以用补偿后的奇偶向量进行故障检测与隔离。

第 8 章　量化对故障检测的影响及解决方法

箭载捷联惯组一般采用增量脉冲的形式输出测量数据，因此会带来量化误差[72,73]。量化会打乱原始信号中的误差构成，将瞬时误差放大，给故障检测带来困难。本章重点研究冗余捷联惯组输出量化对故障检测的影响，并给出解决方法。

8.1　捷联惯组的量化输出

捷联惯组输出的数据是经过量化后的脉冲增量数，其输出量化环节如图 8-1 所示，$\boldsymbol{Z}$ 是含误差的角增量信号(或比力增量信号)，除以脉冲当量 $\boldsymbol{\varDelta}$，整数部分 $\boldsymbol{Q}$ 作为测量值输出，小数部分则累积到下个采样周期。同一个采样周期内，$\boldsymbol{Q}\times\boldsymbol{\varDelta}$ 与 $\boldsymbol{Z}$ 的差值就是量化误差，与前一个采样周期的小数部分和本次采样周期的角增量信号有关[50]。

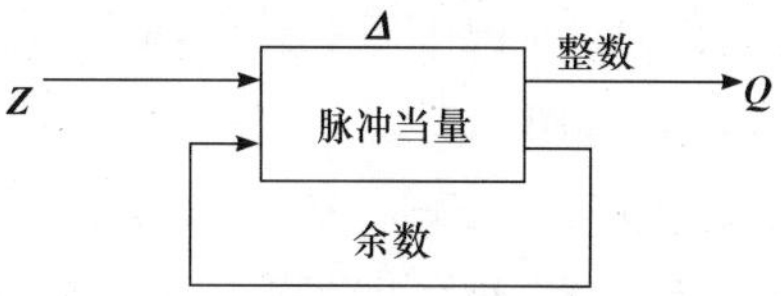

图 8-1　捷联惯组的输出量化环节

本书仿真中用到的陀螺仪脉冲当量 $\varDelta_{\mathrm{G}}$ 为 $1'' \approx 4.8481\times10^{-6}\,\mathrm{rad}$，加速度计的脉冲当量 $\varDelta_{\mathrm{A}}$ 为 $g_0/1200 \approx 8.1722\times10^{-3}\,\mathrm{m/s}$，$g_0$ 是标准重力加速度。

8.2　量化输出的误差分析

捷联惯组的增量信号 $\boldsymbol{Z}$ 是带有测量误差(安装误差、刻度系数误差、常值漂移)的数据，误差项经过量化后统计特性将变得非常复杂，尤其是在载体的机动量较小的情况下。

为了便于研究量化输出对捷联惯组测量输出的影响，定义以下概念。

量化误差 $\boldsymbol{E}_{\varDelta}$：一个采样周期内的脉冲输出量 $\boldsymbol{Q}\times\boldsymbol{\varDelta}$ 与增量信号 $\boldsymbol{Z}$ 的偏差，即

$$\boldsymbol{E}_{\varDelta} = \boldsymbol{Q}\times\boldsymbol{\varDelta} - \boldsymbol{Z} \tag{8-1}$$

量化后的总误差 $\boldsymbol{E}_{\mathrm{Q}}$：捷联惯组脉冲输出结果和载体真实惯性状态信息的偏差，即

$$\boldsymbol{E}_{\mathrm{Q}} = \boldsymbol{Q} \times \Delta - \boldsymbol{HX} \tag{8-2}$$

式中，$\boldsymbol{X}$ 为载体的惯性状态增量；$\boldsymbol{H}$ 为传感器的标称配置矩阵，$\boldsymbol{HX}$ 即为理想测量值。

量化前的总误差 $\boldsymbol{E}_{\mathrm{Z}}$：量化环节之前的捷联惯组的增量信号 $\boldsymbol{Z}$ 与载体真实惯性状态增量信息的偏差，即

$$\boldsymbol{E}_{\mathrm{Z}} = \boldsymbol{Z} - \boldsymbol{HX} \tag{8-3}$$

容易得出三个误差满足如下关系：

$$\boldsymbol{E}_{\mathrm{Q}} = \boldsymbol{E}_{\Delta} + \boldsymbol{E}_{\mathrm{Z}} \tag{8-4}$$

量化误差 $\boldsymbol{E}_{\Delta}$ 小于一个脉冲当量[50]。

对于陀螺仪，脉冲当量Δ_{G}为$1''$，采样周期τ为 0.02s，那么陀螺仪脉冲输出 1 个脉冲时，对应的角速率为$\Delta_{\mathrm{G}}/\tau = 50° / \mathrm{h} \approx 2.4241\times10^{-4} \mathrm{rad/s}$。量化误差 $\boldsymbol{E}_{\Delta}$ 为 $0 \sim 2.4241\times10^{-4} \mathrm{rad/s}$，即 0～$50° / \mathrm{h}$。

对于加速度计，脉冲当量 Δ_{A} 为$8.1722\times10^{-3} \mathrm{m/s}$，加速度计输出 1 个脉冲时，对应的视加速度为 $4.1666\times10^{-2} G_0$。加速度计的量化误差 $\boldsymbol{E}_{\Delta}$ 为 $0 \sim 4.1666\times10^{-2} G_0$。

量化前的总误差 $\boldsymbol{E}_{\mathrm{Z}}$ 是与载体运动状态相关的量。载体做平稳飞行时，$\boldsymbol{E}_{\mathrm{Z}}$ 较为平稳；载体做机动飞行时，$\boldsymbol{E}_{\mathrm{Z}}$ 与机动量的大小有关。

量化后的总误差 $\boldsymbol{E}_{\mathrm{Q}}$ 为$(n-1)\Delta$～$n\Delta$。载体平稳飞行时，n=1，即 $\boldsymbol{E}_{\mathrm{Q}}$ 为 0～Δ，载体做强机动飞行时，瞬时误差会出现 n>1 的情况。但一般情况下，总误差 $\boldsymbol{E}_{\mathrm{Q}}$ 不会长时间高于Δ，若长时间高于Δ，则认为传感器发生故障[50]。

8.3　量化前后的故障检测效果对比

以六陀螺仪正十二面体配置和广义似然比法为例，说明量化前后故障检测效果的不同。这里采用机动飞行时的一条标准飞行弹道。这条标准弹道是截取火箭发射时典型的一段，火箭纵轴的轴向加速度一直增大，其余两轴向的加速度较小，角运动方面包含了两次姿态角机动。

8.3.1　量化前陀螺仪的故障检测效果

陀螺仪的误差模型见式(4-1)，误差项包含刻度系数误差、安装误差、常值漂移误差和噪声项。其中，刻度系数误差和安装误差是与箭体角运动状态相关的误差。但是在标准弹道的角运动量级下，刻度系数误差、安装误差和常值漂移误差的量级比噪声项的量级小，即噪声项掩盖了其余的误差项。陀螺仪的总误差可近

似为一个噪声项，陀螺仪的总误差特性可用噪声项的误差特性代替。因此，量化前陀螺仪的故障检测是最容易的。

利用广义似然比(GLR)法进行故障检测时，式(4-1)的误差模型可简化为

$$\boldsymbol{Z} = \boldsymbol{HX} + \boldsymbol{\varepsilon} \tag{8-5}$$

式中，$\boldsymbol{\varepsilon}$ 为陀螺仪的噪声项。

由于 $\boldsymbol{\varepsilon}$ 是与箭体角运动无关的量，很容易获得 GLR 法故障检测的阈值。无故障时，故障检测函数 DFd 服从 3 自由度的卡方分布。查询卡方分布表可得阈值 Td 为 11.344。

在 30s 处向 1 号陀螺仪注入 5°/h 阶跃故障，那么故障检测函数将在 30s 处出现一个阶跃抬升，见图 8-2。连续检测故障检测函数 DFd，若某一时刻，DFd 超出阈值并保持 5 个采样周期，可判定惯组出现了故障，立刻转入隔离步骤。

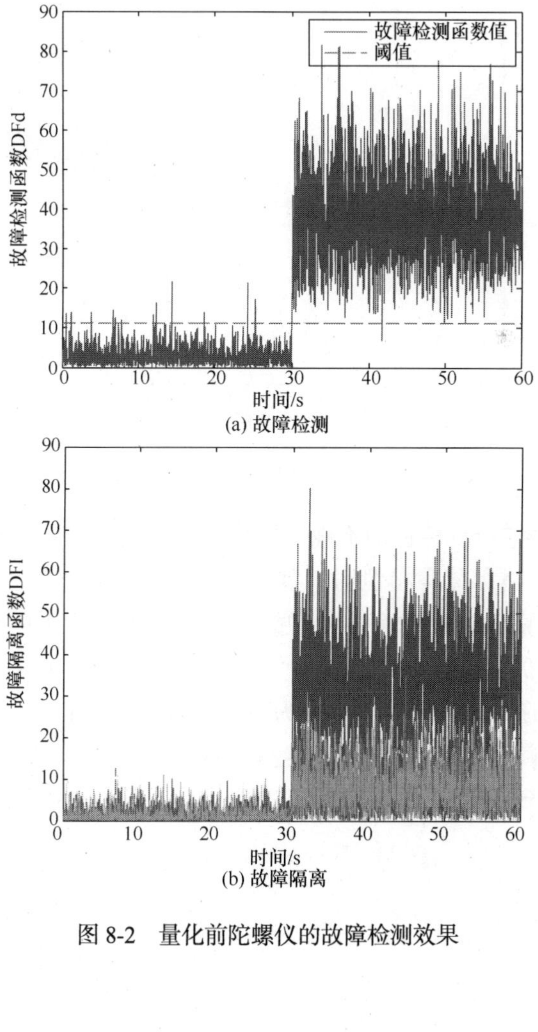

(a) 故障检测

(b) 故障隔离

图 8-2　量化前陀螺仪的故障检测效果

分别计算每个陀螺仪的DFI，DFI值最大的为故障传感器。为了减小误隔离率，可连续计算5个采样周期内的DFI_j求均值，隔离最大的均值。

8.3.2 量化前加速度计的故障检测效果

利用标准弹道进行加速度计的故障检测时，发现在标准弹道中箭体的质心运动状态下，加速度计的各个误差项权重发生变化，噪声项不是主要项，刻度系数误差、安装误差和常值漂移误差成为主要项。如图8-3所示，误差曲线的起点大致对应着加速度计的启动零偏，总体变化趋势是载体的机动引起的，曲线上小的毛刺噪声就是噪声项。

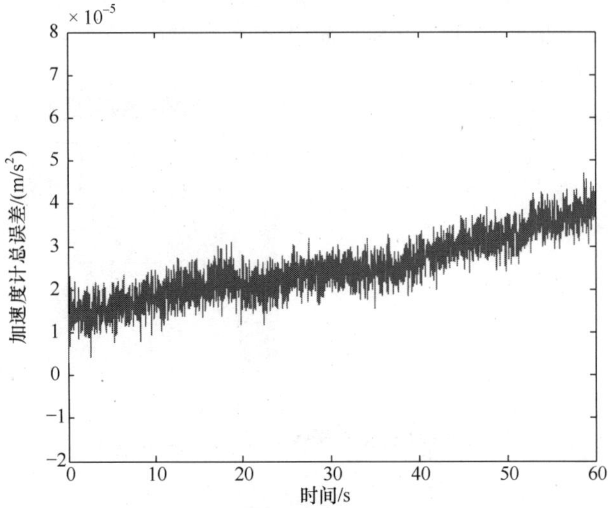

图8-3　标准弹道下量化前加速度计总误差

加速度计总误差统计特性的不确定性给阈值的选取带来了困难。

利用GLR法进行故障检测时，加速度计的检测函数与箭体质心运动、误差随机参数相关(图8-4)，和陀螺仪的故障检测函数有很大的区别(图8-2)。

图8-4(a)为30s处向1号加速度计注入幅值为$0.5mG_0$(mG_0是标准重力加速度的千分之一)的阶跃故障；图8-4(b)为30s处向1号加速度计注入幅值为$2mG_0$的阶跃故障。若阈值选取较小，则容易出现误警，由于无故障时，故障检测曲线也可能会漂到阈值以上；若阈值选取较大，则对小幅值故障的检测效果较差。

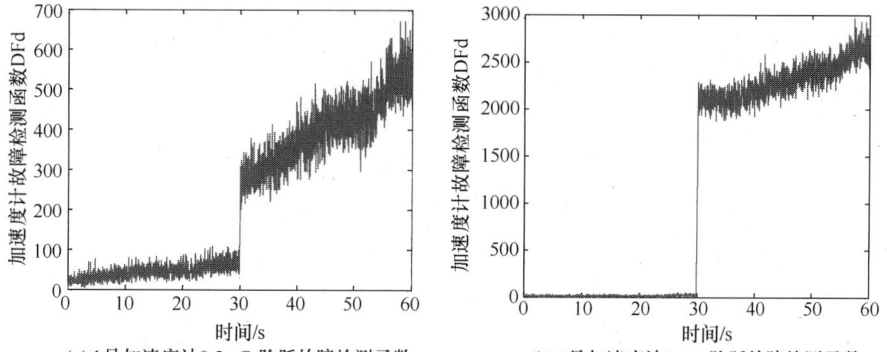

(a) 1号加速度计0.5mG$_0$阶跃故障检测函数　(b) 1号加速度计2mG$_0$阶跃故障检测函数

图 8-4 标准弹道下量化前加速度计故障检测函数

8.3.3 阈值的求取

阈值的求取是故障检测方法研究的重要内容。阈值求取的原则是既要保证较低的误警率，又要保证较低的漏警率。然而，阈值的调整会给二者带来相反的结果。较高的阈值会降低误警率，但会使漏警率上升；较低的阈值会降低漏警率，但会使误警率上升。若要同时降低误警率和漏警率，唯一的途径就是改进故障检测和隔离策略。

这里给出两种求阈值的方法：蒙特卡罗法和 3σ 误差限法。

1. 蒙特卡罗法求阈值

利用蒙特卡罗打靶法[74]生成 5000 条无故障时的故障检测函数阈值 $\mathrm{DFd}^1 \sim \mathrm{DFd}^{5000}$ 。这样，对于任一个采样时刻 t_k ，将有 5000 个故障检测函数阈值 $\mathrm{DFd}_k^1 \sim \mathrm{DFd}_k^{5000}$ ，给定误警率为 0.001，则 5000 个值中将有 5 个值高于阈值。将 5000 个值从低到高排列，取 99.9%处的值作为这一采样时刻的阈值。对每一个采样时刻采取相同的操作，即可得到一条阈值曲线[50]。

图 8-5(a)为利用蒙特卡罗打靶法获得的 5000 条故障检测函数阈值，图 8-5(b)为

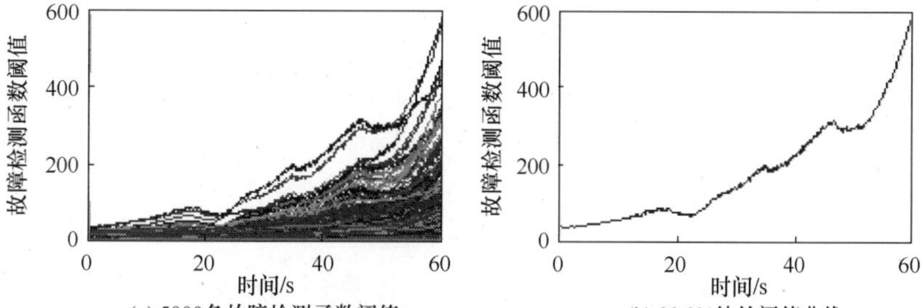

(a) 5000条故障检测函数阈值　(b) 99.9%处的阈值曲线

图 8-5 蒙特卡罗打靶法获得的故障检测函数阈值

99.9%处的阈值曲线。可以看出，阈值是随时间增加而增大的，这是由于标准弹道中的轴向加速度一直在增大，测量误差也在增大。

利用蒙特卡罗打靶法求得的阈值，在 30s 处向 1 号加速度计注入幅值为 0.5 mG_0 的阶跃故障，检测效果如图 8-6 所示。

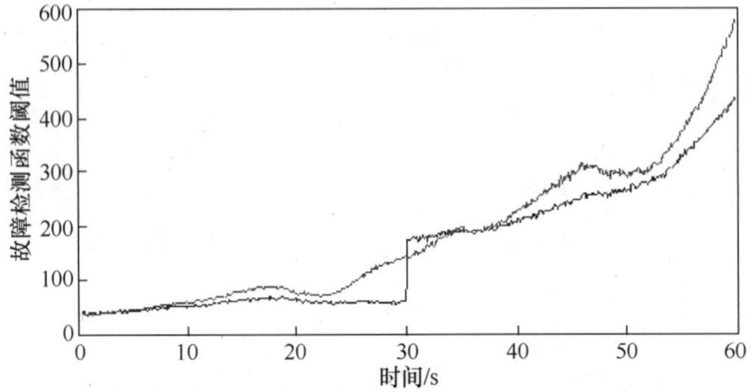

图 8-6　蒙特卡罗法阈值的检测效果

下面给出利用蒙特卡罗法检测所得到的常值漂移故障的漏警率统计结果，如表 8-1 所示。蒙特卡罗打靶次数为 5000 次。

表 8-1　常值漂移故障的漏警率统计结果

故障幅值/mG_0	故障注入时间/s				
	10	20	30	40	50
0.5	0.6422	0.7710	0.9428	0.9880	0.9935
0.6	0.3410	0.5050	0.8588	0.9625	0.9805
0.7	0.1525	0.2700	0.7254	0.9250	0.9580
0.8	0.0340	0.1025	0.5292	0.8695	0.9305
0.9	0.0085	0.0305	0.3312	0.7650	0.8640
1.0	0.0010	0.0115	0.1624	0.5995	0.7870
1.1	0.0005	0.0025	0.0564	0.4410	0.6860
1.2	<0.0002	0.0005	0.0180	0.2610	0.5635
1.3	<0.0002	<0.0002	0.0078	0.1400	0.4025
1.4	<0.0002	<0.0002	0.0036	0.0690	0.2565
1.5	<0.0002	<0.0002	0.0034	0.0250	0.1535

将表 8-1 绘制成曲线图，如图 8-7 所示，可以看出，故障幅值越小，检测效果越差；相同幅值的故障，注入时间越早，检测效果越好；故障幅值大于 1.5mG_0时，检

测效果普遍较好。出现这种情况的原因是阈值曲线随时间增加而增大，见图 8-5。

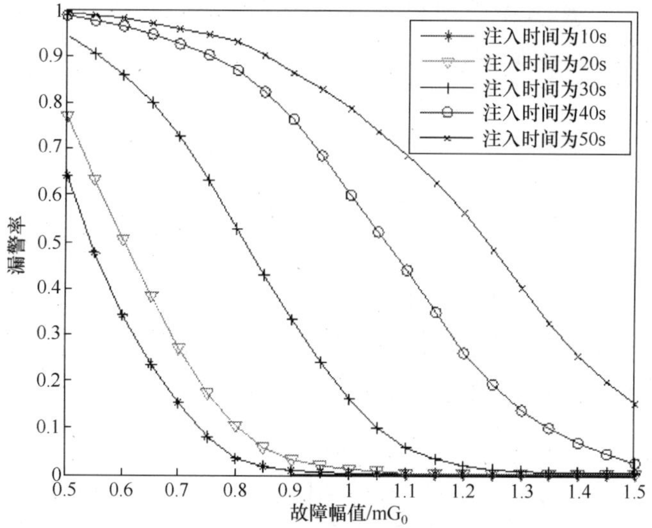

图 8-7　常值漂移故障的漏警率曲线

2. 3σ 误差限法求阈值

冗余捷联惯组无故障量测方程为

$$\boldsymbol{Z}=\left(\boldsymbol{I}+\boldsymbol{H}_{\mathrm{sf}}\right)\left[\left(\boldsymbol{H}_n+\boldsymbol{H}_{\mathrm{ma}}\right)\boldsymbol{X}+\boldsymbol{b}+\boldsymbol{\varepsilon}\right] \tag{8-6}$$

只讨论加速度计的情况下，式中，$\boldsymbol{Z}$ 为 n 个加速度计的测量值；$\boldsymbol{X}$ 为箭体的质心加速度；$\boldsymbol{H}_{\mathrm{sf}}$ 为加速度计的刻度系数误差；$\boldsymbol{H}_n$ 为加速度计的标称安装矩阵(这里是指正十二面体配置)；$\boldsymbol{H}_{\mathrm{ma}}$ 为加速度计的安装误差矩阵；$\boldsymbol{b}$ 为常值漂移误差；$\boldsymbol{\varepsilon}$ 为加速度计的噪声项。

将式(8-6)展开，得

$$\boldsymbol{Z}=\boldsymbol{H}_n\boldsymbol{X}+\boldsymbol{H}_{\mathrm{ma}}\boldsymbol{X}+\boldsymbol{H}_{\mathrm{sf}}\boldsymbol{H}_n\boldsymbol{X}+\boldsymbol{b}+\boldsymbol{\varepsilon}+\boldsymbol{H}_{\mathrm{sf}}\boldsymbol{H}_{\mathrm{ma}}\boldsymbol{X}+\boldsymbol{H}_{\mathrm{sf}}\boldsymbol{b}+\boldsymbol{H}_{\mathrm{sf}}\boldsymbol{\varepsilon} \tag{8-7}$$

式(8-7)等号右端的后 3 项相比前 5 项是二阶小量，可将后 3 项略去得

$$\boldsymbol{Z}\approx\boldsymbol{H}_n\boldsymbol{X}+\boldsymbol{H}_{\mathrm{ma}}\boldsymbol{X}+\boldsymbol{H}_{\mathrm{sf}}\boldsymbol{H}_n\boldsymbol{X}+\boldsymbol{b}+\boldsymbol{\varepsilon} \tag{8-8}$$

GLR 法的等价向量 $\boldsymbol{P}=\boldsymbol{V}\boldsymbol{Z}$，$\boldsymbol{V}$ 可由 Potter 算法求得，将式(8-8)代入得

$$\boldsymbol{P}=\boldsymbol{V}\left(\boldsymbol{H}_n\boldsymbol{X}+\boldsymbol{H}_{\mathrm{ma}}\boldsymbol{X}+\boldsymbol{H}_{\mathrm{sf}}\boldsymbol{H}_n\boldsymbol{X}+\boldsymbol{b}+\boldsymbol{\varepsilon}\right) \tag{8-9}$$

又由于 $\boldsymbol{V}\boldsymbol{H}_n=0$，式(8-9)可化简为

$$\boldsymbol{P}=\boldsymbol{V}\left(\boldsymbol{H}_{\mathrm{ma}}\boldsymbol{X}+\boldsymbol{H}_{\mathrm{sf}}\boldsymbol{H}_n\boldsymbol{X}+\boldsymbol{b}+\boldsymbol{\varepsilon}\right) \tag{8-10}$$

式(8-10)等号右端的括号内是加速度计的测量误差，用 $\boldsymbol{E}$ 表示，因此 $\boldsymbol{P}=\boldsymbol{VE}$。其中，$\boldsymbol{P}$ 是 $n-3$ 维列向量，令 $\boldsymbol{P}=\begin{bmatrix}\boldsymbol{p}_1 & \cdots & \boldsymbol{p}_i & \cdots & \boldsymbol{p}_{n-3}\end{bmatrix}^{\mathrm{T}}$，$\boldsymbol{V}$ 是 $(n-3)\times n$ 维矩阵，$\boldsymbol{V}$ 可表示为

$$\boldsymbol{V}=\begin{bmatrix}\boldsymbol{v}_1\\ \vdots\\ \boldsymbol{v}_i\\ \vdots\\ \boldsymbol{v}_{n-3}\end{bmatrix}$$

式中，$\boldsymbol{v}_i$ 为 n 维行向量。$\boldsymbol{E}$ 是 n 维列向量，令 $\boldsymbol{E}=\begin{bmatrix}\boldsymbol{e}_1 & \cdots & \boldsymbol{e}_i & \cdots & \boldsymbol{e}_n\end{bmatrix}^{\mathrm{T}}$，$\boldsymbol{e}_i$ 为第 i 个加速度计的测量误差。那么，$\boldsymbol{p}_i$ 可表示为

$$\boldsymbol{p}_i=\boldsymbol{v}_i\boldsymbol{E}=\begin{bmatrix}v_{i1}\cdots v_{ij}\cdots v_{in}\end{bmatrix}\begin{bmatrix}e_1\\ \vdots\\ e_j\\ \vdots\\ e_n\end{bmatrix}=v_{i1}e_1+\cdots+v_{ij}e_j+\cdots+v_{in}e_n \tag{8-11}$$

根据式(8-11)有

$$|p_i|\leqslant|v_{i1}||e_1|+\cdots+|v_{ij}||e_j|+\cdots+|v_{in}||e_n| \tag{8-12}$$

根据式(8-10)，e_i 为

$$e_i=\boldsymbol{h}_{\mathrm{ma}}^i\boldsymbol{X}+k^i\boldsymbol{h}_n^i\boldsymbol{X}+b^i+\varepsilon^i \tag{8-13}$$

式中，$\boldsymbol{h}_{\mathrm{ma}}^i$ 为第 i 个加速度计的安装误差；k^i 为第 i 个加速度计的刻度系数误差；$\boldsymbol{h}_n^i$ 为第 i 个加速度计的标称测量轴方向；b^i 为第 i 个加速度计的启动零偏；ε^i 为第 i 个加速度计的噪声项。

由数学知识可得

$$|e_i|=\left|\boldsymbol{h}_{\mathrm{ma}}^i\boldsymbol{X}+k^i\boldsymbol{h}_n^i\boldsymbol{X}+b^i+\varepsilon^i\right|\leqslant\left|\boldsymbol{h}_{\mathrm{ma}}^i\boldsymbol{X}\right|+\left|k^i\boldsymbol{h}_n^i\boldsymbol{X}\right|+\left|b^i\right|+\left|\varepsilon^i\right| \tag{8-14}$$

令 $\boldsymbol{X}=[n_X\ \ n_Y\ \ n_Z]^{\mathrm{T}}$，$n_X$、$n_Y$、$n_Z$ 为箭体质心加速度在捷联惯组测量坐标系三轴上的投影；$\boldsymbol{h}_{\mathrm{ma}}^i=\begin{bmatrix}h_{\mathrm{ma}}^{iX} & h_{\mathrm{ma}}^{iY} & h_{\mathrm{ma}}^{iZ}\end{bmatrix}$，$h_{\mathrm{ma}}^{iX}$、$h_{\mathrm{ma}}^{iY}$、$h_{\mathrm{ma}}^{iZ}$ 为第 i 个加速度计安装误差参数。

下面分别讨论式(8-14)等号右端各项的上限。这里用到了数理统计中的 3σ 原理。若 $\xi\sim N(\mu,\sigma^2)$，则 ξ 以 0.9973 的概率落在区间 $(\mu-3\sigma,\mu+3\sigma)$。

对于$\left|\boldsymbol{h}_{\mathrm{ma}}^{i}\boldsymbol{X}\right|$有

$$\left|\boldsymbol{h}_{\mathrm{ma}}^{i}\boldsymbol{X}\right| = \left|h_{\mathrm{ma}}^{iX}n_X + h_{\mathrm{ma}}^{iY}n_Y + h_{\mathrm{ma}}^{iZ}n_Z\right| \leqslant \left|h_{\mathrm{ma}}^{iX}\right|\left|n_X\right| + \left|h_{\mathrm{ma}}^{iY}\right|\left|n_Y\right| + \left|h_{\mathrm{ma}}^{iZ}\right|\left|n_Z\right| \tag{8-15}$$

由于h_{ma}^{iX}、h_{ma}^{iY}、h_{ma}^{iZ}是随机误差参数，取其3σ误差限，则

$$\left|\boldsymbol{h}_{\mathrm{ma}}^{i}\boldsymbol{X}\right| \leqslant \left|h_{\mathrm{ma}}^{iX}\right|\left|n_X\right| + \left|h_{\mathrm{ma}}^{iY}\right|\left|n_Y\right| + \left|h_{\mathrm{ma}}^{iZ}\right|\left|n_Z\right| \leqslant 3\sigma_{\mathrm{ma}}\left(\left|n_X\right| + \left|n_Y\right| + \left|n_Z\right|\right) \tag{8-16}$$

对于$\left|k^i\boldsymbol{h}_n^i\boldsymbol{X}\right|$有

$$\left|k^i\boldsymbol{h}_n^i\boldsymbol{X}\right| = \left|k^i\right|\left|\boldsymbol{h}_n^i\boldsymbol{X}\right| \leqslant \left|k^i\right|\left(\left|n_X\right| + \left|n_Y\right| + \left|n_Z\right|\right) \leqslant 3\sigma_{\mathrm{sf}}\left(\left|n_X\right| + \left|n_Y\right| + \left|n_Z\right|\right) \tag{8-17}$$

对于$\left|b^i\right|$有

$$\left|b^i\right| \leqslant 3\sigma_b \tag{8-18}$$

对于$\left|\varepsilon^i\right|$有

$$\left|\varepsilon^i\right| \leqslant 3\sigma_\varepsilon \tag{8-19}$$

综合式(8-15)～式(8-19)，可以认为$\left|e_i\right|$的上限为

$$\left|e_i\right| \leqslant 3\sigma_{\mathrm{ma}}\left(\left|n_X\right| + \left|n_Y\right| + \left|n_Z\right|\right) + 3\sigma_{\mathrm{sf}}\left(\left|n_X\right| + \left|n_Y\right| + \left|n_Z\right|\right) + 3\sigma_b + 3\sigma_\varepsilon \tag{8-20}$$

式(8-20)的右端项记为e_{M}，可认为是第i个加速度计测量误差的上限。

根据式(8-12)和式(8-20)可得

$$\left|p_i\right| \leqslant \left(\left|v_{i1}\right| + \cdots + \left|v_{ij}\right| + \cdots + \left|v_{in}\right|\right)e_{\mathrm{M}} \tag{8-21}$$

结合 GLR 法的故障检测函数$\mathrm{DFd} = \boldsymbol{P}^{\mathrm{T}}\boldsymbol{P}$，因此可得

$$\mathrm{DFd} = \boldsymbol{P}^{\mathrm{T}}\boldsymbol{P} = p_1^2 + \cdots + p_i^2 + \cdots + p_{n-3}^2 \tag{8-22}$$

将式(8-21)代入式(8-22)得

$$\mathrm{DFd} \leqslant e_{\mathrm{M}}^2\sum_{i=1}^{n-1}\left(\sum_{j=1}^{n}\left|v_{ij}\right|\right)^2 \tag{8-23}$$

不等式(8-23)的右端可定义为阈值Td，即

$$\mathrm{Td} = e_{\mathrm{M}}^2\sum_{i=1}^{n-1}\left(\sum_{j=1}^{n}\left|v_{ij}\right|\right)^2 \tag{8-24}$$

式中，e_{M}参见式(8-20)；v_{ij}是解耦矩阵$\boldsymbol{V}$的第i行j列元素。

利用式(8-24)给出的阈值计算方法，可以动态地计算阈值。对于当前时刻t_k

所需用的阈值 Td_k，可以采用如下方法：读取前一时刻的惯组测量数据 Z_{k-1}，并利用最小二乘法估计箭体惯性信息 $\hat{\boldsymbol{X}}_{k-1}=[\hat{n}_X\ \hat{n}_Y\ \hat{n}_Z]^{\mathrm{T}}$，利用 $\hat{\boldsymbol{X}}_{k-1}$ 计算 Td_k，可减小故障对阈值的影响。有时为了减小缓变故障进入阈值，可延迟更长的时间，读取若干个采样周期之前的惯组数据来计算阈值。

利用标准弹道和式(8-24)给出的阈值计算方法，可求得一条阈值曲线，与图 8-5 对比发现：3σ误差限法阈值比蒙特卡罗法阈值大得多，如图 8-8 所示。

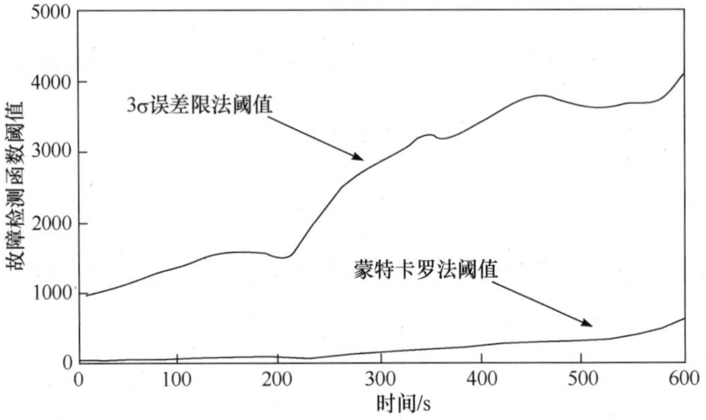

图 8-8　两种阈值求取方法对比

8.3.4　量化后的故障检测效果

前面已经分析过，量化会带来误差放大的后果。量化输出 Q 中各误差项的统计特性发生变化。例如，陀螺仪测量值量化后，瞬时误差放大了约 50 倍(采样周期为 0.02s，1/0.02=50)。利用陀螺仪的量化输出数据进行故障检测时，故障检测函数 DFd 放大了 50×50 倍，原阈值不再适用。

同时，量化还带来了另一个问题：在惯组量化输出中，故障经过量化后的特征发生变化[50]。例如，陀螺仪发生 5°/h 阶跃故障，其故障幅值在量化前的故障检测中比较大，且很容易检测到，但是经过量化过程后，故障幅值在一个采样周期内不足一个脉冲，累积 5 个采样周期才能输出一个故障脉冲，也就是说，前 4 个采样周期的输出脉冲不含故障信息，第 5 个采样周期的输出脉冲才含有故障信息。这样一来，5°/h 的阶跃故障就会被掩盖在量化误差中。量化后 5°/h 阶跃故障检测判决曲线如图 8-9 所示，在 30s 处注入了 5°/h 阶跃故障，但是从故障检测判决曲线上根本看不出变化，与量化前的故障检测图 8-2 形成了鲜明对比。

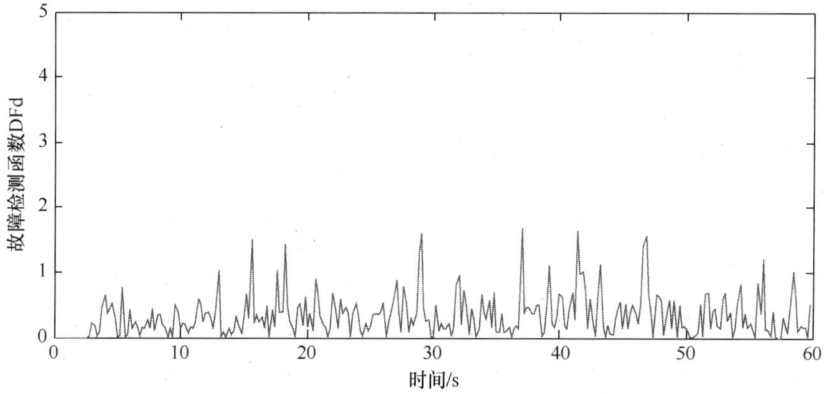

图 8-9　量化后 5°/h 阶跃故障检测判决曲线

只有在将故障幅值增大到 50°/h 时，才能检测到故障，但此时的漏警率很高。在故障幅值增大到 100°/h 时，才能达到与量化前 5°/h 阶跃故障接近的检测效果，相当于量化后故障的幅值减小了约 20 倍。量化后 100°/h 阶跃故障检测函数见图 8-10。

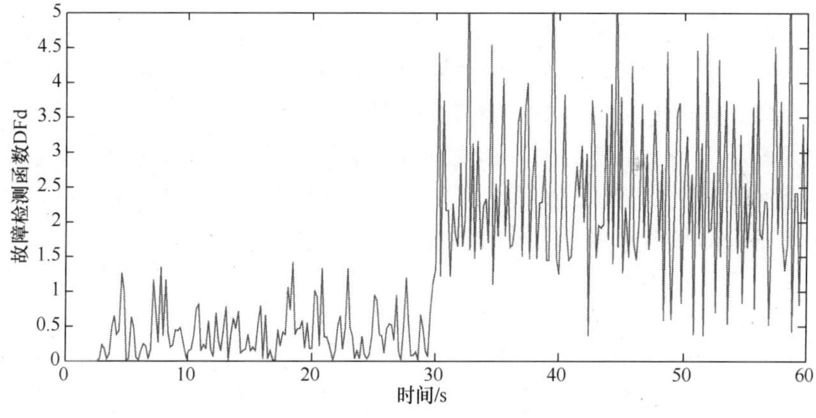

图 8-10　量化后 100°/h 阶跃故障检测函数

对于加速度计，量化后也有类似的结果，阶跃故障的幅值加到 100 mG_0 时才有较好的检测效果。

8.4　量化后冗余捷联惯组故障检测方法

8.3 节已分析了量化带来的问题：误差放大、故障缩小。针对出现的问题，本书采用引入滤波器的方法来解决。在惯组量化输出后，增加一个低通滤波器，减弱过高的量化噪声。

为了减轻箭载计算机的计算负荷，采用式(8-25)所示的一阶低通滤波器[75,76]对惯组输出做预处理：

$$G = \frac{1}{\mathrm{Ts}+1} \tag{8-25}$$

由于等价向量 $\boldsymbol{p}$ 是惯组输出 $\boldsymbol{Z}$ 的线性组合，从减轻计算量的角度出发，可将滤波器加到等价向量后，即对 $\boldsymbol{p}$ 的元素进行滤波。

8.4.1　三通道滤波检测

滤波会带来数据延迟。对于不同幅值的故障，系统的容忍时间是不同的。对于大幅值的故障，系统的容忍时间程度最小；对于小幅值的故障，系统的容忍时间较长。因此，对于大幅值的故障，应尽可能减小检测延迟；对于小幅值的故障，可以稍微放宽延迟。本书采用三通道滤波检测方式[77-79]。

如图 8-11 所示，利用惯组的脉冲输出和解耦矩阵求得等价向量。将等价向量分别送入三个检测通道——原始数据检测通道、一阶滤波检测通道和二阶滤波检测通道。原始数据检测通道中，对等价向量不做滤波处理，这样可以最大程度地减小大故障的检测延迟；一阶滤波检测通道中，对等价向量的元素做一阶滤波处理，减弱量化误差以检测中等幅值的故障，一阶滤波检测通道对中等幅值的故障检测延迟不应超出系统对中等幅值故障的容忍程度；二阶滤波检测通道中，对等价向量的元素做二阶滤波处理，可基本消除量化带来的影响，对量化前的含噪数据也有很好的平滑作用，主要用以检测小幅值的故障[80]。

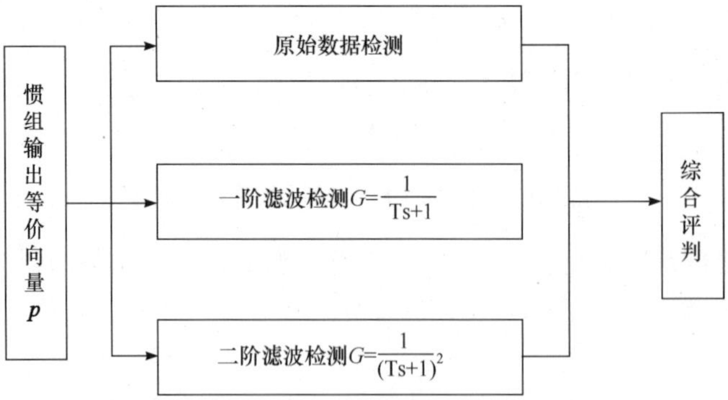

图 8-11　三通道滤波检测示意图

前文已经讨论过量化后的陀螺仪，故障幅值增大到 $50°/\mathrm{h}$ 时，才能检测到故障，但漏警率会很高，故障幅值增大到 $100°/\mathrm{h}$ 后才有较好的检测效果。因此，可根据故障幅值将其划分为三类故障：严重故障、中等故障和轻度故障[50]。捷联惯组中的严重故障容易被检测到，而轻度故障由于幅值小，和噪声混叠严重，难以检测。

陀螺仪故障等级分类如表 8-2 所示。

表 8-2　陀螺仪故障等级分类

故障等级	故障幅值/(°/h)
严重故障	>100
中等故障	5～100
轻度故障	<5

加速度计故障等级分类如表 8-3 所示。

表 8-3　加速度计故障等级分类

故障等级	故障幅值/ mG_0
严重故障	>100
中等故障	5～100
轻度故障	<5

对于三通道滤波检测中一阶滤波器和二阶滤波器的选择，本书采用的滤波器参数如表 8-4 所示。

表 8-4　滤波器参数

滤波器类型	滤波器特性
一阶滤波器	一阶惯性环节 $\frac{1}{Ts+1}$，上升时间为 1s
二阶滤波器	两个相同的一阶惯性环节 $\frac{1}{Ts+1}$ 串联，总的上升时间为 15s

8.4.2　三通道检测阈值选取

前面讨论量化前加速度计故障检测阈值时，研究了两种阈值的选取方法：蒙特卡罗法和 3σ误差限法。对于量化后的三通道检测阈值的选取，仍然可以采用蒙特卡罗法和 3σ误差限法。

1. 蒙特卡罗法求三通道检测阈值

蒙特卡罗法三通道检测阈值见表 8-5，对于原始数据通道和一阶滤波通道，蒙特卡罗法得到的阈值近乎为常值，只有二阶滤波通道的蒙特卡罗阈值才表现出较强的时变性，即与箭体机动大小相关的特性，见图 8-12。

表 8-5　蒙特卡罗法三通道检测阈值

通道	陀螺仪	加速度计
原始数据通道	1.6×10^{4}	1.5×10^{6}
一阶滤波通道	12	2000
二阶滤波通道	动态阈值 0～0.8	动态阈值 0～200

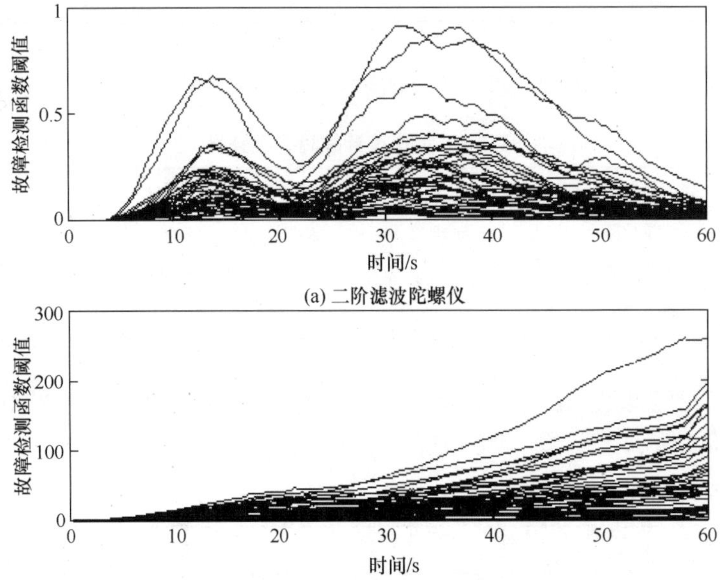

(a) 二阶滤波陀螺仪

(b) 二阶滤波加速度计

图 8-12　二阶滤波通道的 100 条蒙特卡罗曲线

2. 3σ误差限法求三通道检测阈值

因为量化误差难以给出准确的表达式，所以对于量化后的 3σ误差限阈值难以给出表达式形式。

本书采取如下方法求取三通道检测阈值：

(1) 根据式(8-20)并结合标准弹道求取量化前的 3σ 误差限 e_{M}；

(2) 将 3σ误差限 e_{M} 进行量化处理得到量化的 3σ误差限；

(3) 将量化的误差限进行一阶和二阶滤波处理，得到三通道 3σ误差限；

(4) 结合三通道 3σ误差限和式(8-24)求得三通道 3σ误差限阈值。

3σ误差限法求三通道阈值流程见图 8-13。

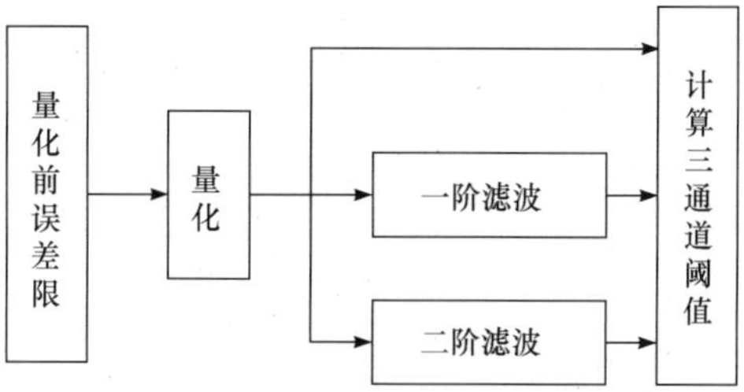

图 8-13　3σ误差限法求三通道阈值流程

如图 8-14 所示，原始通道 3σ误差限阈值不是一条平直曲线，而是一些分立点，这些点为 0 或 8.4×10^4，取高点(8.4×10^4)为阈值线，即原始通道阈值为 8.4×10^4。这是由于对量化前的 3σ误差限进行量化后，得到的脉冲数就是分立点 0 和 1，高点对应了脉冲数 1。脉冲数 1 对应的高点 8.4×10^4 就是原始通道检测函数的上限值。又由于误差的随机性，脉冲数 1 出现的时间也具有随机性，因此只能将高点连成线。

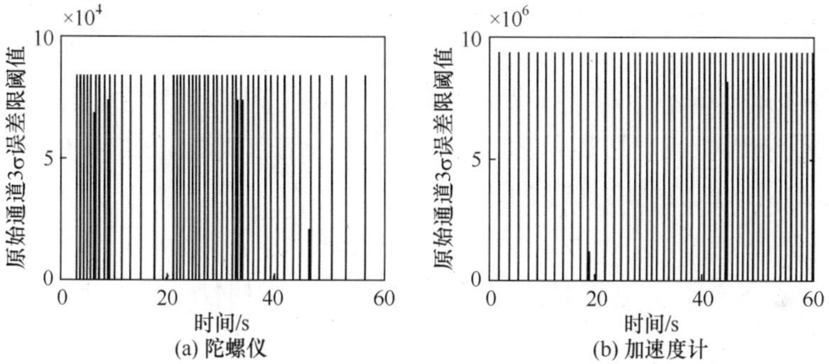

图 8-14　原始通道 3σ误差限阈值

同理，如图 8-15 所示，将图中曲线的高点连成线即可得一阶滤波通道 3σ误差限阈值。对于图 8-16 所示的二阶滤波通道 3σ误差限阈值，由于二阶滤波已将量化误差减弱到可忽略的程度，测量噪声也被滤除，3σ误差限法三通道检测阈值见表 8-6。

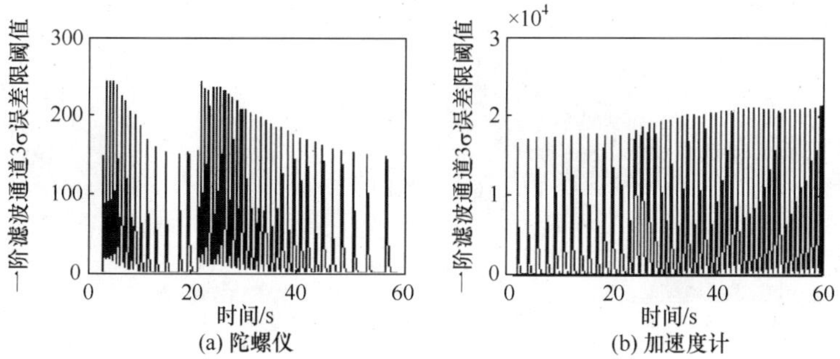

图 8-15　一阶滤波通道 3σ误差限阈值

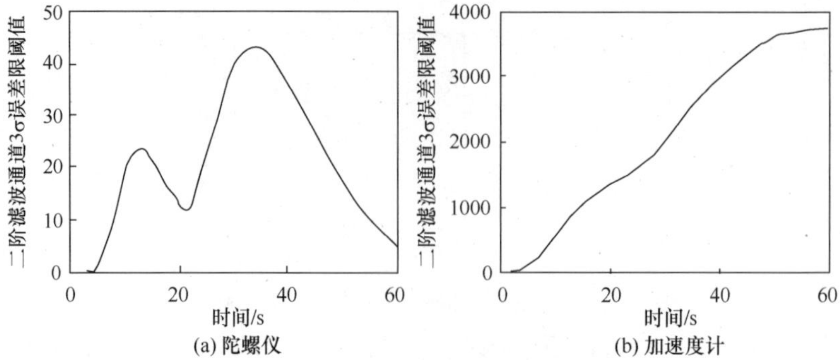

图 8-16　二阶滤波通道 3σ误差限阈值

表 8-6　3σ误差限法三通道检测阈值

通道	陀螺仪	加速度计
原始通道	8.4×10^4	9.3×10^6
一阶滤波通道	260	2×10^4
二阶滤波通道	动态阈值 0～40	动态阈值 0～3.7×10^3

对比 3σ误差限法和蒙特卡罗法的结果，3σ误差限法得到的阈值普遍比蒙特卡罗法得到的阈值高，可以认为：3σ误差限法给出的阈值是阈值的上限，而蒙特卡罗法给出的阈值是阈值的下限。

8.5　三通道滤波法故障检测的仿真应用

8.5.1　常值漂移故障检测仿真

(1) 在 30s 时，1 号陀螺仪发生 200°/h 阶跃故障，三通道滤波法 200°/h 阶跃故障检测仿真结果见图 8-17。

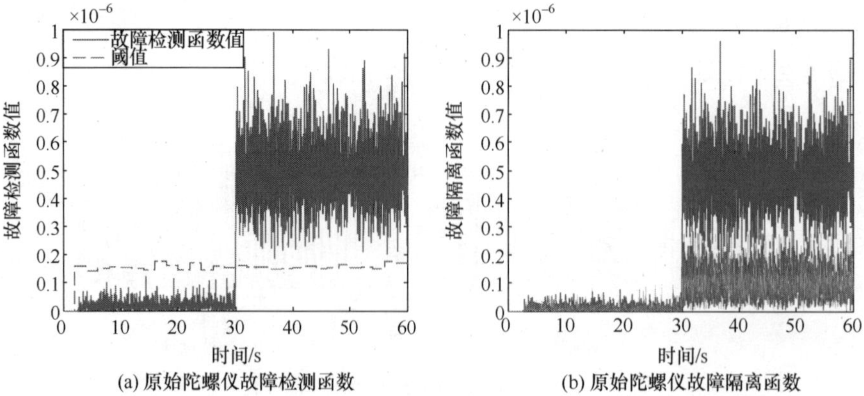

(a) 原始陀螺仪故障检测函数　　(b) 原始陀螺仪故障隔离函数

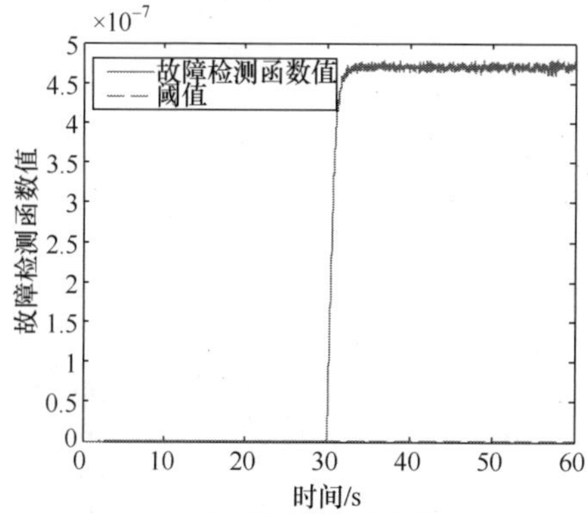

(c) 一阶滤波陀螺仪故障检测函数

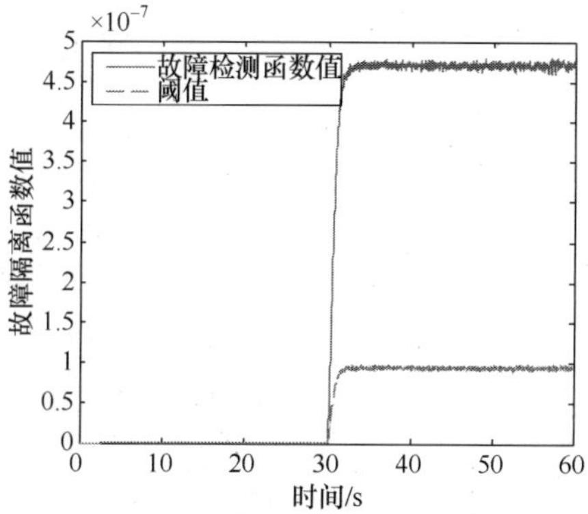

(d) 一阶滤波陀螺仪故障隔离函数

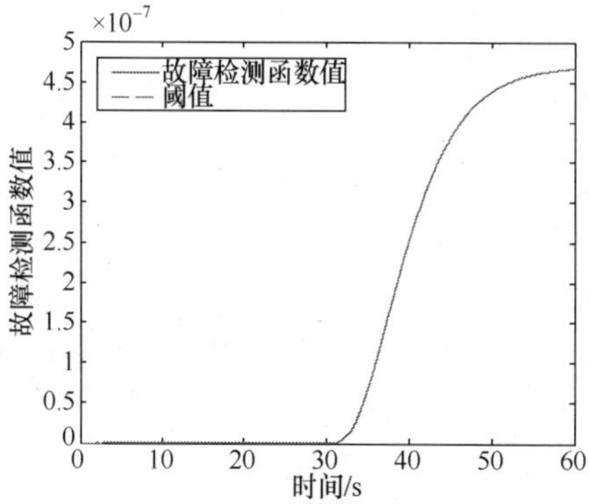

(e) 二阶滤波陀螺仪故障检测函数

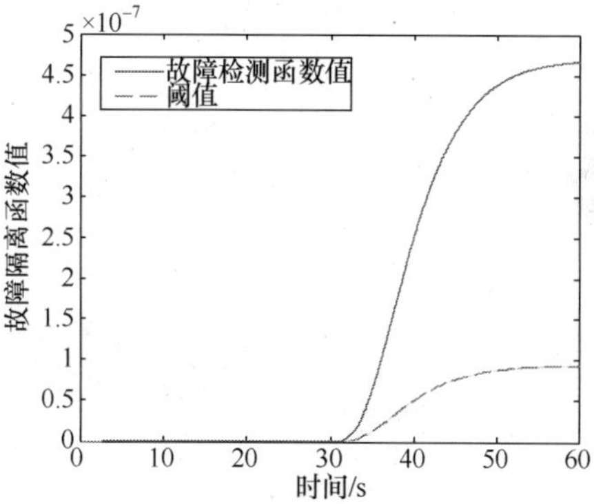

(f) 二阶滤波陀螺仪故障隔离函数

图 8-17　三通道滤波法 200°/h 阶跃故障检测仿真结果

从图 8-17 中可以看出，在 30s 时原始陀螺仪故障检测函数值明显抬升并超过阈值，说明系统发生故障。为了确定发生故障的陀螺仪，绘制原始陀螺仪的 200°/h 阶跃故障隔离函数，如图 8-18 所示。

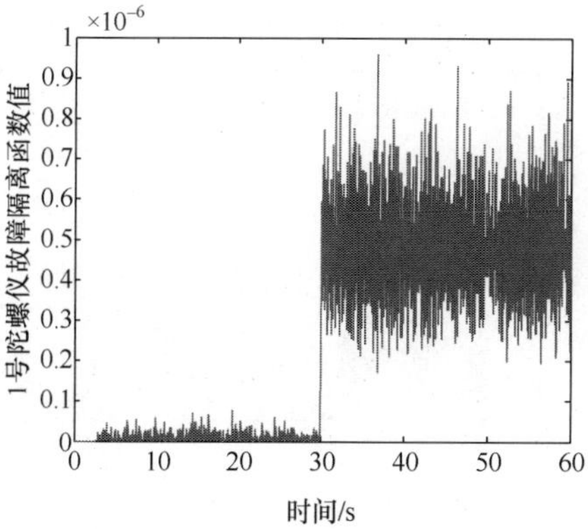

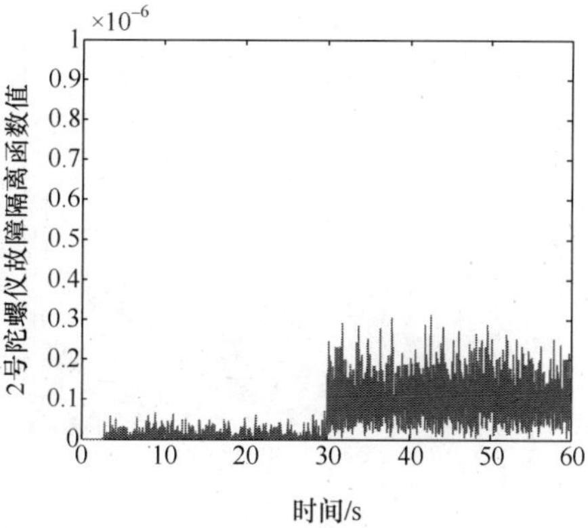

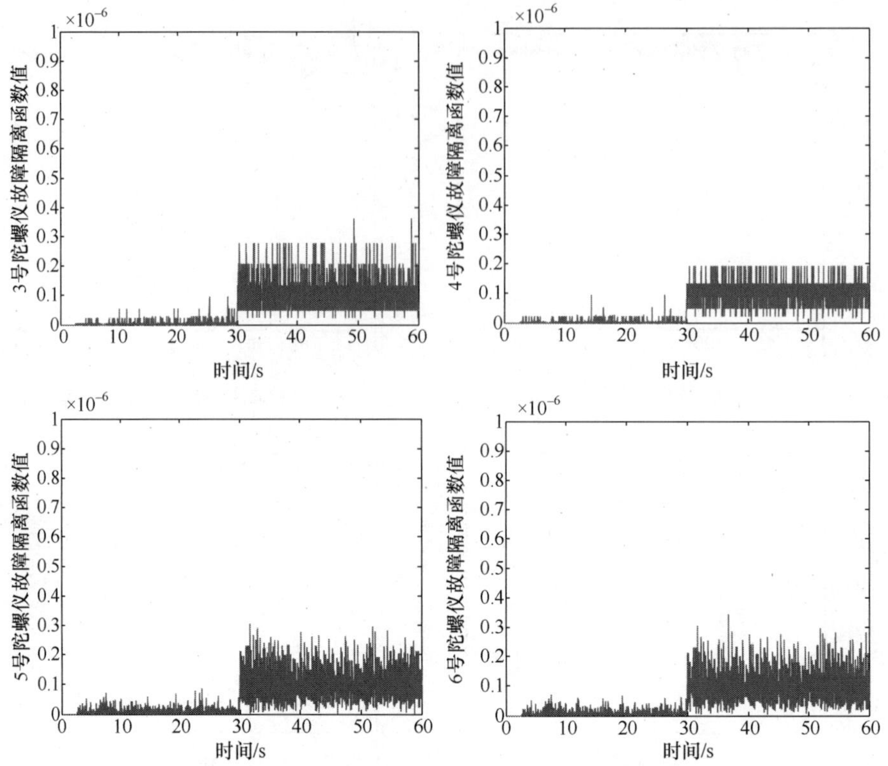

图 8-18　原始陀螺仪的 200°/h 阶跃故障隔离函数

从图 8-18 中可以看到，在 30s 时 1 号陀螺仪的故障隔离函数值最大，因此可以判定 1 号陀螺仪发生故障。

(2) 在 30s 时，1 号陀螺仪发生10°/h 阶跃故障，三通道滤波法10°/h 阶跃故障检测仿真结果见图 8-19。

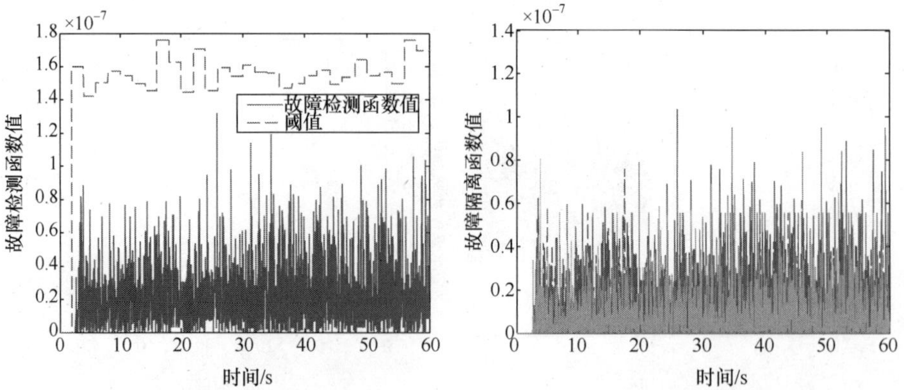

(a) 原始陀螺仪故障检测函数　　(b) 原始陀螺仪故障隔离函数

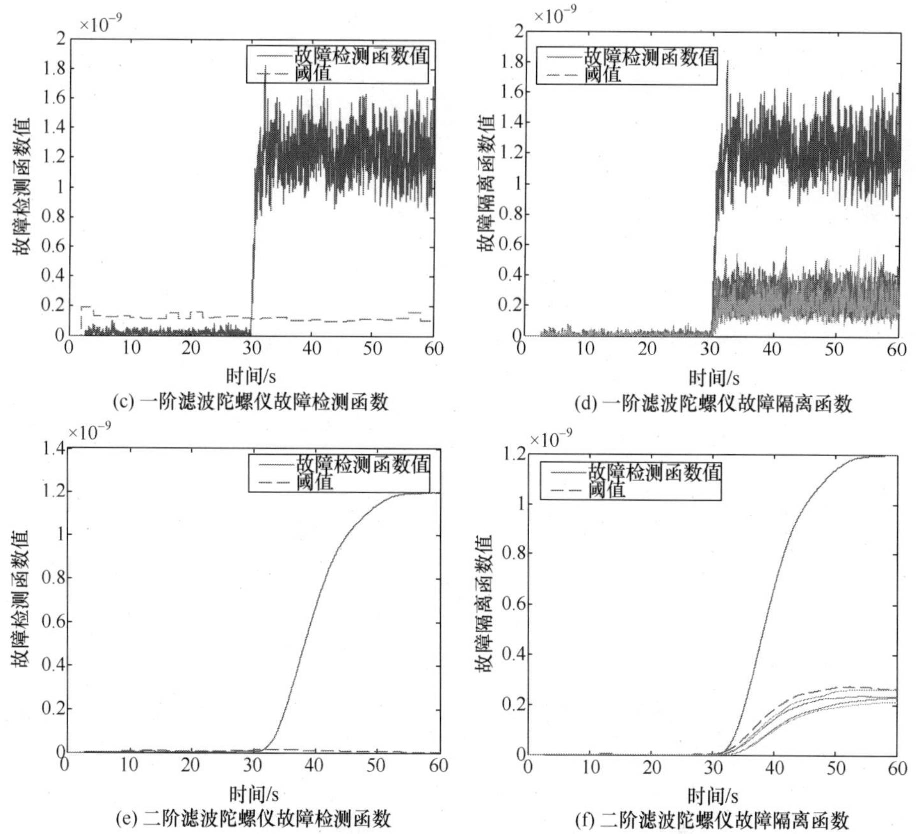

(c) 一阶滤波陀螺仪故障检测函数　(d) 一阶滤波陀螺仪故障隔离函数

(e) 二阶滤波陀螺仪故障检测函数　(f) 二阶滤波陀螺仪故障隔离函数

图 8-19　三通道滤波法10°/h 阶跃故障检测仿真结果

从图 8-19 中可以看到，原始陀螺仪故障检测函数值一直小于阈值，但是一阶滤波陀螺仪故障检测函数值和二阶滤波陀螺仪故障检测函数值在 30s 时明显抬升并超过阈值，说明系统发生故障。为了确定发生故障的陀螺仪，绘制一阶滤波陀螺仪的10°/h 阶跃故障隔离函数，如图 8-20 所示。

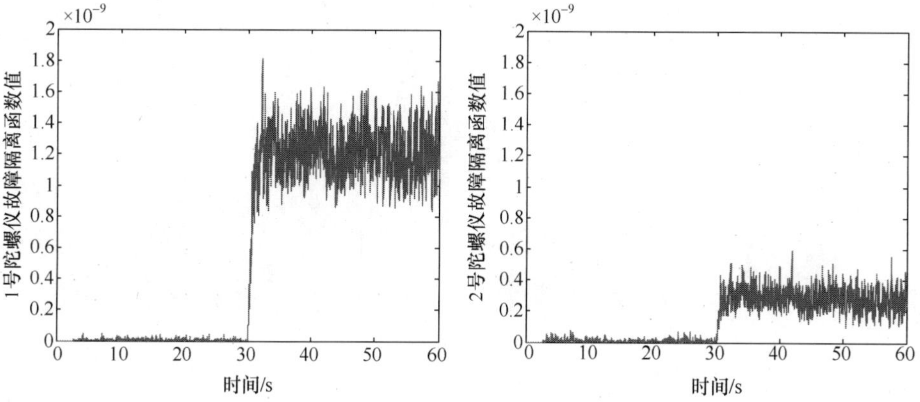

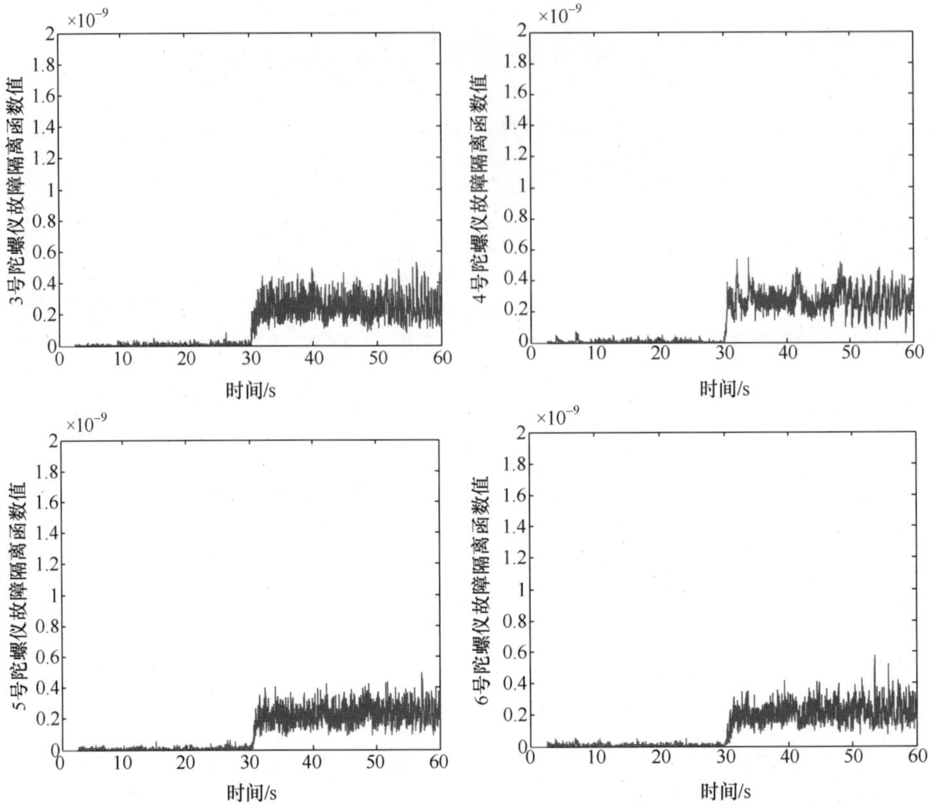

图 8-20　一阶滤波陀螺仪的10°/h 阶跃故障隔离函数

从图 8-20 中可以看到，在 30s 时 1 号陀螺仪的故障隔离函数值最大，因此可以判定 1 号陀螺仪发生故障。

(3) 在 30s 时，1 号陀螺仪发生 3°/h 阶跃故障，三通道滤波法 3°/h 阶跃故障检测仿真结果见图 8-21。

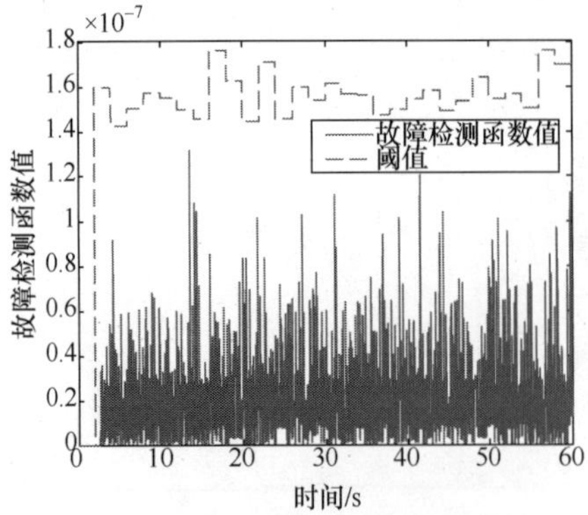

(a) 原始陀螺仪故障检测函数

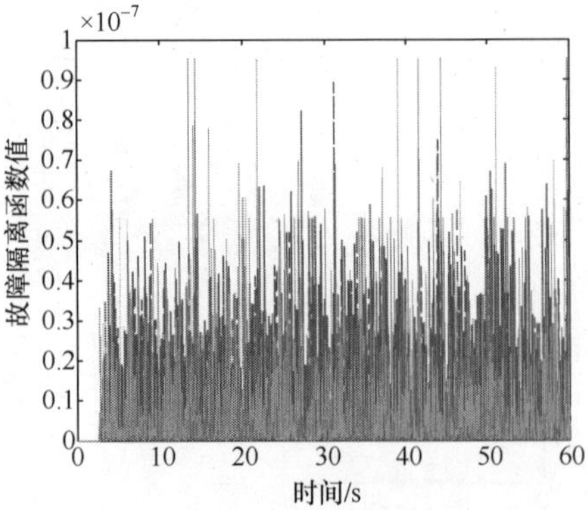

(b) 原始陀螺仪故障隔离函数

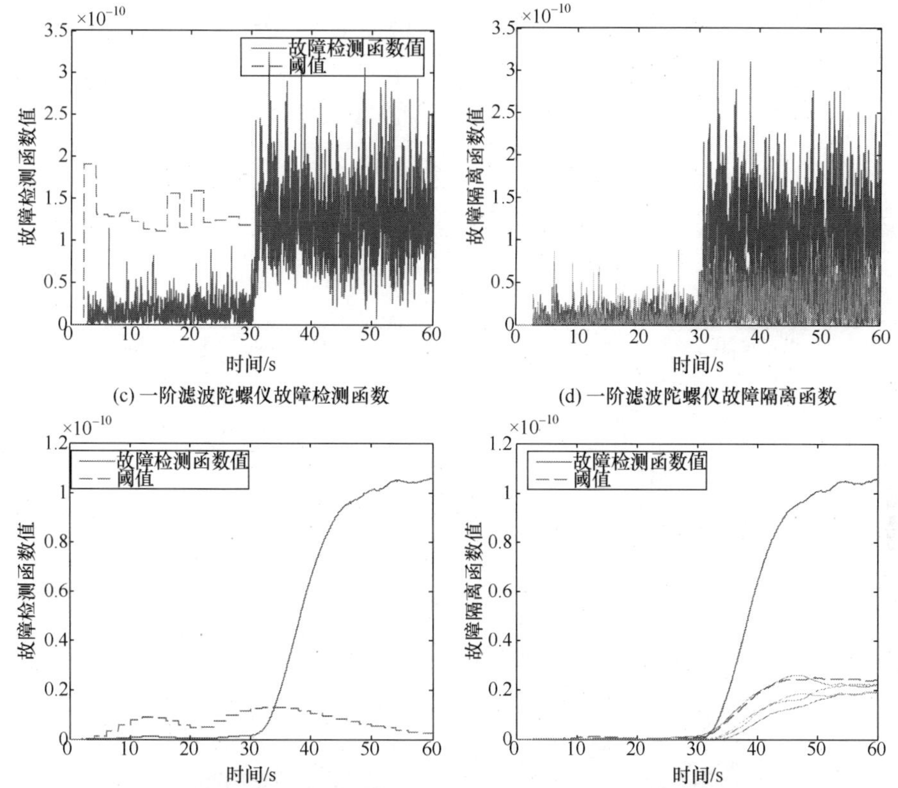

(c) 一阶滤波陀螺仪故障检测函数　(d) 一阶滤波陀螺仪故障隔离函数

(e) 二阶滤波陀螺仪故障检测函数　(f) 二阶滤波陀螺仪故障隔离函数

图 8-21　三通道滤波法 3°/h 阶跃故障检测仿真结果

从图 8-21 可以看到，原始陀螺仪故障检测函数值一直小于阈值，一阶滤波陀螺仪故障检测函数值在阈值处波动，二阶滤波陀螺仪故障检测函数值在 30s 之后抬升并超过阈值，说明系统发生故障。为了确定发生故障的陀螺仪，绘制二阶滤波陀螺仪的 3°/h 阶跃故障隔离函数，如图 8-22 所示。

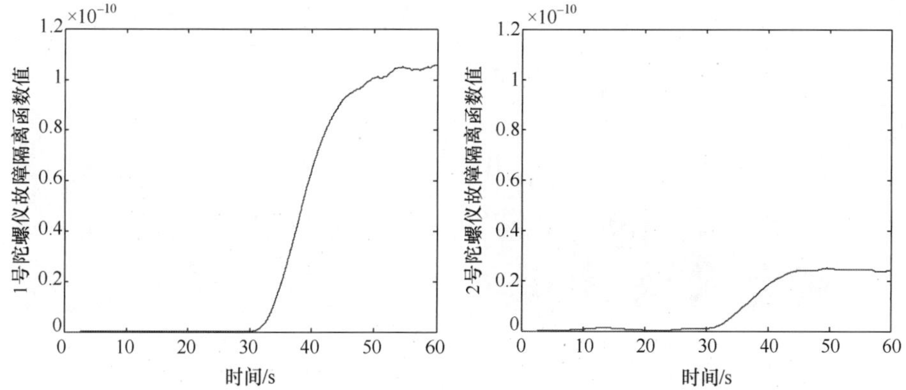

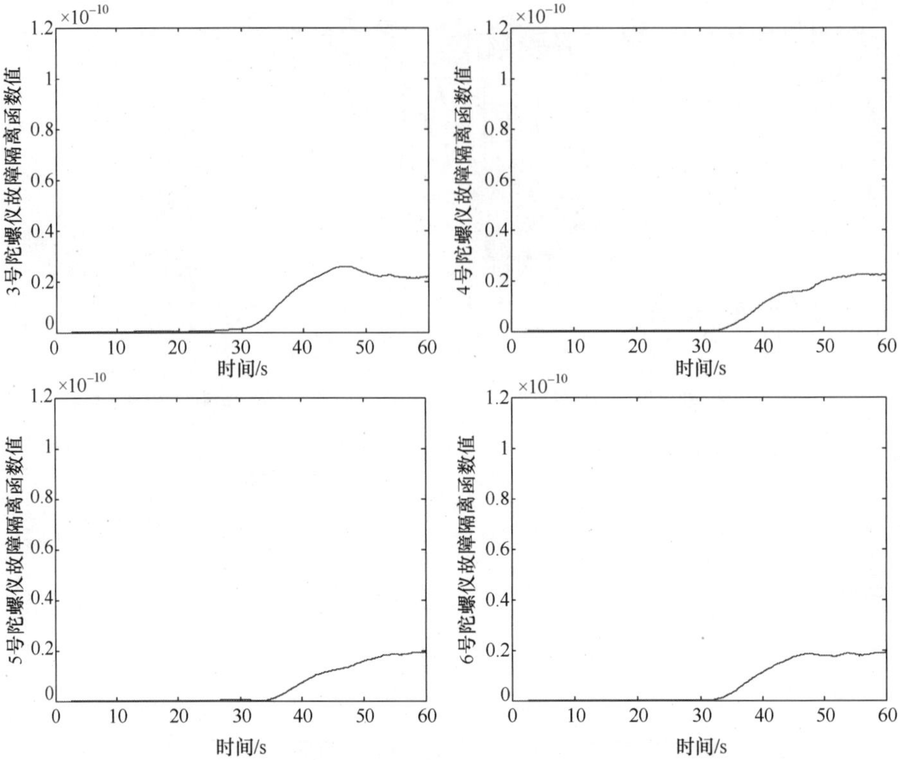

图 8-22　二阶滤波陀螺仪的 3°/h 阶跃故障隔离函数

从图 8-22 中可以看到，在 30s 时 1 号陀螺仪的故障隔离函数值最大，因此可以判定 1 号陀螺仪发生故障。

8.5.2　线性漂移故障检测仿真

在 30s 时，1 号陀螺仪发生1°/h线性漂移故障，三通道滤波法1°/h线性漂移故障检测仿真结果见图 8-23。

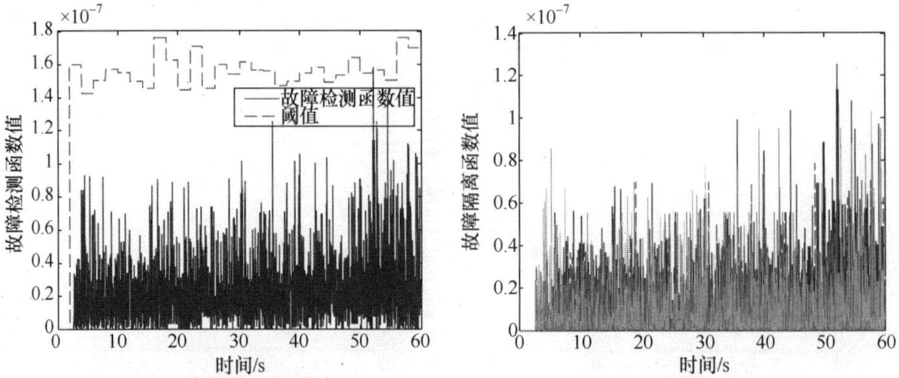

(a) 原始陀螺仪故障检测函数　　(b) 原始陀螺仪故障隔离函数

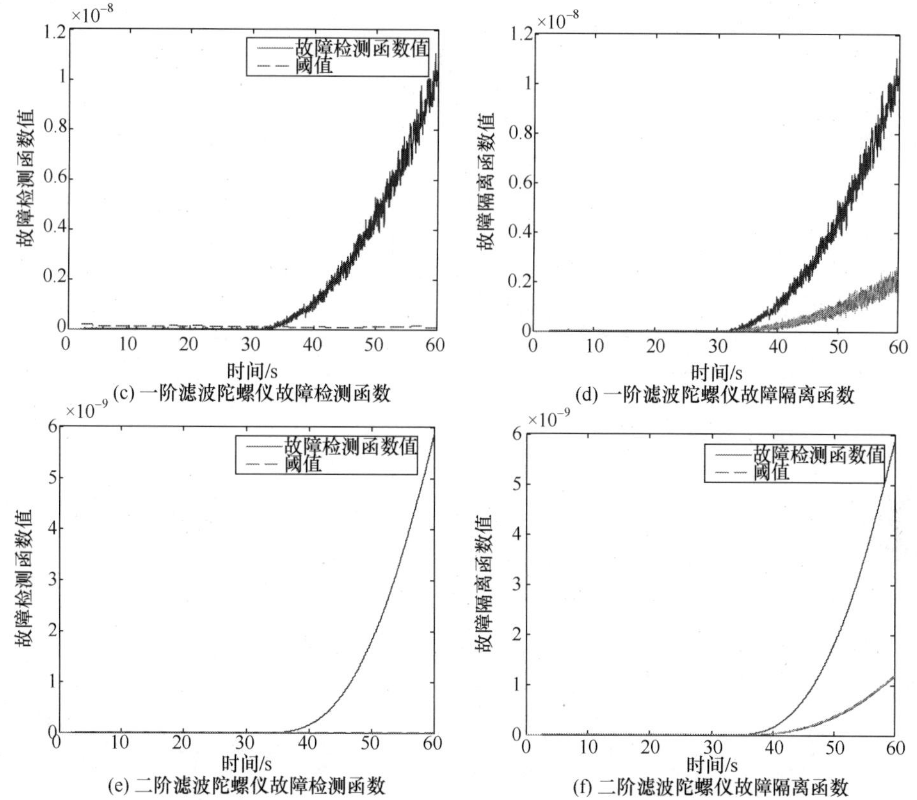

图 8-23　三通道滤波法1°/h 线性漂移故障检测仿真结果

从图 8-23 中可以看到，原始陀螺仪故障检测函数值一直小于阈值，一阶滤波和二阶滤波陀螺仪故障检测函数值在 30s 后逐渐增大并超过阈值，说明系统发生故障。为了确定发生故障的陀螺仪，绘制一阶滤波陀螺仪的1°/h 线性漂移故障隔离函数，如图 8-24 所示。

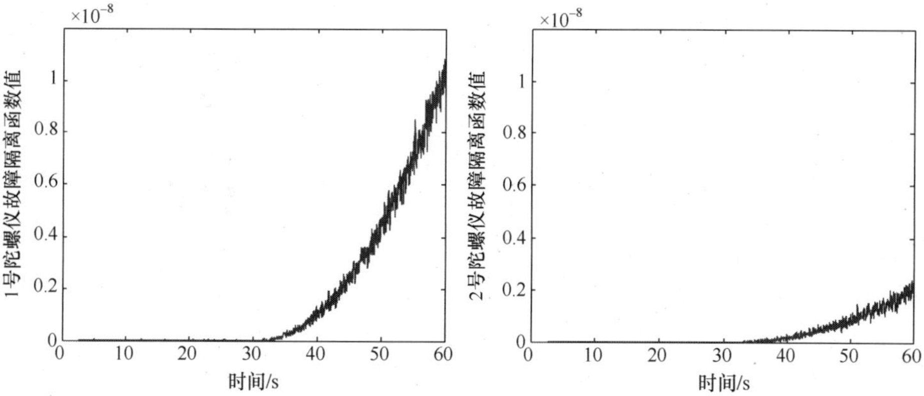

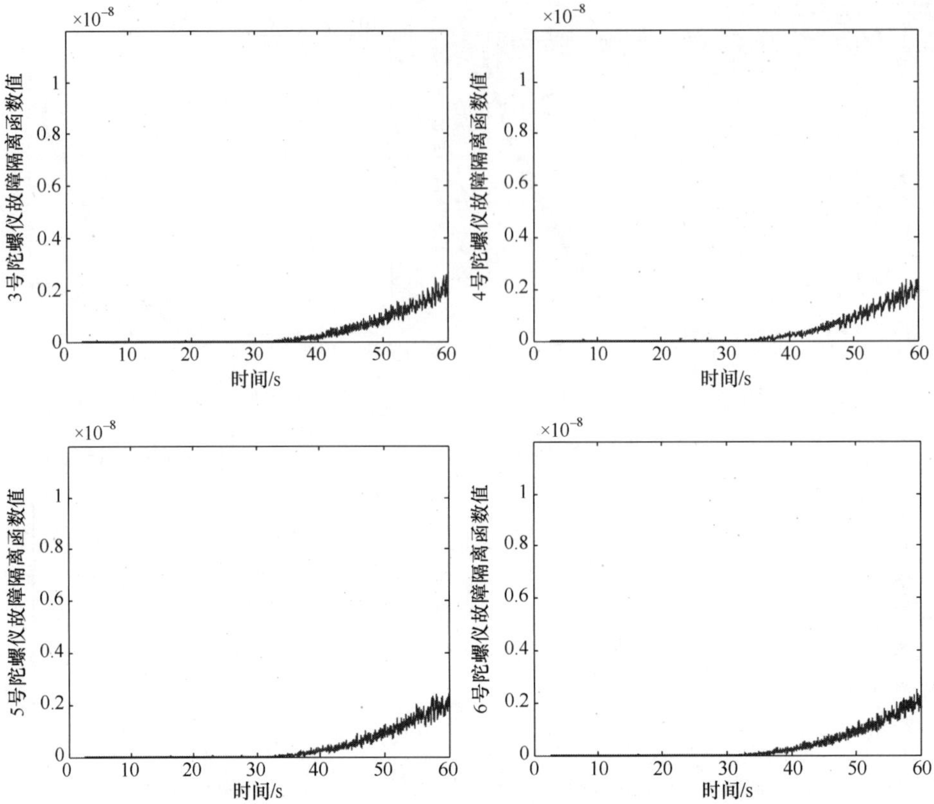

图 8-24　一阶滤波陀螺仪的1°/h 线性漂移故障隔离函数

从图 8-24 中可以看到，在 30s 时 1 号陀螺仪的故障隔离函数值最大，因此可以判定 1 号陀螺仪发生故障。

第 9 章　冗余捷联惯导系统重构设计

当冗余捷联惯组发生故障时，经过故障检测与隔离，下一步的工作是把故障惯性元件的测量值从数据处理程序中去除，通过数据融合，实现系统的重新编排。

9.1　故障后重构算法

9.1.1　最小二乘估计算法

对数据进行重构时，一般采用最小二乘估计算法。其特点是算法简单，不必知道与被估计量和量测量有关的任何信息。

设 $\boldsymbol{X}$ 为某一时刻的角速率，维数为 n，则此时的量测方程为

$$\boldsymbol{Z} = \boldsymbol{H}\boldsymbol{X} + \boldsymbol{V} \tag{9-1}$$

式中，$\boldsymbol{Z}$ 为 n 维向量；$\boldsymbol{H}$ 和 $\boldsymbol{V}$ 分别为配置矩阵和随机量测噪声。

最小二乘估计算法的指标是使各次量测量 $\boldsymbol{Z}$ 与估计 $\hat{\boldsymbol{X}}$ 确定的量测估计 $\boldsymbol{Z}-\boldsymbol{H}\hat{\boldsymbol{X}}$ 之差的平方和最小，即

$$J(\hat{\boldsymbol{X}}) = (\boldsymbol{Z}-\boldsymbol{H}\hat{\boldsymbol{X}})^{\mathrm{T}}(\boldsymbol{Z}-\boldsymbol{H}\hat{\boldsymbol{X}}) = \min \tag{9-2}$$

要使式(9-2)最小，需满足

$$\frac{\partial J(\hat{\boldsymbol{X}})}{\partial \boldsymbol{X}} = -2\boldsymbol{H}^{\mathrm{T}}(\boldsymbol{Z}-\boldsymbol{H}\hat{\boldsymbol{X}}) = 0 \tag{9-3}$$

若 $\boldsymbol{H}$ 具有最大秩 n，即 $\boldsymbol{H}^{\mathrm{T}}\boldsymbol{H}$ 正定，且 $m>n$，则 $\boldsymbol{X}$ 的最小二乘估计为

$$\hat{\boldsymbol{X}} = (\boldsymbol{H}^{\mathrm{T}}\boldsymbol{H})^{-1}\boldsymbol{H}^{\mathrm{T}}\boldsymbol{Z} \tag{9-4}$$

若量测噪声 $\boldsymbol{V}$ 是均值为零、方差阵为 $\boldsymbol{R}$ 的随机向量，则此时的最小二乘估计的均方误差阵为

$$E\left[\tilde{\boldsymbol{X}}\tilde{\boldsymbol{X}}^{\mathrm{T}}\right] = (\boldsymbol{H}^{\mathrm{T}}\boldsymbol{H})^{-1}\boldsymbol{H}^{\mathrm{T}}\boldsymbol{R}\boldsymbol{H}(\boldsymbol{H}^{\mathrm{T}}\boldsymbol{H})^{-1} \tag{9-5}$$

以 5 轴陀螺仪为例，利用最小二乘估计算法对捷联惯组进行重构，其重构逻辑图如图 9-1 所示。

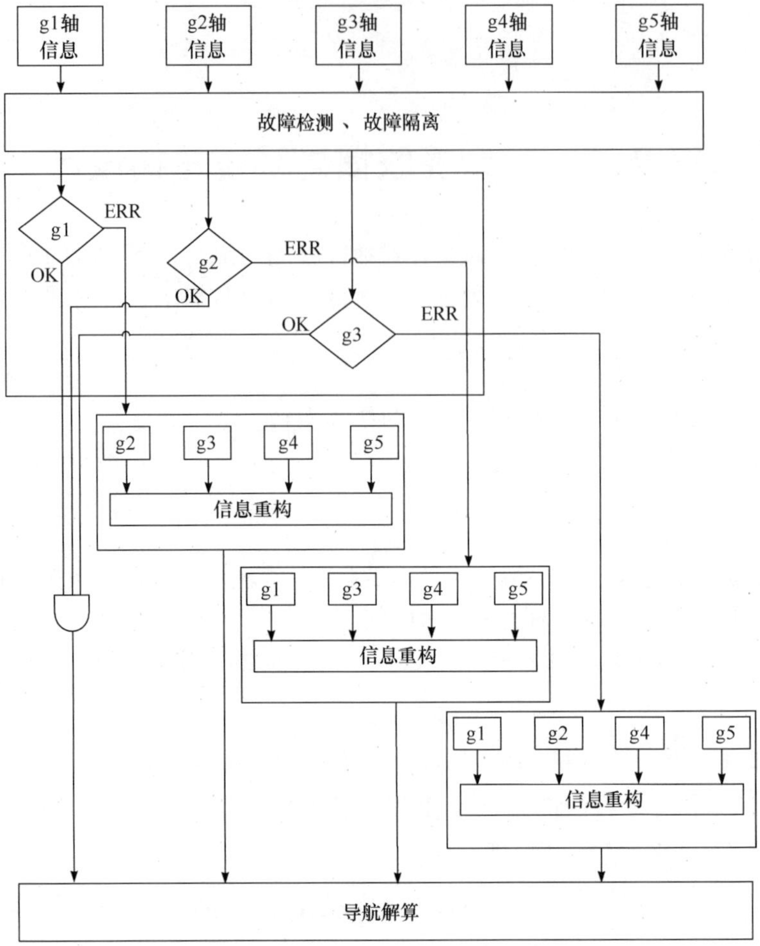

图 9-1　最小二乘估计算法重构逻辑图

9.1.2　加权最小二乘估计算法

一般最小二乘估计算法精度不高的原因之一是不分优劣地使用了量测值。如果对不同量测值的质量有所了解，则可用加权的办法分别对待各量测量，精度质量高的权重取得大些，精度质量低的权重取得小些[81]。加权最小二乘估计算法的求取准则为

$$J(\hat{\boldsymbol{X}})=(\boldsymbol{Z}-\boldsymbol{H}\hat{\boldsymbol{X}})^{\mathrm{T}}\boldsymbol{W}(\boldsymbol{Z}-\boldsymbol{H}\hat{\boldsymbol{X}})=\min \tag{9-6}$$

式中，$\boldsymbol{W}$ 为适当取值的正定加权矩阵，当 $\boldsymbol{W}=\boldsymbol{I}$ 时，式(9-6)就是一般最小二乘准则。

要使式(9-6)成立，$\hat{\boldsymbol{X}}$ 应满足：

$$\frac{\partial J(\hat{\boldsymbol{X}})}{\partial \boldsymbol{X}}=-\boldsymbol{H}^{\mathrm{T}}(\boldsymbol{W}+\boldsymbol{W}^{\mathrm{T}})(\boldsymbol{Z}-\boldsymbol{H}\hat{\boldsymbol{X}})=0 \tag{9-7}$$

解得

$$\hat{\boldsymbol{X}}=\left[\boldsymbol{H}^{\mathrm{T}}(\boldsymbol{W}+\boldsymbol{W}^{\mathrm{T}})\boldsymbol{H}\right]^{-1}\boldsymbol{H}^{\mathrm{T}}(\boldsymbol{W}+\boldsymbol{W}^{\mathrm{T}})\boldsymbol{Z} \tag{9-8}$$

一般情况下，加权矩阵取成对称阵，即 $\boldsymbol{W}=\boldsymbol{W}^{\mathrm{T}}$，此时的加权最小二乘估计为

$$\hat{\boldsymbol{X}}=(\boldsymbol{H}^{\mathrm{T}}\boldsymbol{W}\boldsymbol{H})^{-1}\boldsymbol{H}^{\mathrm{T}}\boldsymbol{W}\boldsymbol{Z} \tag{9-9}$$

估计误差为

$$\begin{aligned}\tilde{\boldsymbol{X}}=\boldsymbol{X}-\hat{\boldsymbol{X}}&=(\boldsymbol{H}^{\mathrm{T}}\boldsymbol{W}\boldsymbol{H})^{-1}\boldsymbol{H}^{\mathrm{T}}\boldsymbol{W}\boldsymbol{H}\boldsymbol{X}-(\boldsymbol{H}^{\mathrm{T}}\boldsymbol{W}\boldsymbol{H})^{-1}\boldsymbol{H}^{\mathrm{T}}\boldsymbol{W}\boldsymbol{Z}\\&=(\boldsymbol{H}^{\mathrm{T}}\boldsymbol{W}\boldsymbol{H})^{-1}\boldsymbol{H}^{\mathrm{T}}\boldsymbol{W}(\boldsymbol{H}\boldsymbol{X}-\boldsymbol{Z})\\&=(\boldsymbol{H}^{\mathrm{T}}\boldsymbol{W}\boldsymbol{H})^{-1}\boldsymbol{H}^{\mathrm{T}}\boldsymbol{W}\boldsymbol{V}\end{aligned}$$

如果量测误差 $\boldsymbol{V}$ 的均值为零，方差阵为 $\boldsymbol{R}$，此时加权最小二乘估计为无偏估计，估计的均方误差阵为

$$\begin{aligned}E\left[\tilde{\boldsymbol{X}}\tilde{\boldsymbol{X}}^{\mathrm{T}}\right]&=E\left[(\boldsymbol{H}^{\mathrm{T}}\boldsymbol{W}\boldsymbol{H})^{-1}\boldsymbol{H}^{\mathrm{T}}\boldsymbol{W}\boldsymbol{V}\left((\boldsymbol{H}^{\mathrm{T}}\boldsymbol{W}\boldsymbol{H})^{-1}\boldsymbol{H}^{\mathrm{T}}\boldsymbol{W}\boldsymbol{V}\right)^{\mathrm{T}}\right]\\&=E\left[(\boldsymbol{H}^{\mathrm{T}}\boldsymbol{W}\boldsymbol{H})^{-1}\boldsymbol{H}^{\mathrm{T}}\boldsymbol{W}\boldsymbol{V}\boldsymbol{V}^{\mathrm{T}}\boldsymbol{W}^{\mathrm{T}}\boldsymbol{H}(\boldsymbol{H}^{\mathrm{T}}\boldsymbol{W}\boldsymbol{H})^{-1}\right]\\&=(\boldsymbol{H}^{\mathrm{T}}\boldsymbol{W}\boldsymbol{H})^{-1}\boldsymbol{H}^{\mathrm{T}}\boldsymbol{W}\boldsymbol{R}\boldsymbol{W}^{\mathrm{T}}\boldsymbol{H}(\boldsymbol{H}^{\mathrm{T}}\boldsymbol{W}\boldsymbol{H})^{-1}\end{aligned} \tag{9-10}$$

如果 $\boldsymbol{W}=\boldsymbol{R}^{-1}$，则加权最小二乘估计为

$$\hat{\boldsymbol{X}}=(\boldsymbol{H}^{\mathrm{T}}\boldsymbol{R}^{-1}\boldsymbol{H})^{-1}\boldsymbol{H}^{\mathrm{T}}\boldsymbol{R}^{-1}\boldsymbol{Z} \tag{9-11}$$

又称为马尔可夫估计。

马尔可夫估计的均方误差为

$$E\left[\tilde{\boldsymbol{X}}\tilde{\boldsymbol{X}}^{\mathrm{T}}\right]=(\boldsymbol{H}^{\mathrm{T}}\boldsymbol{R}^{-1}\boldsymbol{H})^{-1} \tag{9-12}$$

马尔可夫估计的均方误差比任何其他加权最小二乘估计的均方误差都要小，因此是加权最小二乘估计中的最优者。

9.2　各轴精度相同时对正交轴的信息重构

本节以 3.4.2 小节中的方案 4，即工程实现性较好的三正交两斜置冗余配置为例，说明故障后系统重构方法，具体安装方式如图 9-2 所示。

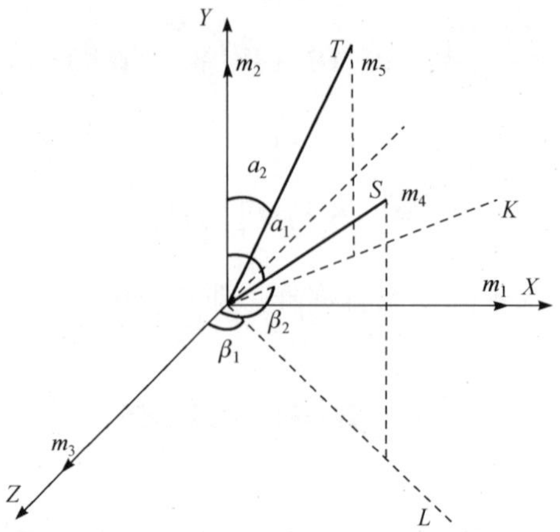

图 9-2　三正交两斜置冗余配置安装方式示意图

各测量轴测得数据分别为a、b、c、d、e。因此在此三维空间内，各轴上测量信息可表示为$\overrightarrow{m_1}=a(1,0,0)$、$\overrightarrow{m_2}=b(0,1,0)$、$\overrightarrow{m_3}=c(0,0,1)$、$\overrightarrow{m_4}=d(\sin\alpha\cos\theta_1,\sin\alpha\sin\theta_1,\cos\alpha)$、$\overrightarrow{m_5}=e(\sin\beta\cos\theta_2,\sin\beta\sin\theta_2,\cos\beta)$，此时，惯组的总体角速度为$\overrightarrow{M}=(a,b,c)$。

假设Z轴发生故障，即m_3轴信息错误，现有以下四种策略对其信息进行重构。

1. 使用X、Y、S轴信息对Z轴信息重构

由于只使用X、Y、S轴上的信息，此时可将惯组的总体角速度M表示为(a,b,d)。

由S与M的信息可得到两轴之间的夹角$\cos\langle\vec{S},\overrightarrow{M}\rangle$：

$$\cos\langle\vec{S},\overrightarrow{M}\rangle=\frac{\vec{S}\cdot\overrightarrow{M}}{|\vec{S}|\cdot|\overrightarrow{M}|} \tag{9-13}$$

又由于M在S的投影为S的长度，可得

$$\overrightarrow{M}\cdot\cos\langle\vec{S},\overrightarrow{M}\rangle=|\vec{S}| \tag{9-14}$$

由式(9-13)和式(9-14)可得到关系式：

$$|\vec{S}|^2=\vec{S}\cdot\overrightarrow{M} \tag{9-15}$$

则可得只使用X、Y、S轴上的信息重构出的Z轴信息z_1：

$$z_1=\frac{d-a\sin\alpha\cos\theta_1-b\sin\alpha\sin\theta_1}{\cos\alpha} \tag{9-16}$$

2. 使用 X、Y、T 轴信息对 Z 轴信息重构

与只使用 X、Y、S 轴上的信息对 Z 轴信息进行重构类似，可以得到关系式：

$$\left|\overrightarrow{Z_2}\right|^2=\overrightarrow{Z_2}\cdot\overrightarrow{M_2} \tag{9-17}$$

则可得只使用 X、Y、T 轴上的信息重构出的 Z 轴信息 z_2：

$$z_2=\frac{e-a\sin\beta\cos\theta_2-b\sin\beta\sin\theta_2}{\cos\beta} \tag{9-18}$$

3. 使用 X、S、T 轴信息对 Z 轴信息重构

由于只使用 X、S、T 轴上的信息，此时可将惯组的总体角速度 M 表示为 (a,d,e)。

由方程：

$$\left|\overrightarrow{S_3}\right|^2=\overrightarrow{S_3}\cdot\overrightarrow{M_3} \tag{9-19}$$

$$\left|\overrightarrow{T_3}\right|^2=\overrightarrow{T_3}\cdot\overrightarrow{M_3} \tag{9-20}$$

可求得此时的重构值：

$$z_3=\frac{e-d\csc\alpha\sin\beta\csc\theta_1\sin\theta_2-a(\sin\beta\cos\theta_2-\sin\beta\cot\theta_1\sin\theta_2)}{\cos\beta-\cot\alpha\sin\beta\csc\theta_1\sin\theta_2} \tag{9-21}$$

4. 使用 Y、S、T 轴信息对 Z 轴信息重构

由于只使用 Y、S、T 轴上的信息，此时可将惯组的总体角速度 M 表示为 (b,d,e)。

由方程：

$$\left|\overrightarrow{S_4}\right|^2=\overrightarrow{S_4}\cdot\overrightarrow{M_4} \tag{9-22}$$

$$\left|\overrightarrow{T_4}\right|^2=\overrightarrow{T_4}\cdot\overrightarrow{M_4} \tag{9-23}$$

可求得此时的重构值：

$$z_4=\frac{e-d\csc\alpha\sin\beta\sec\theta_1\cos\theta_2-b(\sin\beta\sin\theta_2-\sin\beta\tan\theta_1\cos\theta_2)}{\cos\beta-\cot\alpha\sin\beta\sec\theta_1\cos\theta_2} \tag{9-24}$$

5. 各轴精度不相同时对正交轴的信息重构

在工程应用中，并不都采用各轴精度均相等的形式，而是使主轴精度比斜置轴精度高。在这种情况下，应尽量多使用精度高的信息，因此一般只选择以下两种策略。

只使用 X、Y、S 轴上的信息与只使用 X、Y、T 轴上的信息对 Z 轴上的信息进行重构，其表达式分别为式(9-16)和式(9-18)。

第 10 章　冗余捷联惯组故障检测试验方法

10.1　正交试验方法

为了确定故障检测算法的效果，一般采用正交试验方法对故障检测算法进行试验[82]。正交试验方法能合理安排试验次数，在试验的基础上进行统计数据的分析，得出故障检测算法的定性指标，评价各种算法的实用性，捷联惯组故障检测试验流程如图 10-1 所示。

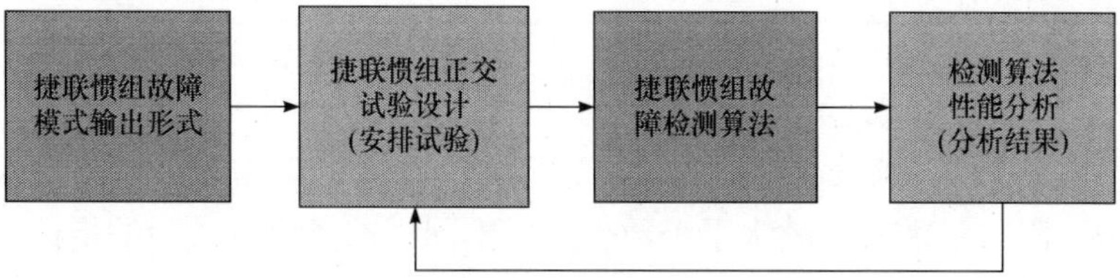

图 10-1　捷联惯组故障检测试验流程

正交试验是研究与处理多因素、多水平试验的科学方法，以实践经验和理论为基础，根据正交性原理从全面试验中挑选出部分有代表性的试验点。这些试验点均衡地分布在整个试验范围内，每个试验点都有充分的代表性，如图 10-2 所示。这样，既能减少试验的次数，又能保证试验结果不受太大的影响，方法简单、使用方便、效率高[83]。

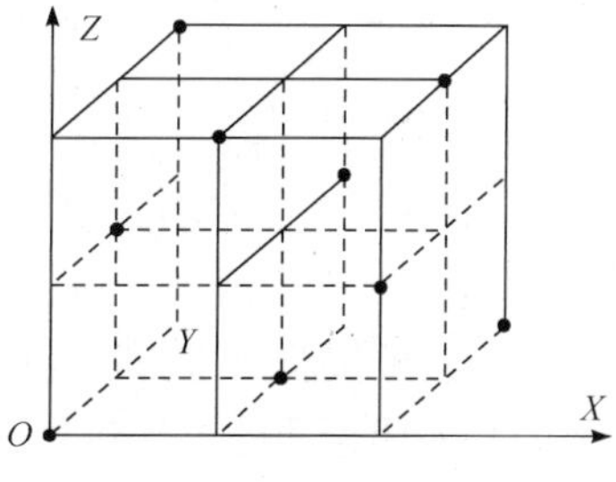

图 10-2　正交试验点分布图

将在一项试验中影响试验结果的量称为试验因素，简称因素。因素可以理解为试验过程中的自变量，试验结果可以看成因素的函数。在试验中，每个因素可处于不同的状态或状况，把所处的状态或状况称为因素的水平，简称水平。因素与因素之间对试验指标常常有内在的作用，因素单独或者相互交织在一起共同影响指标。假设某试验有 4 个因素 A、B、C、D，每个因素取 3 个水平 1、2、3，则采用各因素水平搭配进行试验需要进行 12 次试验，可以看出试验量非常大。采用正交试验表 $L_9(3^4)$ 安排试验可以节省时间，提高效率，同时兼顾了试验准确性，其中 L 下标 9 表示要进行 9 次试验，3

表示 3 个水平，4 表示 4 个因素。$L_9(3^4)$正交表如表 10-1 所示。

表 10-1　$L_9(3^4)$正交表

试验	A	B	C	D
第一次	1	1	1	1
第二次	1	2	2	2
第三次	1	3	3	3
第四次	2	1	2	3
第五次	2	2	3	1
第六次	2	3	1	2
第七次	3	1	3	2
第八次	3	2	1	3
第九次	3	3	2	1

通常进行正交试验的步骤如下：

(1) 根据实验目的选择要进行试验的因素，参考实际需要设置因素水平，因素的个数不限，各因素间的水平个数也可以不同；选择评价试验的指标，可以是单指标，也可以是多指标。

(2) 根据因素和水平的选择确定正交表的选择；多因素同水平的正交试验可以选择一般的正交表；多因素不同水平的正交试验可将普通的正交表改造后进行试验。

(3) 正交表选择限制条件：正交表总自由度 f_1、因素自由度 f_A、各列自由度 f_n、各因素交互作用自由度 $f_{A\times B}$，所考察的因素总自由度与各因素交互作用自由度之和要小于或等于所选用正交表的自由度之和。

(4) 按照试验号进行试验，填写试验结果。

(5) 采用合适的方法进行试验评估。直观的方法有极差法；也可以采用方差法对各个因素进行评估，给出显著性水平。

下面以一个例子对正交试验进行说明。

在生产中通过寻求生产工艺参数达到生产产品折断力最大，已知影响该指标的因素有如下四个：A 成型水分、B 碾压时间、C 一次碾压料重、D 加工温度。

(1) 选择的因素为四因素，试验的水平都为三水平。其中 A：9%、10%、11%；B：8min、10min、12min；C：330kg、360kg、400kg；D:160℃、200℃、240℃；指标选择为产品的折断力 F。

(2) 根据试验选择 $L_9(3^4)$正交表，其中表头中的数字代表所选择因素的第几个水平。因素水平表如表 10-2 所示。

表 10-2 因素水平表

因素	试验	1	2	3
列号	*A* 成型水分/%	9	10	11
	B 碾压时间/min	8	10	12
	C 一次碾压料重/kg	330	360	400
	D 加工温度/℃	160	200	240

(3) 按照正交表填写试验计划表并按试验号进行试验。实验安排记录表如表 10-3 所示。

表 10-3 实验安排记录表

因素	试验	*A*/%	*B*/min	*C*/kg	*D*/℃	试验结果(*Yi*)
列号	第一次	9(1)	8(1)	330(1)	160(1)	16.9
	第二次	9(1)	10(2)	360(2)	200(2)	18.1
	第三次	9(1)	12(3)	400(3)	240(3)	16.7
	第四次	10(2)	8(1)	360(2)	240(3)	19.8
	第五次	10(2)	10(2)	400(3)	160(1)	23.7
	第六次	10(2)	12(3)	330(1)	200(2)	19.0
	第七次	11(3)	8(1)	400(3)	200(2)	25.3
	第八次	11(3)	10(2)	330(1)	240(3)	20.4
	第九次	11(3)	12(3)	360(2)	160(1)	23.1
	Ⅰ1	52.7	62.0	56.3	63.7	—
	Ⅰ2	62.5	63.2	63.0	62.4	—
	Ⅰ3	68.8	58.8	65.7	56.9	—
	Ⅱ1	17.6	20.7	18.8	21.2	—
	Ⅱ2	20.8	21.1	20.7	20.8	—
	Ⅱ3	22.9	19.6	21.9	19.0	—
	R_i	5.3	1.5	3.1	2.2	—

(4) 表格分析仅采用直观分析进行，方差分析在详细列出计算公式后进行分析，直观分析步骤如下。

第一步：确定同一因素不同水平对试验指标的影响。对于因素 *A*：Ⅰ1=*Y*1+*Y*2+*Y*3，Ⅰ2=*Y*4+*Y*5+*Y*6，Ⅰ3=*Y*7+*Y*8+*Y*9，平均折断力Ⅱ1=Ⅰ1/3，Ⅱ2=Ⅰ2/3，Ⅱ3=Ⅰ3/3；对于因素 *B*：Ⅰ1=*Y*1+*Y*4+*Y*7，Ⅰ2=*Y*2+*Y*5+*Y*8，Ⅰ3=*Y*3+*Y*6+*Y*9，Ⅱ1=Ⅰ1/3，Ⅱ2=Ⅰ2/3，Ⅱ3=Ⅰ3/3；对于因素 *C*：Ⅰ1=*Y*1+*Y*2+*Y*3，Ⅰ2=*Y*4+*Y*5+*Y*6，Ⅰ3=

Y7+Y8+Y9，Ⅲ1= Ⅰ1/3，Ⅲ2= Ⅰ2/3，Ⅲ3= Ⅰ3/3；对于因素 *D*：Ⅰ1=Y1+Y5+Y9，Ⅰ2=Y2+Y6+Y7，Ⅰ3=Y3+Y4+Y8，Ⅲ1= Ⅰ1/3，Ⅲ2= Ⅰ2/3，Ⅲ3= Ⅰ3/3。

第二步：极差计算。对于每个因素的极差计算采用公式 $R_i = \max$ (Ⅱ1, Ⅱ2, Ⅱ3)–min(Ⅲ1, Ⅱ2, Ⅲ3)。将计算结果填入表 10-3 中；从极差分析中看到，因素 *A* 对指标影响最大，因素 *C* 对指标的影响次之，因素 *D* 影响较弱，最弱的是因素 *B*；最优方案的确定为 *A*3*B*2*C*3*D*1。

10.2　正交试验设计

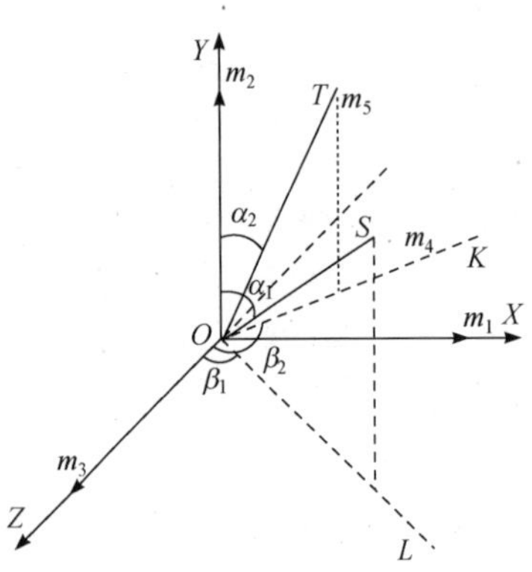

图 10-3　三正交两斜置安装方式

以 3.4.2 小节中的方案 4 三正交两斜置配置为例，其包含五个陀螺仪、五个加速度计，五轴分别为 *X* 轴、*Y* 轴、*Z* 轴、*S* 斜置轴和 *T* 斜置轴，安装方式如图 10-3 所示。

1. 陀螺仪故障检测正交试验设计

三正交两斜置陀螺仪故障试验考虑轴向和故障类型两种因素，其中轴向因素为 5 水平，分别为 *X*、*Y*、*Z*、*S*、*T* 轴；故障类型因素为 3 水平，分别为常值项变大、随机输出振荡和随机游走。三正交两斜置陀螺仪故障因素水平如表 10-4 所示，故障检测试验表头设计如表 10-5 所示。

表 10-4　三正交两斜置陀螺仪故障因素水平

因素	试验	故障类型	轴向
列号	1	常值项变大	*X* 轴
	2	随机输出振荡	*Y* 轴
	3	随机游走	*Z* 轴
	4	—	*S* 斜置轴
	5	—	*T* 斜置轴

表 10-5　三正交两斜置陀螺仪故障检测试验表头设计

因素	故障类型	轴向
列号	1	2

由于没有合适的正交试验水平表安排试验，并且本次试验的因素水平相对较少，故对各因素水平排列组合依次试验，需要做 15 次试验。三正交两斜置陀螺仪故障检测试验方案如表 10-6 所示。

表 10-6　三正交两斜置陀螺仪故障检测试验方案

因素	试验	故障类型	轴向
列号	1	1	1
	2	1	2
	3	1	3
	4	1	4
	5	1	5
	6	2	1
	7	2	2
	8	2	3
	9	2	4
	10	2	5
	11	3	1
	12	3	2
	13	3	3
	14	3	4
	15	3	5

2. 加速度计故障检测正交试验设计

加速度计故障试验的因素考虑为轴向和故障类型，其中轴向因素为 5 水平，分别为 X、Y、Z、S、T 轴；故障类型因素为 3 水平，分别为饱和输出、随机输出振荡、常值项变大。三正交两斜置加速度计故障因素水平如表 10-7 所示，故障检测试验表头设计如表 10-8 所示。

表 10-7　三正交两斜置加速度计故障因素水平

因素	试验	故障类型	轴向
列号	1	饱和输出	X 轴
	2	随机输出振荡	Y 轴
	3	常值项变大	Z 轴
	4	—	S 斜置轴
	5	—	T 斜置轴

表 10-8　三正交两斜置加速度计故障检测试验表头设计

因素	故障类型	轴向
列号	1	2

由于没有合适的正交试验水平表安排试验，并且本次试验的因素水平相对较少，故对各因素水平排列组合依次试验，需要做 15 次试验，三正交两斜置加速度计故障检测试验方案如表 10-9 所示。

表 10-9　三正交两斜置加速度计故障检测试验方案

因素	试验	故障类型	轴向
列号	1	1	1
	2	1	2
	3	1	3
	4	1	4
	5	1	5
	6	2	1
	7	2	2
	8	2	3
	9	2	4
	10	2	5
	11	3	1
	12	3	2
	13	3	3
	14	3	4
	15	3	5

10.3　正交试验仿真测试

完成三种冗余配置的捷联惯组正交试验设计后，根据相应的正交试验设计表格中的试验号，结合故障的数学模型，对标准弹道中的陀螺仪和加速度计输出值序列进行故障注入。用最终的故障数据对故障检测算法进行测试，统计故障检测算法的正检率、误检率和漏检率。

10.3.1　试验实现流程

故障检测算法正交试验流程如图 10-4 所示。首先，读取标准弹道数据以后，根据相应的配置方式，生成相应的陀螺仪和加速度计的理想数据，并根据理想数据结合陀螺仪、加速度计的参数信息加入常值偏差、随机游走、安装误差和标度因数误差项作为陀螺仪和加速度计的无故障输出数据；其次，读取对应配置下的陀螺仪和加速度计的正交试验安排表，根据试验安排表在上一步陀螺仪和加速度计无故障的数据序列中加入对应的故障值，生成对应的故障数据；最后，把故障数据代入故障检测算法中进行测试，统计对应试验安排下的正检率、误检率和漏检率。

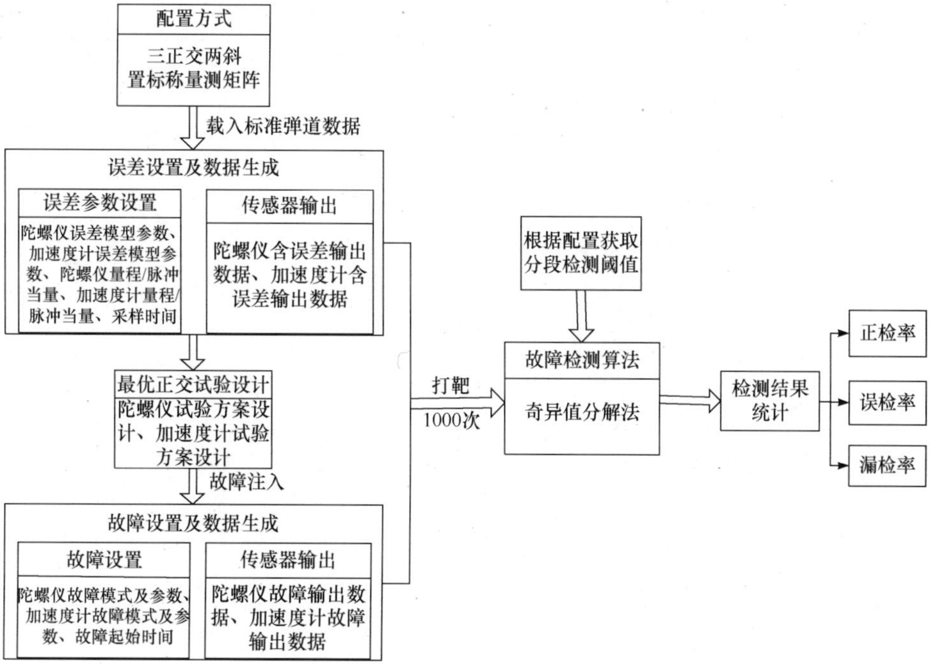

图 10-4　故障检测算法正交试验流程

10.3.2　仿真及结果分析

1. 仿真条件设置

故障发生时间从 10s 开始，蒙特卡罗打靶次数为 1000 次；

陀螺仪的故障单位 gdw：1°/h≈4.848137×10^{-6}；

加速度计的故障单位 adw：g_0/1000≈0.00980665；

陀螺仪满量程：300°/s；

加速度计满量程：30g_0；

输出振荡：振荡拍数是满足均匀分布[1，10]拍的随机整数，量化后的振荡输出脉冲个数分别满足 $\omega_s \sim N(0,40^2), f_s \sim N(0,150^2)$；

常值漂移：漂移幅值为 $m\sigma_b$，m 是分别满足均匀分布于[0，20]和[20，50]的随机整数；

光纤陀螺随机游走：游走系数为 $n\sigma_s$，n 是满足均匀分布于[1，50]的随机整数。

2. 结果数据分析

1) 三正交两斜置陀螺仪结果分析

三正交两斜置陀螺仪故障检测结果分析见表 10-10。

表 10-10　三正交两斜置陀螺仪故障检测结果分析

试验号	故障类型	轴向	正检率/%	误检率/%	漏检率/%
1	1(常值项变大)	1	80.1	18.8	1.1
2	1(常值项变大)	2	52.8	45.7	1.5
3	1(常值项变大)	3	50.7	42.2	7.1
4	1(常值项变大)	4	83	16.2	0.8
5	1(常值项变大)	5	78.6	20.3	1.1
1'	1(常值项变大)	1	91.9	8.1	0
2'	1(常值项变大)	2	69.4	30.6	0
3'	1(常值项变大)	3	60.1	39.9	0
4'	1(常值项变大)	4	93.7	6.3	0
5'	2(随机游走)	5	86.8	13.2	0
6	2(随机游走)	1	98.6	1.4	0
7	2(随机游走)	2	90.5	9.5	0
8	2(随机游走)	3	81.1	18.9	0
9	2(随机游走)	4	98.4	1.6	0
10	3(随机输出振荡)	5	98	2	0
11	3(随机输出振荡)	1	95.6	2.6	1.8
12	3(随机输出振荡)	2	95.5	2.7	1.8
13	3(随机输出振荡)	3	94.5	2.2	3.3
14	3(随机输出振荡)	4	94.4	3.2	2.4
15	1(常值漂移变大)	5	95.9	2.7	1.4

注：表中加' 的数据幅值为[20,50]σ_b，未加' 的数据幅值为[0,20]σ_b。

由表 10-10 中数据可以看出，常值漂移幅值的变化对故障检测结果产生了较大的影响，故障类型为常值项变大，幅值为[0，20]σ_b 时，正检率最高为 83%，误检率和漏检率也分别高达 45.7%和 7.1%。当幅值为[20，50]σ_b 时，正检率可高达 93.7%，误检率和漏检率也大幅降低。对三正交两斜置故障检测而言，随机游走和随机输出振荡的检测结果比较平稳，正检率相对较高，误检率和漏检率都比较小，检测效果比较明显。相对而言，随机输出振荡的检测效果略差于随机游走，其原因可能是随机输出振荡故障的故障输出只出现 1、2 拍的跳数，故障检测算法还没有做出响应时，输出已恢复正常，故未能成功检测出来。

2) 三正交两斜置加速度计结果分析

三正交两斜置加速度计故障检测结果分析见表 10-11。

表 10-11　三正交两斜置加速度计故障检测结果分析

试验号	故障类型	轴向	正检率/%	误检率/%	漏检率/%
1	1(饱和输出)	1	99.4	0.6	0
2	1(饱和输出)	2	99.3	0.7	0
3	1(饱和输出)	3	99.3	0.7	0
4	1(饱和输出)	4	99.1	0.9	0
5	1(饱和输出)	5	99.3	0.7	0
6	2(随机输出振荡)	1	98.4	1.4	0.2
7	2(随机输出振荡)	2	98.3	1.5	0.2
8	2(随机输出振荡)	3	97.6	2.3	0.1
9	2(随机输出振荡)	4	99.4	0.6	0
10	2(随机输出振荡)	5	98.9	0.9	0.2
11	3(常值项变大)	1	68.9	2	12.3
12	3(常值项变大)	2	69.8	30.2	18
13	3(常值项变大)	3	68.8	31.2	9.6
14	3(常值项变大)	4	69.7	3.3	6.9
15	3(常值项变大)	5	78.1	2.9	7.8
11'	3(常值项变大)	1	98	2	0.88
12'	3(常值项变大)	2	69.8	30.2	0.95
13'	3(常值项变大)	3	68.8	31.2	1.2
14'	3(常值项变大)	4	96.7	3.3	0.71
15'	3(常值项变大)	5	97.1	2.9	1.1

注：表中加' 的数据幅值为[20,50]σ_b，未加' 的数据幅值为[0,20]σ_b。

由表 10-11 中数据可以看出，常值漂移幅值的变化对故障检测结果产生了较大的影响，故障类型为常值项变大，幅值为[0，20]σ_b时，正检率最高为 78.1%，误检率和漏检率也分别高达 31.2%和 18%，而当幅值为[20，50]σ_b 时，正检率可高达 98%，误检率和漏检率也大幅降低。

第 11 章　捷联惯导系统导航算法

11.1　坐标系和坐标系转换

11.1.1　坐标系定义

本章使用到以下坐标系，选择发射惯性坐标系作为导航参考坐标系。

(1) 地心惯性坐标系，原点为地球质心，x_i轴和y_i轴在地球赤道平面内，x_i轴指向春分点，z_i轴为地球自转轴，指向北极，y_i轴与x_i轴、z_i轴构成右手坐标系。

(2) 地心地固坐标系，原点为地球质心，z_e 轴沿地球自转轴指向协议地极；x_e轴通过赤道面和本初子午线的交点；y_e轴满足赤道平面上的右手定则。

(3) 发射地心惯性坐标系，飞行器起飞瞬间，坐标原点与地心地固坐标系原点重合，各坐标轴与地心地固坐标系各轴也相应重合。飞行器起飞后，发射地心惯性坐标系各轴方向在惯性空间保持不动。

(4) 发射坐标系，坐标原点与发射点固连，x_g 轴在发射点水平面内，指向发射瞄准方向，y_g 轴垂直于发射点水平面指向上方，发射系为前上右坐标系。发射坐标系确定了与地球之间的初始纬度 B_0、初始经度λ_0、初始高度H_0 和发射方位角 A_0。

(5) 发射惯性坐标系，飞行器起飞瞬间，坐标原点与发射原点重合，各坐标轴与发射坐标系各轴也相应重合。飞行器起飞后，发射惯性坐标系各轴方向在惯性空间保持不动。

(6) 载体坐标系，原点为飞行器质心，x_b 轴沿飞行器的纵轴，指向头部，y_b 轴在飞行器的纵对称面内，垂直于 x_b 轴指向上，z_b 轴使得该坐标系成右手系。

上述各坐标系关系如图 11-1 所示。

11.1.2　坐标系转换

1. 发射惯性坐标系与载体坐标系

发射惯性坐标系到载体坐标系的方向余弦矩阵为 $\boldsymbol{R}_a^b$，如式(11-1)和式(11-2)所示：

$$\boldsymbol{R}_a^b=\boldsymbol{R}_x(\gamma)\boldsymbol{R}_y(\psi)\boldsymbol{R}_z(\varphi) \tag{11-1}$$

$$\boldsymbol{R}_a^b=\begin{bmatrix}\cos\psi\cos\varphi & \cos\psi\sin\varphi & -\sin\psi\\ \sin\gamma\sin\psi\cos\varphi-\cos\gamma\sin\varphi & \sin\gamma\sin\psi\sin\varphi+\cos\gamma\cos\varphi & \sin\gamma\cos\psi\\ \cos\gamma\sin\psi\cos\varphi+\sin\gamma\sin\varphi & \cos\gamma\sin\psi\sin\varphi-\sin\gamma\cos\varphi & \cos\gamma\cos\psi\end{bmatrix}\tag{11-2}$$

式中，φ、ψ 和 γ 分别为飞行器在发射惯性坐标系的俯仰角、偏航角和滚转角。

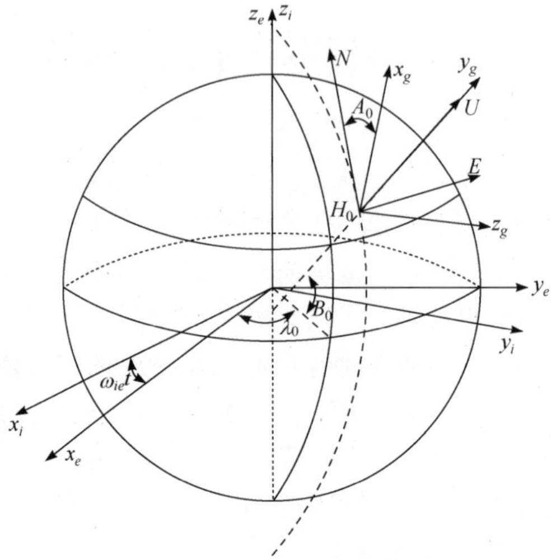

图 11-1　坐标系关系图

2. 发射坐标系与地心地固坐标系

地心地固坐标系到发射坐标系的方向余弦矩阵为 $\boldsymbol{R}_e^g$，如式(11-3)和式(11-4)所示：

$$\boldsymbol{R}_e^g=\boldsymbol{R}_y\left(-90^\circ-A_0\right)\boldsymbol{R}_x\left(B_0\right)\boldsymbol{R}_z\left(\lambda_0-90^\circ\right)\tag{11-3}$$

$$\boldsymbol{R}_e^g=\begin{bmatrix}-\sin A_0\sin\lambda_0-\cos A_0\cos B_0\cos\lambda_0 & \sin A_0\cos\lambda_0-\cos A_0\sin B_0\sin\lambda_0 & \cos A_0\cos B_0\\ \cos B_0\cos\lambda_0 & \cos B_0\sin\lambda_0 & \sin B_0\\ -\cos A_0\sin\lambda_0+\sin A_0\sin B_0\cos\lambda_0 & \cos A_0\cos\lambda_0+\sin A_0\sin B_0\sin\lambda_0 & -\sin A_0\cos B_0\end{bmatrix}\tag{11-4}$$

在发射时刻，发射坐标系和发射惯性坐标系的坐标指向相同，发射地心惯性坐标系和地心地固坐标系的坐标指向相同。因此，发射地心惯性坐标系到发射惯性坐标系的方向余弦矩阵 $\boldsymbol{R}_t^a$ 与 $\boldsymbol{R}_e^g$ 两个姿态矩阵数值相同。在飞行过程中，$\boldsymbol{R}_e^g$ 和 $\boldsymbol{R}_t^a$ 都是常值。

11.2　发射惯性坐标系捷联惯导机械编排

11.2.1　发射时刻初值

1. 发射点位置初值

发射点在地心地固坐标系下的值为 $\boldsymbol{P}_0^e=[x_{e0},y_{e0},z_{e0}]^{\mathrm{T}}$，如式(11-5)所示：

$$\begin{cases} x_{e0}=(N_0+H_0)\cos B_0\cos\lambda_0 \\ y_{e0}=(N_0+H_0)\cos B_0\sin\lambda_0 \\ z_{e0}=[N_0(1-e^2)+H_0]\sin B_0 \end{cases} \tag{11-5}$$

式中，$N_0=a_e\Big/\sqrt{1-e_2\sin^2 B_0}$，$e$ 为地球偏心率，a_e 为地球长半轴；H_0 为初始高度。并且，在发射时刻，发射地心惯性坐标系和地心地固坐标系坐标指向相同，因此 $\boldsymbol{P}_0^t=\boldsymbol{P}_0^e$。

2. 发射坐标系旋转角速度

地球自转角速度在发射坐标系下的投影 $\boldsymbol{\omega}_{ag}^g$ 为

$$\boldsymbol{\omega}_{ag}^g=\boldsymbol{\omega}_{ig}^g=\omega_{ie}\begin{bmatrix}\cos B_0\cos A_0 \\ \sin B_0 \\ -\cos B_0\sin A_0\end{bmatrix}=\omega_{ie}\boldsymbol{\omega}_e^0 \tag{11-6}$$

11.2.2　发射惯性坐标系下算法编排

根据牛顿第二定律，地球引力场中单位质点的运动方程，在发射惯性坐标系中可以表示为

$$\ddot{\boldsymbol{P}}^a=\boldsymbol{f}^a+\boldsymbol{g}^a \tag{11-7}$$

式中，$\boldsymbol{P}^a$ 为从坐标系原点至运动物体的位置向量；$\ddot{\boldsymbol{P}}^a$ 为位置向量的二阶时间导数，即运动物体的加速度向量；$\boldsymbol{f}^a$ 为比力向量，由加速度计测量得到；$\boldsymbol{g}^a$ 为地球引力加速度向量。式(11-7)是一个二阶微分方程，可以转换成如下形式的一阶微分方程组：

$$\begin{cases} \dot{\boldsymbol{P}}^a=\boldsymbol{V}^a \\ \dot{\boldsymbol{V}}^a=\boldsymbol{f}^a+\boldsymbol{g}^a \end{cases} \tag{11-8}$$

与发射惯性坐标系相似，比力向量 $\boldsymbol{f}^b$ 是在载体坐标系三轴上的分量，这些量都可以利用相应的坐标变换矩阵变换至发射惯性坐标系，即

$$\boldsymbol{f}^a = \boldsymbol{R}_b^a \boldsymbol{f}^b \tag{11-9}$$

式中，$\boldsymbol{R}_b^a$ 为载体坐标系 b 至发射惯性坐标系 a 的转换矩阵，且 $\boldsymbol{R}_b^a$ 满足如下姿态矩阵微分方程

$$\dot{\boldsymbol{R}}_b^a = \boldsymbol{R}_b^a \boldsymbol{\Omega}_{ab}^b \tag{11-10}$$

式中，$\boldsymbol{\Omega}_{ab}^b$ 为角速度向量 $\boldsymbol{\omega}^b$ 的反对称阵，由陀螺仪测量得到。将式(11-7)～式(11-10)组合起来，便可得到下述发射惯性坐标系下捷联惯导微分方程组：

$$\begin{bmatrix} \dot{\boldsymbol{P}}^a \\ \dot{\boldsymbol{V}}^a \\ \dot{\boldsymbol{R}}_b^a \end{bmatrix} = \begin{bmatrix} \boldsymbol{V}^a \\ \boldsymbol{R}_b^a \boldsymbol{f}^b + \boldsymbol{g}^a \\ \boldsymbol{R}_b^a \boldsymbol{\Omega}_{ab}^b \end{bmatrix} \tag{11-11}$$

发射惯性坐标系捷联惯导机械编排如式(11-11)和图 11-2 所示。在捷联惯导系统中，导航计算机执行导航算法，完成的任务分别为对陀螺仪测量的角速度向量 $\boldsymbol{\omega}^b$ 积分，得到飞行器姿态，并由姿态信息得到姿态矩阵 $\boldsymbol{R}_b^a$；通过姿态矩阵将加速度计测量的比力向量 $\boldsymbol{f}^b$ 转换到导航坐标系(发射惯性坐标系)；考虑引力加速度向量 $\boldsymbol{g}^a$ 的影响，对发射惯性坐标系下的比力向量 $\boldsymbol{f}^a$ 积分得到飞行器的发射惯性坐标系速度向量 $\boldsymbol{V}^a$；再对速度向量积分得到飞行器的位置 $\boldsymbol{P}^a$。这三个积分解算过程可分别称为捷联惯导姿态更新、速度更新、位置更新。其中，姿态更新的精度对导航解算的精度影响最大，速度更新次之，位置更新的影响最小。姿态更新的精度直接影响比力积分变换的精度，进而影响速度解算的精度，最终影响位置解算精度[84,85]。

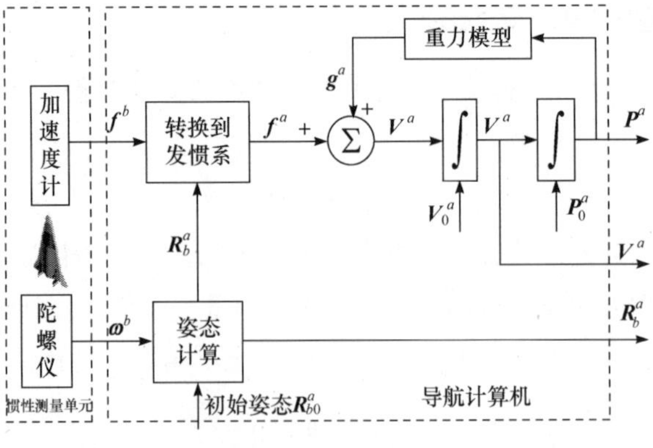

图 11-2　发射惯性坐标系捷联惯导机械编排

发射惯性坐标系中的重力计算公式为

$$\boldsymbol{g}^a = g_r{}' \boldsymbol{r}^0 + g_{\omega_e} \boldsymbol{\omega}_e^0 \tag{11-12}$$

式中，$g_r{}'$ 的计算公式为式(11-13)；g_{ω_e} 的计算公式为式(11-14)；$\boldsymbol{r}^0$ 为 $\boldsymbol{r}$ 的单位矢量，$\boldsymbol{r}$ 的计算公式为式(11-15)：

$$g_r{}' = -\frac{\mu}{r^2}\left[1 + J\left(\frac{a_e}{r}\right)^2(1 - 5\sin^2\phi)\right] \tag{11-13}$$

$$g_{\omega_e} = -2\frac{\mu}{r^2}J\left(\frac{a_e}{r}\right)^2\sin\phi \tag{11-14}$$

$$\boldsymbol{r} = \boldsymbol{R}_0^a + \boldsymbol{P}^a \tag{11-15}$$

式(11-13)～式(11-15)中，μ 为地球引力系数；$\boldsymbol{R}_0^a$ 为在发射惯性坐标系中描述的地心至坐标原点位置矢量；$J = \dfrac{3}{2}J_2$，J_2 为地球带谐系数；ϕ为地心纬度，$\phi = \arcsin(rw/(|\boldsymbol{r}| * \omega_{ie}))$，$rw = r \cdot \omega_e$。

位置 $\boldsymbol{P}^a$ 的初值为 $\boldsymbol{P}_0^a = [0,0,0]^{\mathrm{T}}$，姿态矩阵 $\boldsymbol{R}_a^b$ 的初值在初始对准时由初始姿态角 φ_0、ψ_0、γ_0 按照式(11-2)计算得到。速度向量 $\boldsymbol{V}^a$ 的初值 $\boldsymbol{V}_0^a$ 按照式(11-16)计算得到

$$\boldsymbol{V}_0^a = \boldsymbol{\omega}_{ag}^g \times \boldsymbol{R}_0^g \tag{11-16}$$

11.3　发射惯性坐标系捷联惯导数值更新算法

发射惯性坐标系捷联惯导导航解算包括姿态更新算法、速度更新算法和位置更新算法三部分。在导航解算的过程中，为了达到算法引入的误差最小，这三个数值更新过程必须选用高精度的数值解算算法。在大机动和恶劣振动等环境下，刚体有限转动的不可交换性会给导航解算带来负面效应。例如，圆锥效应、划桨效应和涡卷效应，分别会在三个更新过程中引入姿态解算误差、速度解算误差和位置解算误差[86]。

在高超声速飞行下的圆锥效应会带来姿态更新误差，划桨效应会带来速度更新误差。因此，本书作者在姿态更新中推导了圆锥效应(coning effects)补偿算法，速度更新中推导了划桨效应(sculling effects)补偿算法。

本书采用二子样更新算法，即假设陀螺仪角速度和加速度计比力测量均为线性模型，有

$$\begin{cases}\boldsymbol{\omega}^b(t) = \boldsymbol{a} + 2\boldsymbol{b}(t - t_{k-1}) \\ \boldsymbol{f}^b(t) = \boldsymbol{A} + 2\boldsymbol{B}(t - t_{k-1})\end{cases} \tag{11-17}$$

式中，$\boldsymbol{a}$、$\boldsymbol{b}$、$\boldsymbol{A}$、$\boldsymbol{B}$ 均为常值向量，相应的角增量和速度增量表达式为

$$\begin{cases}\Delta\boldsymbol{\theta}_k=\boldsymbol{\theta}^b(t,t_{k-1})=\int_{t_{k-1}}^{t}\boldsymbol{\omega}^b(\tau)\mathrm{d}\tau=\boldsymbol{a}(t-t_{k-1})+\boldsymbol{b}(t-t_{k-1})^2\\ \Delta\boldsymbol{V}_k=\boldsymbol{V}^b(t,t_{k-1})=\int_{t_{k-1}}^{t}\boldsymbol{f}^b(\tau)\mathrm{d}\tau=\boldsymbol{A}(t-t_{k-1})+\boldsymbol{B}(t-t_{k-1})^2\end{cases}\tag{11-18}$$

若陀螺仪和加速度计在$[t_{k-1},t_k]$时间段内均进行两次等间隔采样，采样时刻分别为t_{k-1}和t_k，且记$T=t_k-t_{k-1}$和$h=T/2$，则可得采样增量：

$$\begin{cases}\Delta\boldsymbol{\theta}_1=\int_{t_{k-1}}^{t_{k-1}+h}\boldsymbol{\omega}^b(\tau)\mathrm{d}\tau=h\boldsymbol{a}+h^2\boldsymbol{b}=\dfrac{1}{2}\boldsymbol{a}T+\dfrac{1}{4}\boldsymbol{b}T^2\\ \Delta\boldsymbol{\theta}_2=\int_{t_{k-1}+h}^{t_k}\boldsymbol{\omega}^b(\tau)\mathrm{d}\tau=h\boldsymbol{a}+3h^2\boldsymbol{b}=\dfrac{1}{2}\boldsymbol{a}T+\dfrac{3}{4}\boldsymbol{b}T^2\\ \Delta\boldsymbol{V}_1=\int_{t_{k-1}}^{t_{k-1}+h}\boldsymbol{f}^b(\tau)\mathrm{d}\tau=h\boldsymbol{A}+h^2\boldsymbol{B}\\ \Delta\boldsymbol{V}_2=\int_{t_{k-1}+h}^{t_k}\boldsymbol{f}^b(\tau)\mathrm{d}\tau=h\boldsymbol{A}+3h^2\boldsymbol{B}\end{cases}\tag{11-19}$$

式中，$\Delta\boldsymbol{\theta}_1$和$\Delta\boldsymbol{V}_1$是$\left[t_{k-1},t_{k-1}+h\right]$时间段内 IMU 测量的角增量和速度增量；$\Delta\boldsymbol{\theta}_2$和$\Delta\boldsymbol{V}_2$是$\left[t_{k-1}+h,t_{k-1}+T\right]$时间段内 IMU 测量的角增量和速度增量。并且，$\Delta\boldsymbol{\theta}_k=\Delta\boldsymbol{\theta}_1+\Delta\boldsymbol{\theta}_2$，$\Delta\boldsymbol{V}_k=\Delta\boldsymbol{V}_1+\Delta\boldsymbol{V}_2$[87]。

11.3.1　姿态更新算法

捷联惯导数值更新算法中，姿态更新算法是核心，其求解精度对整个捷联惯导的精度起着决定性的作用。传统的姿态解算算法有欧拉角法、方向余弦法和四元数法。相对于方向余弦法和欧拉角法，四元数法以其算法简单、计算量小的优势，成为姿态更新的首选方法。但是，采用毕卡逼近法求解四元数微分方程时使用了陀螺仪的角增量输出，角增量虽然微小，但不能视作无穷小。刚体做有限转动时，刚体的空间角位置与旋转次序有关，对于小角度的转动，近似认为是可以交换的。这样，四元数法中不可避免地引入了不可交换性误差[88]，特别是在载体做高动态飞行时，这种误差就会表现得十分明显，必须采取有效措施加以克服。等效旋转矢量法在利用陀螺仪的角增量计算旋转矢量时，对不可交换性误差做了适当补偿，正好弥补了四元数法的不足[89]。本节主要介绍基于等效旋转矢量的四元数姿态更新算法。

基于等效旋转矢量的四元数姿态更新算法分两步来完成：①旋转矢量的计算，旋转矢量描述了飞行器的姿态变化；②四元数的更新。

姿态四元数更新的递推式为

$$\boldsymbol{q}_{b(k)}^{a}=\boldsymbol{q}_{b(k-1)}^{a}\boldsymbol{q}_{b(k)}^{b(k-1)} \tag{11-20}$$

式中，姿态更新前后时刻分别为 t_{k-1}、t_k，姿态四元数分别为 $\boldsymbol{q}_{b(k-1)}^{a}$、$\boldsymbol{q}_{b(k)}^{a}$。用角速度 $\boldsymbol{\omega}_{ab}^{b}(t)$ 计算四元数 $\boldsymbol{q}_{b(k)}^{b(k-1)}$，$\boldsymbol{\omega}_{ab}^{b}(t)$ 是载体坐标系(b 系)相对于发射惯性坐标系(a 系)的角速度，为陀螺仪敏感的角速度。记 $\boldsymbol{\Phi}_k$ 为 b 系相对于 a 系的等效旋转矢量，相应的等效矢量微分方程(Bortz 方程)近似为

$$\begin{aligned}\dot{\boldsymbol{\Phi}}_k &\approx \boldsymbol{\omega}_{ab}^{b}+\frac{1}{2}\boldsymbol{\Phi}_k\times\boldsymbol{\omega}_{ab}^{b}+\frac{1}{12}\boldsymbol{\Phi}_k\times\left(\boldsymbol{\Phi}_k\times\boldsymbol{\omega}_{ab}^{b}\right)\\ &\approx \boldsymbol{\omega}_{ab}^{b}+\frac{1}{2}\boldsymbol{\Phi}_k\times\boldsymbol{\omega}_{ab}^{b}\end{aligned} \tag{11-21}$$

直接按式(11-21)求解旋转矢量微分方程有诸多不便，主要原因：①光学陀螺仪等一般输出角增量，如果将角增量折算成角速率，则微商运算将引起噪声放大效应；②即使可获得陀螺仪的角速率输出，对角速率必须采样，采样意味着仅采样点上的角速率得到了利用，而采样点之间的角速率信息并未利用，在姿态更新中，实际上丢失了很多信息[89]。

式(11-20)说明，姿态更新中只需求解从 t_{k-1} 时刻至 t_k 时刻机体坐标系旋转所对应的等效旋转矢量，而不必知道 $t_{k-1}\sim t_k$ 时间段内旋转矢量的演变过程，因此可采用泰勒级数展开法求解旋转矢量。

设 $\left[t_{k-1},t_k\right]$ 时间段内的载体角速度 $\boldsymbol{\omega}_{ab}^{b}$ 对应的等效旋转矢量为 $\boldsymbol{\Phi}_k$，对 $\boldsymbol{\Phi}_k(T)$ 作泰勒级数展开得

$$\boldsymbol{\Phi}_k(T)=\boldsymbol{\Phi}_{k-1}(0)+T\dot{\boldsymbol{\Phi}}_{k-1}(0)+\frac{T^2}{2!}\ddot{\boldsymbol{\Phi}}_{k-1}(0)+\frac{T^3}{3!}\dddot{\boldsymbol{\Phi}}_{k-1}(0)+\cdots \tag{11-22}$$

载体角速度 $\boldsymbol{\omega}_{ab}^{b}$ 采用直线拟合，如式(11-23)所示：

$$\boldsymbol{\omega}_{ab}^{b}\left(t_{k-1}+\tau\right)=\boldsymbol{a}+2\boldsymbol{b}\tau,\qquad 0\leqslant\tau\leqslant T \tag{11-23}$$

记角增量为

$$\Delta\boldsymbol{\theta}(\tau)=\int_0^{\tau}\boldsymbol{\omega}_{ab}^{b}\left(t_{k-1}+\tau\right)\mathrm{d}\tau \tag{11-24}$$

由式(11-23)可得载体角速度的各阶导数为

$$\begin{cases}\boldsymbol{\omega}_{ab}^{b}\left(t_{k-1}\right)=\boldsymbol{\omega}_{ab}^{b}\left(t_{k-1}+\tau\right)\Big|_{\tau=0}=\boldsymbol{a}\\ \dot{\boldsymbol{\omega}}_{ab}^{b}\left(t_{k-1}\right)=\dot{\boldsymbol{\omega}}_{ab}^{b}\left(t_{k-1}+\tau\right)\Big|_{\tau=0}=2\boldsymbol{b}\\ \boldsymbol{\omega}_{ab}^{b(i)}\left(t_{k-1}\right)=\boldsymbol{\omega}_{ab}^{b(i)}\left(t_{k-1}+\tau\right)\Big|_{\tau=0}=\boldsymbol{0},\quad i=2,3,4,\cdots\end{cases} \tag{11-25}$$

由式(11-24)可得角增量的各阶导数为

$$\begin{cases}\Delta\boldsymbol{\theta}(0)=\Delta\boldsymbol{\theta}(\tau)\big|_{\tau=0}=\boldsymbol{a}\tau+\boldsymbol{b}\tau^2=\boldsymbol{0}\\ \Delta\dot{\boldsymbol{\theta}}(0)=\Delta\dot{\boldsymbol{\theta}}(\tau)\big|_{\tau=0}=\boldsymbol{\omega}_{ab}^{b}(t_{k-1}+\tau)\big|_{\tau=0}=\boldsymbol{a}\\ \Delta\ddot{\boldsymbol{\theta}}(0)=\Delta\ddot{\boldsymbol{\theta}}(\tau)\big|_{\tau=0}=\dot{\boldsymbol{\omega}}_{ab}^{b}(t_{k-1}+\tau)\big|_{\tau=0}=2\boldsymbol{b}\\ \Delta\boldsymbol{\theta}^{(i)}(0)=\Delta\boldsymbol{\theta}^{(i)}(\tau)\big|_{\tau=0}=\boldsymbol{\omega}_{ab}^{b(i-1)}(t_{k-1}+\tau)\big|_{\tau=0}=\boldsymbol{0},\quad i=3,4,5,\cdots\end{cases}\tag{11-26}$$

又由于姿态更新周期T一般为毫秒级的量，$\boldsymbol{\Phi}_k$也可视为小量。因此根据式(11-21)计算$\boldsymbol{\Phi}_k(\tau)$在$\tau$=0 时的各阶导数，可以将第二项中的$\boldsymbol{\Phi}_k(\tau)$用角增量代替，即

$$\boldsymbol{\Phi}_k(\tau)\approx\Delta\boldsymbol{\theta}(\tau)\tag{11-27}$$

这样式(11-21)可写成

$$\dot{\boldsymbol{\Phi}}_k(\tau)=\boldsymbol{\omega}_{ab}^{b}(t_{k-1}+\tau)+\frac{1}{2}\Delta\boldsymbol{\theta}(\tau)\times\boldsymbol{\omega}_{ab}^{b}(t_{k-1}+\tau),\quad 0\leqslant\tau\leqslant T\tag{11-28}$$

对式(11-28)求各阶导数，并考虑到式(11-25)和式(11-26)，得

$$\begin{cases}\ddot{\boldsymbol{\Phi}}_k(\tau)=\dot{\boldsymbol{\omega}}_{ab}^{b}(t_{k-1}+\tau)+\frac{1}{2}\Delta\dot{\theta}(\tau)\times\boldsymbol{\omega}_{ab}^{b}(t_{k-1}+\tau)+\frac{1}{2}\Delta\theta(\tau)\times\dot{\boldsymbol{\omega}}_{ab}^{b}(t_{k-1}+\tau)\\ \dddot{\boldsymbol{\Phi}}_k(\tau)=\frac{1}{2}\Delta\ddot{\boldsymbol{\theta}}(\tau)\times\boldsymbol{\omega}_{ab}^{b}(t_{k-1}+\tau)+\Delta\dot{\boldsymbol{\theta}}(\tau)\times\dot{\boldsymbol{\omega}}_{ab}^{b}(t_{k-1}+\tau)\\ \boldsymbol{\Phi}_k^{(4)}(\tau)=\frac{3}{2}\ddot{\boldsymbol{\theta}}(\tau)\times\dot{\boldsymbol{\omega}}_{ab}^{b}(t_{k-1}+\tau)\\ \boldsymbol{\Phi}_k^{(i)}(\tau)=0,\quad i=5,6,7,\cdots\end{cases}\tag{11-29}$$

根据式(11-25)和式(11-26)，将τ=0 代入式(11-29)，得

$$\begin{cases}\dot{\boldsymbol{\Phi}}_k(0)=\boldsymbol{\omega}_{ab}^{b}(t_{k-1})+\frac{1}{2}\Delta\boldsymbol{\theta}(0)\times\boldsymbol{\omega}_{ab}^{b}(t_{k-1})=\boldsymbol{a}\\ \ddot{\boldsymbol{\Phi}}_k(0)=\dot{\boldsymbol{\omega}}_{ab}^{b}(t_{k-1})+\frac{1}{2}\Delta\dot{\boldsymbol{\theta}}(0)\times\boldsymbol{\omega}_{ab}^{b}(t_{k-1})+\frac{1}{2}\Delta\boldsymbol{\theta}(0)\times\dot{\boldsymbol{\omega}}_{ab}^{b}(t_{k-1})=2\boldsymbol{b}\\ \dddot{\boldsymbol{\Phi}}_k(0)=\frac{1}{2}\Delta\ddot{\boldsymbol{\theta}}(0)\times\boldsymbol{\omega}_{ab}^{b}(t_{k-1})+\Delta\dot{\boldsymbol{\theta}}(0)\times\dot{\boldsymbol{\omega}}_{ab}^{b}(t_{k-1})=\boldsymbol{a}\times\boldsymbol{b}\\ \boldsymbol{\Phi}_k^{(i)}(0)=0,\quad i=4,5,6,\cdots\end{cases}\tag{11-30}$$

将式(11-30)代入式(11-22)，得

$$\begin{aligned}\boldsymbol{\Phi}_k(T)&=\boldsymbol{\Phi}_k(0)+T\dot{\boldsymbol{\Phi}}_k(0)+\frac{T^2}{2!}\ddot{\boldsymbol{\Phi}}_k(0)+\frac{T^3}{3!}\dddot{\boldsymbol{\Phi}}_k(0)\\ &=\boldsymbol{\Phi}_k(0)+\boldsymbol{a}T+\boldsymbol{b}T^2+\frac{1}{6}\boldsymbol{a}\times\boldsymbol{b}T^3\end{aligned}\tag{11-31}$$

式中，$\boldsymbol{\Phi}_k(0)$ 为 $[t_{k-1},t_k]$ 时间段内的旋转矢量，因为时间间隔为 0，所以 $\boldsymbol{\Phi}_k(0)=\boldsymbol{0}$，因此

$$\boldsymbol{\Phi}_k(T)=\boldsymbol{a}T+\boldsymbol{b}T^2+\frac{1}{6}\boldsymbol{a}\times\boldsymbol{b}T^3 \tag{11-32}$$

由式(11-19)可反解得到载体角速度直线拟合的模型系数 $\boldsymbol{a}$ 和 $\boldsymbol{b}$，即

$$\begin{cases}\boldsymbol{a}=\dfrac{3\Delta\boldsymbol{\theta}_1-\Delta\boldsymbol{\theta}_2}{T}\\[2ex]\boldsymbol{b}=\dfrac{2(\Delta\boldsymbol{\theta}_2-\Delta\boldsymbol{\theta}_1)}{T^2}\end{cases} \tag{11-33}$$

再将式(11-33)代入式(11-31)，得

$$\begin{aligned}\boldsymbol{\Phi}_k(h)&=3\Delta\boldsymbol{\theta}_1-\Delta\boldsymbol{\theta}_2+2(\Delta\boldsymbol{\theta}_2-\Delta\boldsymbol{\theta}_1)+\frac{1}{3}(3\Delta\boldsymbol{\theta}_1-\Delta\boldsymbol{\theta}_2)\times(\Delta\boldsymbol{\theta}_2-\Delta\boldsymbol{\theta}_1)\\&=\Delta\boldsymbol{\theta}_1+\Delta\boldsymbol{\theta}_2+\frac{2}{3}\Delta\boldsymbol{\theta}_1\times\Delta\boldsymbol{\theta}_2\end{aligned} \tag{11-34}$$

按式(11-34)求解旋转矢量时，用到了 $[t_{k-1},t_{k-1}+h]$、$[t_{k-1}+h,t_k]$ 两个时间段内的角增量 $\Delta\boldsymbol{\theta}_1$、$\Delta\boldsymbol{\theta}_2$，因此称式(11-34)为旋转矢量的二子样算法。

采用二子样算法求解式(11-21)有

$$\boldsymbol{\Phi}_k=\Delta\boldsymbol{\theta}_1+\Delta\boldsymbol{\theta}_2+\frac{2}{3}\Delta\boldsymbol{\theta}_1\times\Delta\boldsymbol{\theta}_2 \tag{11-35}$$

式中，$\Delta\boldsymbol{\theta}_1=\int_{t_{k-1}}^{t_{k-1}+\frac{T}{2}}\boldsymbol{\omega}_{ab}^b(\tau)\mathrm{d}\tau$ 和 $\Delta\boldsymbol{\theta}_2=\int_{t_{k-1}+\frac{T}{2}}^{t_k}\boldsymbol{\omega}_{ab}^b(\tau)\mathrm{d}\tau$ 为陀螺仪在更新周期内前后两次输出的角增量，且旋转矢量 $\boldsymbol{\Phi}_k$ 及其对应的四元数 $\boldsymbol{q}_{b(k)}^{b(k-1)}$ 有以下计算关系：

$$\boldsymbol{q}_{b(k)}^{b(k-1)}=\cos\frac{\Phi_k}{2}+\frac{\boldsymbol{\Phi}_k}{\Phi_k}\sin\frac{\Phi_k}{2} \tag{11-36}$$

再将计算出的 $\boldsymbol{q}_{b(k)}^{b(k-1)}$ 代入式(11-20)就可完成姿态更新[90]。

11.3.2 速度更新算法

在姿态解算过程中，如果载体存在角速度矢量旋转的情况，就会对姿态引入圆锥误差。在速度解算过程中，通过在导航坐标系内对比力信号进行积分获得载体的速度信息。这个积分通常分两步：先将加速度计敏感的比力信息由该时刻姿态转换矩阵转换到导航坐标系下，然后在导航坐标系中对比力信息进行积分，得到速度信息。加速度计固联在载体上，能感受到载体的角运动，同样由于刚体转动的不可交换性，在速度解算中引入不可交换误差(速度解算中通常称为划桨

误差)。

在式(11-11)的速度微分方程中，标注出各量的时间参数，如下：

$$\dot{\boldsymbol{V}}^a(t)=\boldsymbol{R}_b^a(t)\boldsymbol{f}^b(t)+\boldsymbol{g}^a(t) \tag{11-37}$$

式(11-37)等号两端同时在时间段$\left[t_{k-1},t_k\right]$内积分，得

$$\int_{t_{k-1}}^{t_k}\dot{\boldsymbol{V}}^a(t)\mathrm{d}t=\int_{t_{k-1}}^{t_k}\left[\boldsymbol{R}_b^a(t)\boldsymbol{f}^b(t)+\boldsymbol{g}^a(t)\right]\mathrm{d}t \tag{11-38}$$

根据式(11-38)可得

$$\boldsymbol{V}_k^a-\boldsymbol{V}_{k-1}^a=\int_{t_{k-1}}^{t_k}\boldsymbol{R}_b^a(t)\boldsymbol{f}^b(t)\mathrm{d}t+\int_{t_{k-1}}^{t_k}\boldsymbol{g}^a(t)\mathrm{d}t \tag{11-39}$$

式中，$\boldsymbol{V}_k^a$和$\boldsymbol{V}_{k-1}^a$分别为t_k和t_{k-1}时刻发射惯性坐标系的惯导速度，并且记

$$\Delta\boldsymbol{V}_{\mathrm{sf}(k)}^a=\int_{t_{k-1}}^{t_k}\boldsymbol{R}_b^a(t)\boldsymbol{f}^b(t)\mathrm{d}t \tag{11-40}$$

$$\Delta\boldsymbol{V}_{g(k)}^a=\int_{t_{k-1}}^{t_k}\boldsymbol{g}^a(t)\mathrm{d}t \tag{11-41}$$

式中，$\Delta\boldsymbol{V}_{\mathrm{sf}(k)}^a$和$\Delta\boldsymbol{V}_{g(k)}^a$分别为时间段$T$内导航坐标系比力速度增量和引力速度增量，可得以下递推形式：

$$\boldsymbol{V}_k^a=\boldsymbol{V}_{k-1}^a+\Delta\boldsymbol{V}_{\mathrm{sf}(k)}^a+\Delta\boldsymbol{V}_{g(k)}^a \tag{11-42}$$

下面讨论$\Delta\boldsymbol{V}_{\mathrm{sf}(k)}^a$和$\Delta\boldsymbol{V}_{g(k)}^a$的数值积分算法。

1) 考虑引力速度增量$\Delta\boldsymbol{V}_{g(k)}^a$的计算

对于快速运动的运载体，在短时间$\left[t_{k-1},t_k\right]$内，其引起的引力矢量变化很小，因此一般认为$\Delta\boldsymbol{V}_{g(k)}^a$的被积函数是时间的缓变量，可采用$t_{k-1/2}=\left(t_{k-1}+t_k\right)/2$时刻的值近似代替，将$\Delta\boldsymbol{V}_{g(k)}^a$近似为

$$\Delta\boldsymbol{V}_{g(k)}^a\approx\boldsymbol{g}_{k-1/2}^aT \tag{11-43}$$

此时不知t_k时刻的导航速度和位置等参数，因此式(11-43)中$t_{k-1/2}$时刻的公式需使用线性外推法计算，表示如下：

$$\boldsymbol{x}_{k-1/2}=\boldsymbol{x}_{k-1}+\frac{\boldsymbol{x}_{k-1}-\boldsymbol{x}_{k-2}}{2}=\frac{3\boldsymbol{x}_{k-1}-\boldsymbol{x}_{k-2}}{2}\qquad(\boldsymbol{x}=\boldsymbol{V}^a,\boldsymbol{g}^a) \tag{11-44}$$

式中，各参数在t_{k-1}和t_{k-2}时刻均是已知的。可见，$\Delta\boldsymbol{V}_{g(k)}^a$的计算方程比较简单。

2) 考虑比力速度增量$\Delta\boldsymbol{V}_{\mathrm{sf}(k)}^a$的计算

将式(11-40)等号右端被积矩阵做如下矩阵链乘分解：

$$\begin{aligned}\Delta\boldsymbol{V}_{\mathrm{sf}(k)}^{a}&=\int_{t_{k-1}}^{t_k}\boldsymbol{R}_{b(k-1)}^{a}\boldsymbol{R}_{b(t)}^{b(k-1)}\boldsymbol{f}^{b}(t)\mathrm{d}t\\&=\boldsymbol{R}_{b(k-1)}^{a}\int_{t_{k-1}}^{t_k}\boldsymbol{R}_{b(t)}^{b(k-1)}\boldsymbol{f}^{b}(t)\mathrm{d}t\end{aligned}\tag{11-45}$$

令

$$\Delta\boldsymbol{V}_{\mathrm{sf}(k)}^{b(k-1)}=\int_{t_{k-1}}^{t_k}\boldsymbol{R}_{b(t)}^{b(k-1)}\boldsymbol{f}^{b}(t)\mathrm{d}t\tag{11-46}$$

则

$$\Delta\boldsymbol{V}_{\mathrm{sf}(k)}^{a}=\boldsymbol{R}_{b(k-1)}^{a}\Delta\boldsymbol{V}_{\mathrm{sf}(k)}^{b(k-1)}\tag{11-47}$$

对于 $t_{k-1}\leqslant t\leqslant t_k$，坐标变换矩阵和等效旋转矢量之间的关系为

$$\boldsymbol{R}_{b(t)}^{b(k-1)}=\boldsymbol{I}+\frac{\sin\varPhi}{\varPhi}(\boldsymbol{\varPhi}\times)+\frac{1-\cos\varPhi}{\varPhi^2}(\boldsymbol{\varPhi}\times)(\boldsymbol{\varPhi}\times)\tag{11-48}$$

式中，

$$\begin{aligned}\frac{\sin\varPhi}{\varPhi}&=1-\frac{\varPhi^2}{3!}+\frac{\varPhi^4}{5!}-\cdots\\\frac{1-\cos\varPhi}{\varPhi^2}&=\frac{1}{2!}-\frac{\varPhi^2}{4!}+\frac{\varPhi^4}{6!}-\cdots\end{aligned}\tag{11-49}$$

$\boldsymbol{\varPhi}$ 为 $b(k-1)$坐标系至 $b(t)$坐标系的等效旋转矢量；$\varPhi=|\boldsymbol{\varPhi}|$；$(\boldsymbol{\varPhi}\times)$ 为 $\boldsymbol{\varPhi}$ 的各分量构造成的叉乘反对称矩阵。参考式(11-28)，将 Bortz 微分方程近似至二阶精度：

$$\dot{\boldsymbol{\varPhi}}\approx\boldsymbol{\omega}_{ab}^{b}+\frac{1}{2}\Delta\boldsymbol{\theta}\times\boldsymbol{\omega}_{ab}^{b}\tag{11-50}$$

令

$$\boldsymbol{\beta}=\frac{1}{2}\int_{t_{k-1}}^{t_k}\Delta\boldsymbol{\theta}\times\boldsymbol{\omega}_{ab}^{b}\mathrm{d}t\tag{11-51}$$

式中，$\boldsymbol{\beta}$ 为从 t_{k-1} 到 t_k 的锥化姿态运动，它受到测量 $\boldsymbol{\omega}_{ab}^{b}$ 的锥化运动分量的影响。锥化运动定义为角速率矢量本身在旋转的状态。由于 $\boldsymbol{\omega}_{ab}^{b}$ 表现为纯圆锥运动($\boldsymbol{\omega}_{ab}^{b}$ 的幅度虽然恒定不变，但其矢量在旋转)，则 b 系的一个固定轴，近似垂直于 $\boldsymbol{\omega}_{ab}^{b}$ 矢量的旋转平面，将随着角速率运动形成一个锥面(因此用术语锥化来描述这个运动)。在圆锥角运动条件下，与 $\boldsymbol{\omega}_{ab}^{b}$ 垂直的 b 系轴表现为振荡(这与非锥化或自转角运动相反，在和自转角运动相反的情况下，与 $\boldsymbol{\omega}_{ab}^{b}$ 垂直的轴绕 $\boldsymbol{\omega}_{ab}^{b}$ 旋转)。

对于$\boldsymbol{\omega}_{ab}^{b}$不发生旋转的情况，从式(11-24)中可以看出，$\Delta\boldsymbol{\theta}$与$\boldsymbol{\omega}_{ab}^{b}$平行。因此式(11-51)中积分函数的叉乘为零，$\beta$也为零，即当$\boldsymbol{\omega}_{ab}^{b}$不旋转时，$\boldsymbol{\Phi}$变成如下简化形式：

$$\boldsymbol{\Phi} \approx \int_{t_{k-1}}^{t_k} \boldsymbol{\omega}_{ab}^{b} \mathrm{d}t \tag{11-52}$$

可以有如下近似：

$$\frac{\sin\Phi}{\Phi} \approx 1, \quad \frac{1-\cos\Phi}{\Phi^2} \approx \frac{1}{2}, \quad \Phi \approx \Delta\theta$$

$\boldsymbol{\omega}(t)$是$b(k-1)$坐标系相对于$b(t)$坐标系的旋转角速度，可将$(\boldsymbol{\Phi}\times)(\boldsymbol{\Phi}\times)$视为二阶小量。于是式(11-48)可近似为

$$\boldsymbol{R}_{b(t)}^{b(k-1)} = \boldsymbol{I} + (\Delta\boldsymbol{\theta}\times) \tag{11-53}$$

将式(11-53)代入式(11-46)，得

$$\Delta\boldsymbol{V}_{\mathrm{sf}(k)}^{b} = \int_{t_{k-1}}^{t_k} \left[\boldsymbol{f}^{b}(t) + \Delta\boldsymbol{\theta} \times \boldsymbol{f}^{b}(t)\right] \mathrm{d}t \tag{11-54}$$

令

$$\Delta\boldsymbol{V}_k = \int_{t_{k-1}}^{t_k} \boldsymbol{f}^{b}(t) \mathrm{d}t \tag{11-55}$$

则由式(11-24)和式(11-55)可得

$$\Delta\dot{\boldsymbol{\theta}}(t) = \boldsymbol{\omega}_{ab}^{b}(t) \tag{11-56}$$

$$\Delta\dot{\boldsymbol{V}}(t) = \boldsymbol{f}^{b}(t) \tag{11-57}$$

因为

$$\frac{\mathrm{d}}{\mathrm{d}t}\left[\Delta\boldsymbol{\theta}(t) \times \Delta\boldsymbol{V}(t)\right] = \Delta\boldsymbol{\theta} \times \Delta\dot{\boldsymbol{V}}(t) - \Delta\boldsymbol{V}(t) \times \Delta\dot{\boldsymbol{\theta}}(t) \tag{11-58}$$

所以

$$\begin{aligned}
\Delta\boldsymbol{\theta}(t) \times \boldsymbol{f}^{b}(t) &= \Delta\boldsymbol{\theta}(\boldsymbol{t}) \times \Delta\dot{\boldsymbol{V}}(t) \\
&= \frac{\mathrm{d}}{\mathrm{d}t}\left[\Delta\boldsymbol{\theta}(\boldsymbol{t}) \times \Delta\boldsymbol{V}(t)\right] + \Delta\boldsymbol{V}(t) \times \Delta\dot{\boldsymbol{\theta}}(t) \\
&= \frac{1}{2}\frac{\mathrm{d}}{\mathrm{d}t}\left[\Delta\boldsymbol{\theta}(\boldsymbol{t}) \times \Delta\boldsymbol{V}(t)\right] + \frac{1}{2}\left[\Delta\boldsymbol{\theta}(t) \times \Delta\dot{\boldsymbol{V}}(t) - \Delta\boldsymbol{V}(t) \times \Delta\dot{\boldsymbol{\theta}}(t)\right] \\
&\quad + \Delta\boldsymbol{V}(t) \times \Delta\dot{\boldsymbol{\theta}}(t) \\
&= \frac{1}{2}\frac{\mathrm{d}}{\mathrm{d}t}\left[\Delta\boldsymbol{\theta}(\boldsymbol{t}) \times \Delta\boldsymbol{V}(t)\right] + \frac{1}{2}\left[\Delta\boldsymbol{\theta}(t) \times \boldsymbol{f}^{b}(t) + \Delta\boldsymbol{V}(t) \times \boldsymbol{\omega}_{ab}^{b}(t)\right]
\end{aligned} \tag{11-59}$$

将式(11-59)和式(11-55)代入式(11-54)，当 $t=t_{k-1}$ 时，$\Delta\boldsymbol{V}(t_{k-1})=0$，$\Delta\boldsymbol{\theta}(t_{k-1})=0$；当 $t=t_k$ 时，$\Delta\boldsymbol{V}(t_k)=\Delta\boldsymbol{V}_k$，$\Delta\boldsymbol{\theta}(t_k)=\Delta\boldsymbol{\theta}_k$，即为 $[t_{k-1},t_k]$ 时间段内的速度增量和角增量，因此有

$$\begin{aligned}\Delta\boldsymbol{V}_{\mathrm{sf}(k)}^{b(k-1)}&=\Delta\boldsymbol{V}_k+\frac{1}{2}\Delta\boldsymbol{\theta}_k\times\Delta\boldsymbol{V}_k+\frac{1}{2}\int_{t_{k-1}}^{t_k}\left[\Delta\boldsymbol{\theta}(t)\times\boldsymbol{f}^b(t)+\Delta\boldsymbol{V}(t)\times\boldsymbol{\omega}_{ab}^b(t)\right]\mathrm{d}t\\&=\Delta\boldsymbol{V}_k+\Delta\boldsymbol{V}_{\mathrm{rot}k}+\Delta\boldsymbol{V}_{\mathrm{scul}k}\end{aligned}\tag{11-60}$$

式中

$$\Delta\boldsymbol{V}_{\mathrm{rot}k}=\frac{1}{2}\Delta\boldsymbol{\theta}_k\times\Delta\boldsymbol{V}_k\tag{11-61}$$

为速度的旋转效应补偿量，它是由运载体的线运动方向在空间旋转引起；

$$\Delta\boldsymbol{V}_{\mathrm{scul}k}=\frac{1}{2}\int_{t_{k-1}}^{t_k}\left[\Delta\boldsymbol{\theta}(t)\times\boldsymbol{f}^b(t)+\Delta\boldsymbol{V}(t)\times\boldsymbol{\omega}_{ab}^b(t)\right]\mathrm{d}t\tag{11-62}$$

为速度的划桨效应补偿项，当载体同时做线振动和角振动时存在。

一般情况下无法求得式(11-62)的精确解，为了近似处理，假设陀螺仪角速度和加速度计比力测量均为线性模型，即

$$\begin{cases}\boldsymbol{\omega}_{ab}^b(t)=\boldsymbol{a}+2\boldsymbol{b}(t-t_{k-1})\\\boldsymbol{f}^b(t)=\boldsymbol{A}+2\boldsymbol{B}(t-t_{k-1})\end{cases}\tag{11-63}$$

式中，$\boldsymbol{a}$、$\boldsymbol{b}$、$\boldsymbol{A}$、$\boldsymbol{B}$ 均为常值向量，则相应的角增量和速度增量表达式为

$$\begin{cases}\Delta\boldsymbol{\theta}(t)=\displaystyle\int_{t_{k-1}}^{t_k}\boldsymbol{\omega}_{ab}^b(\tau)\mathrm{d}\tau=\boldsymbol{a}(t-t_{k-1})+\boldsymbol{b}(t-t_{k-1})^2\\\Delta\boldsymbol{V}(t)=\displaystyle\int_{t_{k-1}}^{t_k}\boldsymbol{f}^b(\tau)\mathrm{d}\tau=\boldsymbol{A}(t-t_{k-1})+\boldsymbol{B}(t-t_{k-1})^2\end{cases}\tag{11-64}$$

将式(11-64)和式(11-63)代入式(11-62)并积分，可得

$$\begin{aligned}\Delta\boldsymbol{V}_{\mathrm{scul}k}&=\frac{1}{2}\int_{t_{k-1}}^{t_k}\Big\{\left[\boldsymbol{a}(t-t_{k-1})+\boldsymbol{b}(t-t_{k-1})^2\right]\times\left[\boldsymbol{A}+2\boldsymbol{B}(t-t_{k-1})\right]\\&\quad+\left[\boldsymbol{A}(t-t_{k-1})+\boldsymbol{B}(t-t_{k-1})^2\right]\times\left[\boldsymbol{a}+2\boldsymbol{b}(t-t_{k-1})\right]\Big\}\mathrm{d}t\\&=\frac{1}{2}\int_{t_{k-1}}^{t_k}(\boldsymbol{a}\times\boldsymbol{B}+\boldsymbol{A}\times\boldsymbol{b})(t-t_{k-1})^2\,\mathrm{d}t\\&=(\boldsymbol{a}\times\boldsymbol{B}+\boldsymbol{A}\times\boldsymbol{b})\frac{(t_k-t_{k-1})^3}{6}\end{aligned}\tag{11-65}$$

若陀螺仪和加速度计在 $[t_{k-1},t_k]$ 时间段内均进行两次等间隔采样，采样时刻分别为 $t_{k-1/2}$ 和 t_k，且记 $h=T/2$，则可得采样增量：

$$
\begin{cases}
\Delta\boldsymbol{\theta}_1 = \int_{t_{k-1}}^{t_{k-1}+h} \boldsymbol{\omega}_{ab}^{b}(\tau)\mathrm{d}\tau = h\boldsymbol{a} + h^2\boldsymbol{b} \\
\Delta\boldsymbol{\theta}_2 = \int_{t_{k-1}+h}^{t_k} \boldsymbol{\omega}_{ab}^{b}(\tau)\mathrm{d}\tau = h\boldsymbol{a} + 3h^2\boldsymbol{b} \\
\Delta\boldsymbol{V}_1 = \int_{t_{k-1}}^{t_{k-1}+h} \boldsymbol{f}^{b}(\tau)\mathrm{d}\tau = h\boldsymbol{A} + h^2\boldsymbol{B} \\
\Delta\boldsymbol{V}_2 = \int_{t_{k-1}+h}^{t_k} \boldsymbol{f}^{b}(\tau)\mathrm{d}\tau = h\boldsymbol{A} + 3h^2\boldsymbol{B}
\end{cases}
\tag{11-66}
$$

由式(11-66)可反解得到以采样增量表示的线性模型系数，即

$$
\begin{cases}
\boldsymbol{a} = \dfrac{3\Delta\boldsymbol{\theta}_1 - \Delta\boldsymbol{\theta}_2}{2h}, \quad \boldsymbol{b} = \dfrac{\Delta\boldsymbol{\theta}_2 - \Delta\boldsymbol{\theta}_1}{2h^2} \\
\boldsymbol{A} = \dfrac{3\Delta\boldsymbol{V}_1 - \Delta\boldsymbol{V}_2}{2h}, \quad \boldsymbol{B} = \dfrac{\Delta\boldsymbol{V}_2 - \Delta\boldsymbol{V}_1}{2h^2}
\end{cases}
\tag{11-67}
$$

再将式(11-67)代入式(11-65)，便得二子样速度划桨误差补偿算法[91]：

$$
\begin{aligned}
\Delta\boldsymbol{V}_{\mathrm{scul}k} &= \left(\frac{3\Delta\boldsymbol{\theta}_1 - \Delta\boldsymbol{\theta}_2}{2h} \times \frac{\Delta\boldsymbol{V}_2 - \Delta\boldsymbol{V}_1}{2h^2} + \frac{3\Delta\boldsymbol{V}_1 - \Delta\boldsymbol{V}_2}{2h} \times \frac{\Delta\boldsymbol{\theta}_2 - \Delta\boldsymbol{\theta}_1}{2h^2}\right)\frac{(2h)^3}{6} \\
&= \frac{2}{3}(\Delta\boldsymbol{\theta}_1 \times \Delta\boldsymbol{V}_2 + \Delta\boldsymbol{V}_1 \times \Delta\boldsymbol{\theta}_2)
\end{aligned}
\tag{11-68}
$$

至此速度更新算法推导完成。

11.3.3　位置更新算法

载体做划桨运动时会使捷联惯导位置解算出现涡卷误差，涡卷误差补偿算法也是捷联惯导算法理论研究的一个组成部分[92]。

发射惯性坐标系的位置微分方程为

$$
\dot{\boldsymbol{P}}^a(t) = \boldsymbol{V}^a(t) \tag{11-69}
$$

与捷联惯导姿态更新算法和速度更新算法相比，位置更新算法引起的误差一般比较小，可采用比较简单的梯形积分方法对式(11-69)离散化，得

$$
\boldsymbol{P}_k - \boldsymbol{P}_{k-1} = \int_{t_{k-1}}^{t_k} \boldsymbol{V}^a \mathrm{d}t \approx \left(\boldsymbol{V}_{k-1} + \boldsymbol{V}_k\right)\frac{T}{2} \tag{11-70}
$$

将式(11-70)移项，便可得到位置更新算法：

$$
\boldsymbol{P}_k \approx \boldsymbol{P}_{k-1} + \left(\boldsymbol{V}_{k-1} + \boldsymbol{V}_k\right)\frac{T}{2} \tag{11-71}
$$

对于精度要求高的使用场合，应该采用高分辨率算法。由于$\left[t_{k-1}, t_k\right]$时间段很短，重力加速度和有害加速度补偿项在该时间段内变化十分缓慢，可近似看作

常值，因此其积分值可近似看作时间的线性函数[93]，根据式(11-42)可得

$$\boldsymbol{V}^a(t)=\boldsymbol{V}_{k-1}^a+\Delta\boldsymbol{V}_{\mathrm{sf}}^a(t)+\Delta\boldsymbol{V}_g^a\frac{t-t_{k-1}}{T}\left(t_{k-1}\leqslant t\leqslant t_k\right)\tag{11-72}$$

式中，

$$\Delta\boldsymbol{V}_{\mathrm{sf}(k)}^a=\int_{t_{k-1}}^{t_k}\boldsymbol{R}_b^a(t)\boldsymbol{f}^b(t)\mathrm{d}t\tag{11-73}$$

对式(11-72)等号两端在$\left[t_{k-1},t_k\right]$时间段内积分，得

$$\Delta\boldsymbol{P}_k^a=\left[\boldsymbol{V}_{k-1}^a+\frac{1}{2}\Delta\boldsymbol{V}_{g(k)}^a\right]T+\Delta\boldsymbol{P}_{\mathrm{sf}(k)}^a\tag{11-74}$$

且由式(11-45)得

$$\Delta\boldsymbol{P}_{\mathrm{sf}(k)}^a=\int_{t_{k-1}}^{t_k}\Delta\boldsymbol{V}_{\mathrm{sf}(k)}^a\mathrm{d}t=\boldsymbol{R}_{b(k-1)}^a\int_{t_{k-1}}^{t_k}\Delta\boldsymbol{V}_{\mathrm{sf}(k)}^{b(k-1)}\mathrm{d}t\tag{11-75}$$

参考式(11-60)分析计算得

$$\begin{aligned}\Delta\boldsymbol{P}_{\mathrm{sf}(k)}^b&=\int_{t_{k-1}}^{t_k}\Delta\boldsymbol{V}_{\mathrm{sf}(k)}^{b(k-1)}\mathrm{d}t\\&=\int_{t_{k-1}}^{t_k}\left[\Delta\boldsymbol{V}(t)+\frac{1}{2}\Delta\boldsymbol{\theta}^b(t)\times\Delta\boldsymbol{V}^b(t)+\Delta\boldsymbol{V}_{\mathrm{scul}}(t)\right]\mathrm{d}t\end{aligned}\tag{11-76}$$

记$\boldsymbol{\gamma}_1=\frac{1}{2}\int_{t_{k-1}}^{t_k}\Delta\boldsymbol{\theta}^b(t)\times\Delta\boldsymbol{V}^b(t)\mathrm{d}t$。

对上述积分采用分部积分法求取，并记

$$\boldsymbol{\gamma}_2=\frac{1}{2}\int_{t_{k-1}}^{t_k}\Delta\boldsymbol{\theta}^b(t)\times\Delta\boldsymbol{V}^b(t)\mathrm{d}t=\frac{1}{2}\boldsymbol{S}_{\Delta\theta k}^b\times\Delta\boldsymbol{V}_k^b-\frac{1}{2}\int_{t_{k-1}}^{t_k}\boldsymbol{S}_{\Delta\theta}^b(t)\times\boldsymbol{f}^b(t)\mathrm{d}t$$

$$\boldsymbol{\gamma}_3=\frac{1}{2}\int_{t_{k-1}}^{t_k}\Delta\boldsymbol{\theta}^b(t)\times\Delta\boldsymbol{V}^b(t)\mathrm{d}t=\frac{1}{2}\boldsymbol{\theta}_k^b\times\boldsymbol{S}_{\Delta vk}^b+\frac{1}{2}\int_{t_{k-1}}^{t_k}\boldsymbol{S}_{\Delta v}^b(t)\times\boldsymbol{\omega}_{ab}^b(t)\mathrm{d}t$$

则

$$\begin{aligned}\frac{1}{2}\int_{t_{k-1}}^{t_k}\Delta\boldsymbol{\theta}^b(t)\times\Delta\boldsymbol{V}^b(t)\mathrm{d}t&=\frac{1}{3}(\boldsymbol{\gamma}_1+\boldsymbol{\gamma}_2+\boldsymbol{\gamma}_3)\\&=\frac{1}{6}(\boldsymbol{S}_{\Delta\theta k}^b\times\Delta\boldsymbol{V}_k^b+\boldsymbol{\theta}_k^b\times\boldsymbol{S}_{\Delta vk}^b)+\frac{1}{6}\int_{t_{k-1}}^{t_k}\left[\boldsymbol{S}_{\Delta v}^b(t)\right.\\&\quad\left.\times\boldsymbol{\omega}_{ab}^b(t)-\boldsymbol{S}_{\Delta\theta}^b(t)\times\boldsymbol{f}^b(t)+\Delta\boldsymbol{\theta}^b(t)\times\Delta\boldsymbol{V}^b(t)\right]\mathrm{d}t\end{aligned}\tag{11-77}$$

将式(11-77)代入式(11-76)得

$$\Delta\boldsymbol{P}_{\mathrm{sf}(k)}^b=\int_{t_{k-1}}^{t_k}\Delta\boldsymbol{V}_{\mathrm{sf}(k)}^b\mathrm{d}t=\boldsymbol{S}_{\Delta vk}^b+\Delta\boldsymbol{P}_{\mathrm{rot}k}^b+\Delta\boldsymbol{P}_{\mathrm{scul}k}^b\tag{11-78}$$

式中，

$$\boldsymbol{S}_{\Delta vk}^{b}=\int_{t_{k-1}}^{t_k}\Delta\boldsymbol{V}(t)\mathrm{d}t=\int_{t_{k-1}}^{t_k}\int_{t_{k-1}}^{t_k}\boldsymbol{f}^{b}(\tau)\mathrm{d}\tau\mathrm{d}t \tag{11-79}$$

为比力的二次积分增量；

$$\Delta\boldsymbol{P}_{\mathrm{rot}k}^{b}=\frac{1}{6}\left(\boldsymbol{S}_{\Delta\theta k}^{b}\times\Delta\boldsymbol{V}_{k}^{b}+\Delta\boldsymbol{\theta}_{k}^{b}\times\boldsymbol{S}_{\Delta vk}^{b}\right) \tag{11-80}$$

为位置计算中的旋转效应补偿量；

$$\Delta\boldsymbol{P}_{\mathrm{scul}k}^{b}=\frac{1}{6}\int_{t_{k-1}}^{t_k}[\boldsymbol{S}_{\Delta v}^{b}(t)\times\boldsymbol{\omega}_{ab}^{b}(t)-\boldsymbol{S}_{\Delta\theta}^{b}(t)\times\boldsymbol{f}^{b}(t)+\Delta\boldsymbol{\theta}^{b}(t)\times\Delta\boldsymbol{V}^{b}(t)+6\Delta\boldsymbol{V}_{\mathrm{scul}}(t)]\mathrm{d}t \tag{11-81}$$

为位置计算中的涡卷效应补偿量。

式(11-81)说明，影响涡卷效应的因素有划桨效应和运载体角运动与线运动之间的耦合效应。当运载体的角速度和加速度均为常值时，涡卷效应补偿量为零。但应注意旋转效应补偿量不为零[94]。

由式(11-63)和式(11-64)可知：

$$\begin{cases}\boldsymbol{\omega}_{ab}^{b}(t)=\boldsymbol{a}+2\boldsymbol{b}(t-t_{k-1})\\ \boldsymbol{f}^{b}(t)=\boldsymbol{A}+2\boldsymbol{B}(t-t_{k-1})\end{cases} \tag{11-82}$$

$$\begin{cases}\Delta\boldsymbol{\theta}(t)=\int_{t_{k-1}}^{t_k}\boldsymbol{\omega}_{ab}^{b}(\tau)\mathrm{d}\tau=\boldsymbol{a}(t-t_{k-1})+\boldsymbol{b}(t-t_{k-1})^2\\ \Delta\boldsymbol{V}(t)=\int_{t_{k-1}}^{t_k}\boldsymbol{f}^{b}(\tau)\mathrm{d}\tau=\boldsymbol{A}(t-t_{k-1})+\boldsymbol{B}(t-t_{k-1})^2\end{cases} \tag{11-83}$$

则

$$\Delta\boldsymbol{\theta}_k=\int_{t_{k-1}}^{t_k}\boldsymbol{\omega}_{ab}^{b}(t)\mathrm{d}t=T\boldsymbol{a}+T^2\boldsymbol{b} \tag{11-84}$$

$$\Delta\boldsymbol{V}_k=\int_{t_{k-1}}^{t_k}\boldsymbol{f}(t)\mathrm{d}t=T\boldsymbol{A}+T^2\boldsymbol{B} \tag{11-85}$$

$$\boldsymbol{S}_{\Delta\theta k}=\int_{t_{k-1}}^{t_k}\int_{t_{k-1}}^{\tau}\boldsymbol{\omega}_{ab}^{b}(\mu)\mathrm{d}\mu\mathrm{d}\tau=\frac{T^2}{2}\boldsymbol{a}+\frac{T^3}{3}\boldsymbol{b} \tag{11-86}$$

$$\boldsymbol{S}_{\Delta vk}=\int_{t_{k-1}}^{t_k}\int_{t_{k-1}}^{\tau}\boldsymbol{f}(\mu)\mathrm{d}\mu\mathrm{d}\tau=\frac{T^2}{2}\boldsymbol{A}+\frac{T^3}{3}\boldsymbol{B} \tag{11-87}$$

由式(11-67)可得

$$\boldsymbol{a}=\frac{1}{T}(3\Delta\boldsymbol{\theta}_1-\Delta\boldsymbol{\theta}_2) \tag{11-88}$$

$$\boldsymbol{b}=\frac{2}{T^2}(\Delta\boldsymbol{\theta}_2-\Delta\boldsymbol{\theta}_1) \tag{11-89}$$

$$\boldsymbol{A}=\frac{1}{T}(3\Delta\boldsymbol{V}_1-\Delta\boldsymbol{V}_2) \tag{11-90}$$

$$\boldsymbol{B}=\frac{2}{T^2}(\Delta\boldsymbol{V}_2-\Delta\boldsymbol{V}_1) \tag{11-91}$$

将式(11-84)～式(11-91)代入式(11-79)～式(11-81)得

$$\boldsymbol{S}_{\Delta vk}^b=T\left(\frac{5}{6}\Delta\boldsymbol{V}_1+\frac{1}{6}\Delta\boldsymbol{V}_2\right) \tag{11-92}$$

$$\Delta\boldsymbol{P}_{\mathrm{rot}k}^b=T\left[\Delta\boldsymbol{\theta}_1\times\left(\frac{5}{18}\Delta\boldsymbol{V}_1+\frac{1}{6}\Delta\boldsymbol{V}_2\right)+\Delta\boldsymbol{\theta}_2\times\left(\frac{1}{6}\Delta\boldsymbol{V}_1+\frac{1}{18}\Delta\boldsymbol{V}_2\right)\right] \tag{11-93}$$

$$\Delta\boldsymbol{P}_{\mathrm{scul}k}^b=T\left[\Delta\boldsymbol{\theta}_1\times\left(\frac{11}{90}\Delta\boldsymbol{V}_1+\frac{1}{10}\Delta\boldsymbol{V}_2\right)+\Delta\boldsymbol{\theta}_2\times\left(\frac{1}{90}\Delta\boldsymbol{V}_2-\frac{7}{30}\Delta\boldsymbol{V}_1\right)\right] \tag{11-94}$$

至此，完成位置更新算法推导。

11.3.4 更新算法总结

综上所述，发射惯性坐标系姿态、速度、位置更新算法如表 11-1 所示。

表 11-1　发射惯性坐标系姿态、速度、位置更新算法

类型	更新算法
姿态更新	$\boldsymbol{\Phi}_k=\Delta\boldsymbol{\theta}_1+\Delta\boldsymbol{\theta}_2+\frac{2}{3}\Delta\boldsymbol{\theta}_1\times\Delta\boldsymbol{\theta}_2$ (二子样算法) $\boldsymbol{q}_{b(k)}^{b(k-1)}=\cos\frac{\Phi_k}{2}+\frac{\boldsymbol{\Phi}_k}{\Phi_k}\sin\frac{\Phi_k}{2}$ $\boldsymbol{q}_{b(k)}^a=\boldsymbol{q}_{b(k-1)}^a\boldsymbol{q}_{b(k)}^{b(k-1)}$
速度更新	$\Delta\boldsymbol{V}_k=\Delta\boldsymbol{V}_1+\Delta\boldsymbol{V}_2$ (二子样，速度增量) $\Delta\boldsymbol{V}_{\mathrm{rot}k}=\frac{1}{2}\Delta\boldsymbol{\theta}_k\times\Delta\boldsymbol{V}_k$ (旋转效应补偿项) $\Delta\boldsymbol{V}_{\mathrm{scul}k}=\frac{2}{3}(\Delta\boldsymbol{\theta}_1\times\Delta\boldsymbol{V}_2+\Delta\boldsymbol{V}_1\times\Delta\boldsymbol{\theta}_2)$ (划桨效应补偿项) $\Delta\boldsymbol{V}_{\mathrm{sf}(k)}^{b(k-1)}=\Delta\boldsymbol{V}_k+\Delta\boldsymbol{V}_{\mathrm{rot}k}+\Delta\boldsymbol{V}_{\mathrm{scul}k}$ $\Delta\boldsymbol{V}_{\mathrm{sf}(k)}^a=\boldsymbol{R}_{b(k-1)}^a\Delta\boldsymbol{V}_{\mathrm{sf}(k)}^{b(k-1)}$ $\Delta\boldsymbol{V}_{g(k)}^a\approx\boldsymbol{g}_{k-1/2}^aT$ (重力速度增量) $\boldsymbol{V}_k^a=\boldsymbol{V}_{k-1}^a+\Delta\boldsymbol{V}_{\mathrm{sf}(k)}^a+\Delta\boldsymbol{V}_{g(k)}^a$

续表

类型	更新算法
位置更新	$\boldsymbol{S}_{\Delta vk}^{b}=T\left(\frac{5}{6}\Delta\boldsymbol{V}_1+\frac{1}{6}\Delta\boldsymbol{V}_2\right)$ (比力的二次积分增量) $\Delta\boldsymbol{P}_{\text{rot}k}^{b}=T\left[\Delta\boldsymbol{\theta}_1\times\left(\frac{5}{18}\Delta\boldsymbol{V}_1+\frac{1}{6}\Delta\boldsymbol{V}_2\right)+\Delta\boldsymbol{\theta}_2\times\left(\frac{1}{6}\Delta\boldsymbol{V}_1+\frac{1}{18}\Delta\boldsymbol{V}_2\right)\right]$ (旋转效应补偿量) $\Delta\boldsymbol{P}_{\text{scul}k}^{b}=T\left[\Delta\boldsymbol{\theta}_1\times\left(\frac{11}{90}\Delta\boldsymbol{V}_1+\frac{1}{10}\Delta\boldsymbol{V}_2\right)+\Delta\boldsymbol{\theta}_2\times\left(\frac{1}{90}\Delta\boldsymbol{V}_2-\frac{7}{30}\Delta\boldsymbol{V}_1\right)\right]$ (涡卷效应补偿量) $\Delta\boldsymbol{P}_{\text{sf}}^{b}=\boldsymbol{S}_{\Delta vk}^{b}+\Delta\boldsymbol{P}_{\text{rot}k}^{b}\Delta\boldsymbol{P}_{\text{scul}k}^{b}$ $\boldsymbol{P}_k=\boldsymbol{P}_{k-1}+\left(\boldsymbol{V}_{k-1}^{a}+\frac{1}{2}\Delta\boldsymbol{V}_{g(k)}^{a}\right)T+\boldsymbol{R}_b^a\Delta\boldsymbol{P}_{\text{sf}(k)}^{b}$

11.4 发射惯性坐标系中的捷联惯导误差方程

发射惯性坐标系中的捷联惯导误差方程是研究发射惯性坐标系惯导误差的方法，是发射惯性坐标系下组合导航的基础，下面给出误差方程的详细推导过程。

1. 姿态误差方程

捷联惯导系统中，载体坐标系至计算坐标系的转换矩阵误差是由两个坐标系间旋转时的角速率误差引起的。在发射惯性坐标系姿态方程编排有

$$\dot{\boldsymbol{R}}_b^a=\boldsymbol{R}_b^a\boldsymbol{\Omega}_{ab}^b \tag{11-95}$$

考虑测量和计算误差，计算得到的转换矩阵变换率为

$$\dot{\hat{\boldsymbol{R}}}_b^a=\hat{\boldsymbol{R}}_b^a\hat{\boldsymbol{\Omega}}_{ab}^b \tag{11-96}$$

计算得到的转换矩阵 $\hat{\boldsymbol{R}}_b^a$ 可以写为

$$\hat{\boldsymbol{R}}_b^a=\boldsymbol{R}_b^a+\delta\boldsymbol{R}_b^a \tag{11-97}$$

令

$$\delta\boldsymbol{R}_b^a=-\boldsymbol{\Psi}^a\boldsymbol{R}_b^a \tag{11-98}$$

得

$$\hat{\boldsymbol{R}}_b^a=(\boldsymbol{I}-\boldsymbol{\Psi}^a)\boldsymbol{R}_b^a \tag{11-99}$$

实际导航坐标系和计算坐标系之间存在误差角 $\boldsymbol{\phi}^a=[\phi_x\quad\phi_y\quad\phi_z]^{\mathrm{T}}$，且 $\boldsymbol{\Psi}^a$ 为 $\boldsymbol{\phi}^a$ 的反对称矩阵：

$$\boldsymbol{\Psi}^a=\begin{bmatrix}0&\phi_z&-\phi_y\\-\phi_z&0&\phi_x\\\phi_y&-\phi_x&0\end{bmatrix} \tag{11-100}$$

对式(11-98)和式(11-99)两边求导，可得

$$\begin{cases}\delta \dot{\boldsymbol{R}}_b^a = -\dot{\boldsymbol{\Psi}}^a \boldsymbol{R}_b^a - \boldsymbol{\Psi}^a \dot{\boldsymbol{R}}_b^a \\ \dot{\hat{\boldsymbol{R}}}_b^a = \dot{\boldsymbol{R}}_b^a - \dot{\boldsymbol{\Psi}}^a \boldsymbol{R}_b^a - \boldsymbol{\Psi}^a \dot{\boldsymbol{R}}_b^a\end{cases} \tag{11-101}$$

另一方面，将式(11-98)代入小扰动微分式(11-95)可得

$$\delta \dot{\boldsymbol{R}}_b^a = \delta \boldsymbol{R}_b^a \boldsymbol{\Omega}_{ab}^b + \boldsymbol{R}_b^a \delta \boldsymbol{\Omega}_{ab}^b = -\boldsymbol{\Psi}^a \boldsymbol{R}_b^a \boldsymbol{\Omega}_{ab}^b + \boldsymbol{R}_b^a \delta \boldsymbol{\Omega}_{ab}^b \tag{11-102}$$

比较式(11-101)和式(11-102)，可得

$$\dot{\boldsymbol{\Psi}}^a = -\boldsymbol{R}_b^a \delta \boldsymbol{\Omega}_{ab}^b \boldsymbol{R}_a^b \tag{11-103}$$

写成矢量形式为

$$\dot{\boldsymbol{\phi}}^a = -\boldsymbol{R}_b^a \delta \boldsymbol{\omega}_{ab}^b \tag{11-104}$$

陀螺仪测量误差 $\delta \boldsymbol{\omega}_{ab}^b = \delta \boldsymbol{\omega}_{ai}^b + \delta \boldsymbol{\omega}_{ib}^b$，且又因 $\delta \boldsymbol{\omega}_{ai}^b = 0$，假设 $\delta \boldsymbol{\omega}_{ib}^b$ 由等效陀螺仪随机常值漂移 $\boldsymbol{\varepsilon}^b$ 组成，则

$$\dot{\boldsymbol{\phi}}^a = -\boldsymbol{R}_b^a \boldsymbol{\varepsilon}^b \tag{11-105}$$

因此，姿态误差方程写成分量形式为

$$\begin{bmatrix}\dot{\phi}_x^a \\ \dot{\phi}_y^a \\ \dot{\phi}_z^a\end{bmatrix} = -\boldsymbol{R}_b^a \begin{bmatrix}\varepsilon_x^b \\ \varepsilon_y^b \\ \varepsilon_z^b\end{bmatrix} \tag{11-106}$$

2. 速度误差方程

由式(11-11)可得发射惯性坐标系下的速度微分方程为

$$\dot{\boldsymbol{V}}^a = \boldsymbol{R}_b^a \boldsymbol{f}^b + \boldsymbol{g}^a \tag{11-107}$$

进行小扰动线性化可得

$$\delta \dot{\boldsymbol{V}}^a = \delta \boldsymbol{R}_b^a \boldsymbol{f}^b + \boldsymbol{R}_b^a \delta \boldsymbol{f}^b + \delta \boldsymbol{g}^a \tag{11-108}$$

假设加速度计测量误差 $\delta \boldsymbol{f}^b$ 由等效加速度计随机常值零偏 $\boldsymbol{\nabla}^b$ 组成。故可得速度误差方程为

$$\delta \dot{\boldsymbol{V}}^a = \delta \boldsymbol{R}_b^a \boldsymbol{f}^b + \delta \boldsymbol{g}^a + \boldsymbol{R}_b^a \boldsymbol{\nabla}^b \tag{11-109}$$

将式(11-98)代入式(11-109)得

$$\begin{aligned}\delta \dot{\boldsymbol{V}}^a &= -\boldsymbol{\Psi} \boldsymbol{R}_b^a \boldsymbol{f}^b + \delta \boldsymbol{g}^a + \boldsymbol{R}_b^a \boldsymbol{\nabla}^b \\ &= \boldsymbol{F}^a \boldsymbol{\phi}^a + \delta \boldsymbol{g}^a + \boldsymbol{R}_b^a \boldsymbol{\nabla}^b\end{aligned} \tag{11-110}$$

简化引力场模型为球形有心力场，特别是当弹道导弹的主动段高度较低

时，有

$$\begin{cases}\dfrac{\partial g_x^a}{\partial x}=-\dfrac{fM}{r^3}(1-3\dfrac{x^2}{r^2})\\ \dfrac{\partial g_x^a}{\partial y}=3\dfrac{fM}{r^3}\dfrac{x(y+R_0)}{r^2}\\ \dfrac{\partial g_x^a}{\partial z}=3\dfrac{fM}{r^3}\dfrac{xz}{r^2}\end{cases}\tag{11-111}$$

$$\begin{cases}\dfrac{\partial g_y^a}{\partial x}=\dfrac{\partial g_x^a}{\partial y}\\ \dfrac{\partial g_y^a}{\partial y}=-\dfrac{fM}{r^3}\left[1-3\dfrac{(R_0+y)^2}{r^2}\right]\\ \dfrac{\partial g_y^a}{\partial z}=3\dfrac{fM}{r^3}\dfrac{(y+R_0)z}{r^2}\end{cases}\tag{11-112}$$

$$\begin{cases}\dfrac{\partial g_z^a}{\partial x}=\dfrac{\partial g_x^a}{\partial z}\\ \dfrac{\partial g_z^a}{\partial y}=\dfrac{\partial g_y^a}{\partial z}\\ \dfrac{\partial g_z^a}{\partial z}=-\dfrac{fM}{r^3}(1-3\dfrac{z^2}{r^2})\end{cases}\tag{11-113}$$

$$r=\sqrt{x^2+(R_0+y)^2+z^2}\tag{11-114}$$

式中，f 为万有引力常数；M 为地球的质量；$r=|\boldsymbol{r}|,\boldsymbol{r}=[x,y+R_0,z]^{\mathrm{T}}$；$R_0$ 为地球平均半径，则

$$\delta\boldsymbol{g}^a=\begin{bmatrix}\dfrac{\delta g_x^a}{\delta x} & \dfrac{\delta g_x^a}{\delta y} & \dfrac{\delta g_x^a}{\delta z}\\ \dfrac{\delta g_y^a}{\delta x} & \dfrac{\delta g_y^a}{\delta y} & \dfrac{\delta g_y^a}{\delta z}\\ \dfrac{\delta g_z^a}{\delta x} & \dfrac{\delta g_z^a}{\delta y} & \dfrac{\delta g_z^a}{\delta z}\end{bmatrix}\begin{bmatrix}\delta x\\ \delta y\\ \delta z\end{bmatrix}=\boldsymbol{G}_P^a\delta\boldsymbol{P}\tag{11-115}$$

3. 位置误差方程

发射惯性坐标系下的位置微分方程为

$$\dot{\boldsymbol{P}}^a = \boldsymbol{V}^a \tag{11-116}$$

可得位置误差方程为

$$\delta\dot{\boldsymbol{P}}^a = \delta\boldsymbol{V}^a \tag{11-117}$$

11.5　发射惯性坐标系松耦合组合导航算法

11.5.1　SINS/GNSS 松耦合组合导航算法

综合姿态、速度、位置误差方程，假设陀螺仪测量误差 $\delta\boldsymbol{\omega}_{ab}^b$ 由陀螺仪零偏 $\boldsymbol{\varepsilon}^b$ 组成，加速度计测量误差 $\delta\boldsymbol{f}^b$ 由加速度计零偏 $\boldsymbol{\nabla}^b$ 组成，则采用的 SINS/GNSS 组合导航的状态变量为 15 维，即

$$\boldsymbol{X}=\begin{bmatrix}\boldsymbol{\phi}^a & \delta\boldsymbol{V}^a & \delta\boldsymbol{P}^a & \boldsymbol{\varepsilon}^b & \boldsymbol{\nabla}^b\end{bmatrix}^{\mathrm{T}} \tag{11-118}$$

卡尔曼滤波方程为

$$\dot{\boldsymbol{X}} = \boldsymbol{F}\boldsymbol{X} + \boldsymbol{G}\boldsymbol{W} \tag{11-119}$$

式中，$\boldsymbol{G}$ 为噪声驱动矩阵；$\boldsymbol{W}$ 为过程噪声矢量；状态转移矩阵 $\boldsymbol{F}$ 为

$$\boldsymbol{F}=\begin{bmatrix}\boldsymbol{0}_{3\times3} & \boldsymbol{0}_{3\times3} & \boldsymbol{0}_{3\times3} & -\boldsymbol{R}_b^a & \boldsymbol{0}_{3\times3}\\ \boldsymbol{F}^a & \boldsymbol{0}_{3\times3} & \boldsymbol{G}_P^a & \boldsymbol{0}_{3\times3} & \boldsymbol{R}_b^a\\ \boldsymbol{0}_{3\times3} & \boldsymbol{I}_{3\times3} & \boldsymbol{0}_{3\times3} & \boldsymbol{0}_{3\times3} & \boldsymbol{0}_{3\times3}\\ \boldsymbol{0}_{3\times3} & \boldsymbol{0}_{3\times3} & \boldsymbol{0}_{3\times3} & \boldsymbol{0}_{3\times3} & \boldsymbol{0}_{3\times3}\\ \boldsymbol{0}_{3\times3} & \boldsymbol{0}_{3\times3} & \boldsymbol{0}_{3\times3} & \boldsymbol{0}_{3\times3} & \boldsymbol{0}_{3\times3}\end{bmatrix} \tag{11-120}$$

式中，$\boldsymbol{F}^a$ 为 $\boldsymbol{\phi}^a$ 的反对称矩阵，见式(11-100)；$\boldsymbol{G}_P^a$ 见式(11-115)。

量测方程为

$$\boldsymbol{Z}_{\mathrm{vp}} = \boldsymbol{H}_{\mathrm{vp}}\boldsymbol{X} + \boldsymbol{V}_{\mathrm{vp}} \tag{11-121}$$

式中，$\boldsymbol{Z}_{\mathrm{vp}}$ 为速度位置量测矢量；$\boldsymbol{V}_{\mathrm{vp}}$ 为速度位置量测噪声；$\boldsymbol{H}_{\mathrm{vp}}$ 为观测矩阵。

惯导的速度和位置可表示为

$$\begin{bmatrix}\boldsymbol{V}_{\mathrm{I}}\\ \boldsymbol{P}_{\mathrm{I}}\end{bmatrix}=\begin{bmatrix}\boldsymbol{V}_{\mathrm{t}}\\ \boldsymbol{P}_{\mathrm{t}}\end{bmatrix}+\begin{bmatrix}\delta\boldsymbol{V}_{\mathrm{I}}\\ \delta\boldsymbol{P}_{\mathrm{I}}\end{bmatrix} \tag{11-122}$$

式中，$\boldsymbol{V}_{\mathrm{I}}$、$\boldsymbol{P}_{\mathrm{I}}$ 分别为惯导输出的速度、位置；$\delta\boldsymbol{V}_{\mathrm{I}}$、$\delta\boldsymbol{P}_{\mathrm{I}}$ 分别为惯导输出速度、位置时相应的误差；$\boldsymbol{V}_{\mathrm{t}}$、$\boldsymbol{P}_{\mathrm{t}}$ 分别为载体速度、位置的真值。

卫星导航的速度和位置可表示为

$$\begin{bmatrix} \boldsymbol{V}_{\mathrm{S}} \\ \boldsymbol{P}_{\mathrm{S}} \end{bmatrix} = \begin{bmatrix} \boldsymbol{V}_{\mathrm{t}} \\ \boldsymbol{P}_{\mathrm{t}} \end{bmatrix} + \begin{bmatrix} \delta \boldsymbol{V}_{\mathrm{S}} \\ \delta \boldsymbol{P}_{\mathrm{S}} \end{bmatrix} \tag{11-123}$$

式中，$\boldsymbol{V}_{\mathrm{S}}$、$\boldsymbol{P}_{\mathrm{S}}$ 分别为卫星导航输出的速度、位置；$\delta\boldsymbol{V}_{\mathrm{S}}$、$\delta\boldsymbol{P}_{\mathrm{S}}$ 分别为卫星导航输出速度、位置时相应的误差。

速度位置量测矢量为

$$\boldsymbol{Z}_{\mathrm{vp}} = \begin{bmatrix} \boldsymbol{V}_{\mathrm{I}} - \boldsymbol{V}_{\mathrm{S}} \\ \boldsymbol{P}_{\mathrm{I}} - \boldsymbol{P}_{\mathrm{S}} \end{bmatrix} \tag{11-124}$$

$\boldsymbol{H}_{\mathrm{vp}}$ 的表达式为

$$\boldsymbol{H}_{\mathrm{vp}} = \begin{bmatrix} \boldsymbol{0}_{3\times3} & \boldsymbol{I}_{3\times3} & \boldsymbol{0}_{3\times3} & \boldsymbol{0}_{3\times3} & \boldsymbol{0}_{3\times3} \\ \boldsymbol{0}_{3\times3} & \boldsymbol{0}_{3\times3} & \boldsymbol{I}_{3\times3} & \boldsymbol{0}_{3\times3} & \boldsymbol{0}_{3\times3} \end{bmatrix} \tag{11-125}$$

11.5.2　卫星的位置和速度转换

由于卫星接收机输出的是地心地固坐标系的位置和速度，需要将其转换到发射惯性坐标系下。设卫星地心地固坐标系下的位置和速度为 $\boldsymbol{P}_{\mathrm{s}}^{e}$ 和 $\boldsymbol{V}_{\mathrm{s}}^{e}$，首先转换到发射地心惯性坐标系下，得到位置 $\boldsymbol{P}_{\mathrm{s}}^{t}$ 和速度 $\boldsymbol{V}_{\mathrm{s}}^{t}$，如式(11-126)和式(11-127)所示：

$$\boldsymbol{P}_{\mathrm{s}}^{t} = \boldsymbol{R}_{\mathrm{z}}\left(\omega_{ie}t\right)\boldsymbol{P}_{\mathrm{s}}^{e} \tag{11-126}$$

$$\boldsymbol{V}_{\mathrm{s}}^{t} = \boldsymbol{R}_{\mathrm{z}}\left(\omega_{ie}t\right)\left(\boldsymbol{V}_{\mathrm{s}}^{e} + \begin{bmatrix} 0 \\ 0 \\ \omega_{ie} \end{bmatrix} \times \boldsymbol{P}_{\mathrm{s}}^{e}\right) \tag{11-127}$$

再将发射地心惯性坐标系中的位置 $\boldsymbol{P}_{\mathrm{s}}^{t}$ 和速度 $\boldsymbol{V}_{\mathrm{s}}^{t}$ 转换到发射惯性坐标系中，得到卫星接收机在发射惯性坐标系中的位置 $\boldsymbol{P}_{\mathrm{s}}^{a}$ 和速度 $\boldsymbol{V}_{\mathrm{s}}^{a}$，如式(11-128)和式(11-129)所示：

$$\boldsymbol{P}_{\mathrm{s}}^{a} = \boldsymbol{R}_{\mathrm{t}}^{a}\left(\boldsymbol{P}_{\mathrm{s}}^{t} - \boldsymbol{P}_{0}^{t}\right) \tag{11-128}$$

$$\boldsymbol{V}_{\mathrm{s}}^{a} = \boldsymbol{R}_{\mathrm{t}}^{a}\boldsymbol{V}_{\mathrm{s}}^{t} \tag{11-129}$$

11.5.3　仿真验证

设计一条时长为 1100s 的飞行轨迹，该轨迹的初始状态：速度为 0m/s，纬度为 34.2°，经度为 108.9°，高度为 400m，射向为 200°，俯仰角为 90°，滚转角为 0°，偏航角为 0°，飞行轨迹三维图如图 11-3 所示。

对提出的松耦合组合导航算法进行仿真分析，组合导航仿真参数见表 11-2。

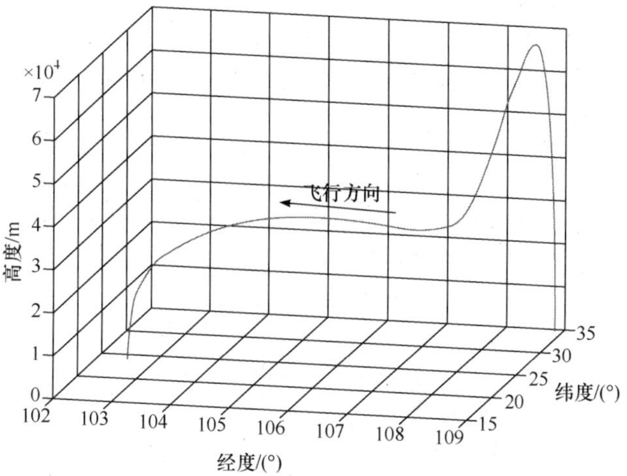

图 11-3　飞行轨迹三维图

表 11-2　组合导航仿真参数

仿真参数	指标	仿真参数	指标
陀螺仪常值偏差	3°/h	捷联惯导解算周期	10ms
陀螺仪随机误差	$0.3°/\sqrt{h}$	初始滚转角误差	1′
加速度计常值偏置	$1\times10^{-3}g_0$	初始偏航角误差	3′
加速度计测量白噪声	$1\times10^{-4}g_0$	初始俯仰角误差	3′
陀螺仪刻度因数误差	100ppm	初始速度误差	0.01m/s
加速度计刻度因数误差	100ppm	初始位置误差	5m
组合导航时间	1s	卫星定位精度	15m
仿真时间	1100s	卫星测速精度	0.3m/s

发射惯性坐标系下松耦合组合导航的仿真结果见图 11-4～图 11-8。

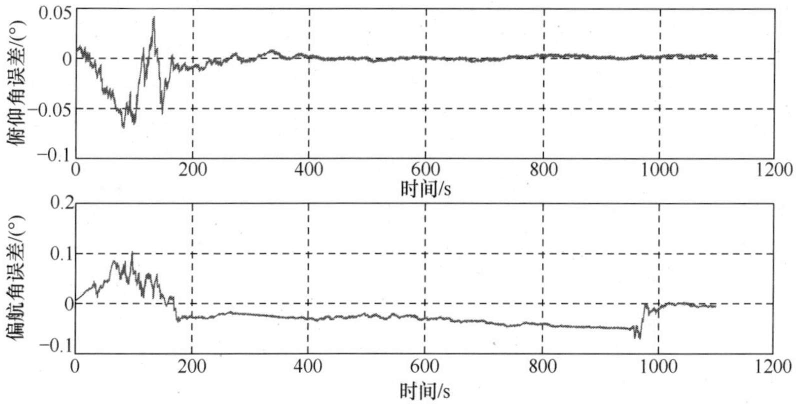

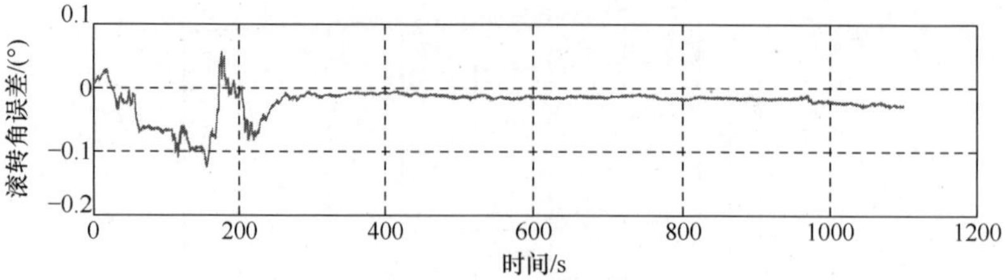

图 11-4　发射惯性坐标系下松耦合姿态角误差

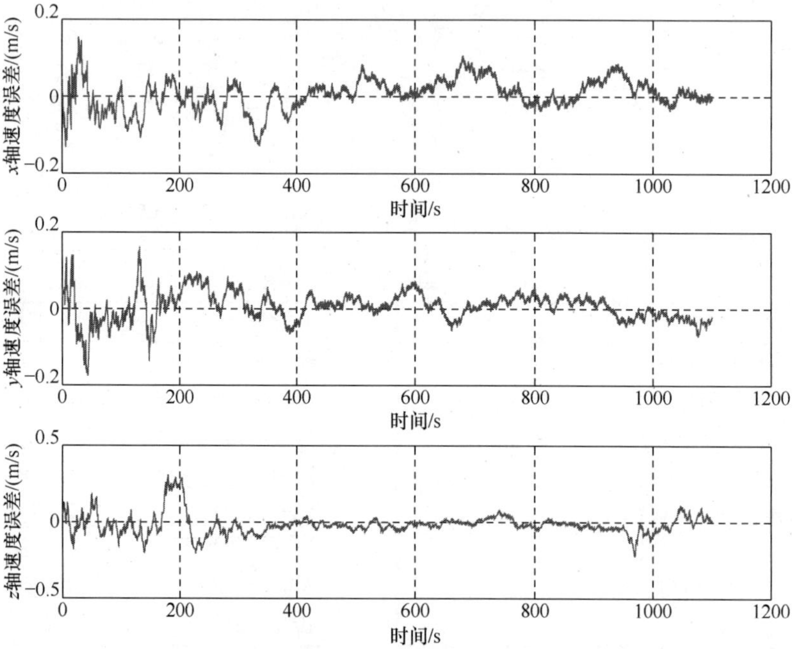

图 11-5　发射惯性坐标系下松耦合速度误差

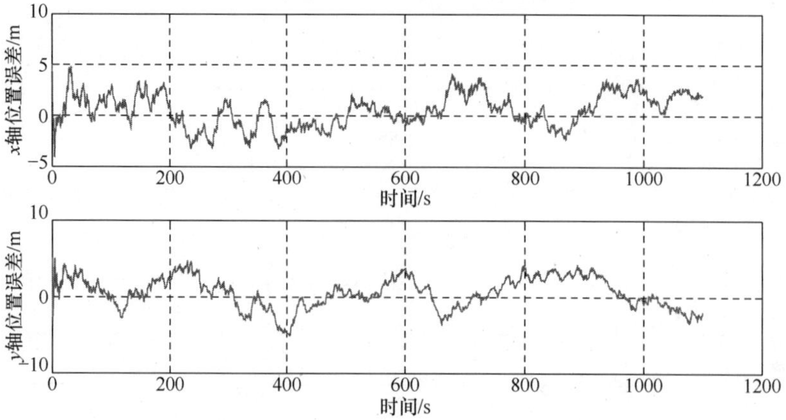

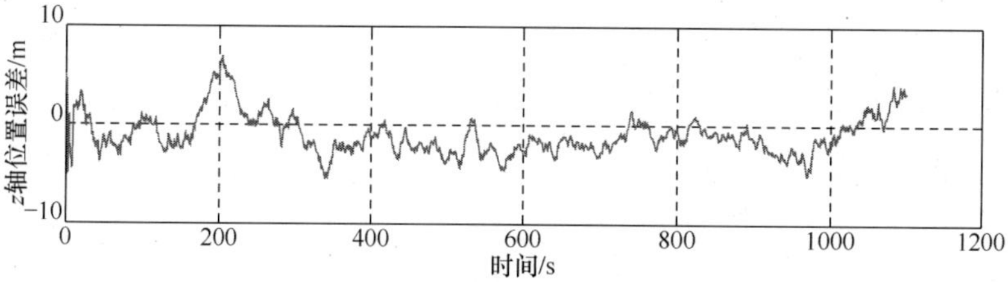

图 11-6　发射惯性坐标系下松耦合位置误差

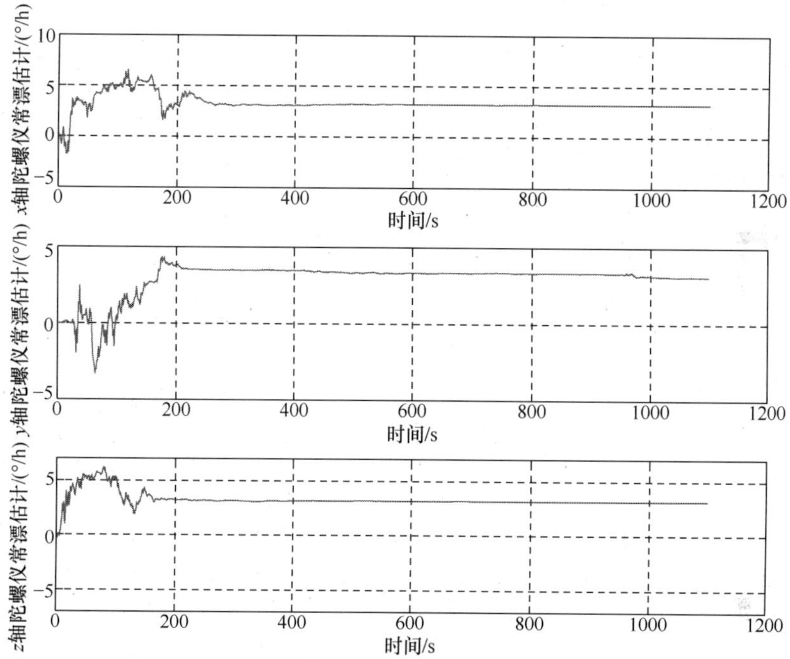

图 11-7　组合导航陀螺仪常值漂移估计

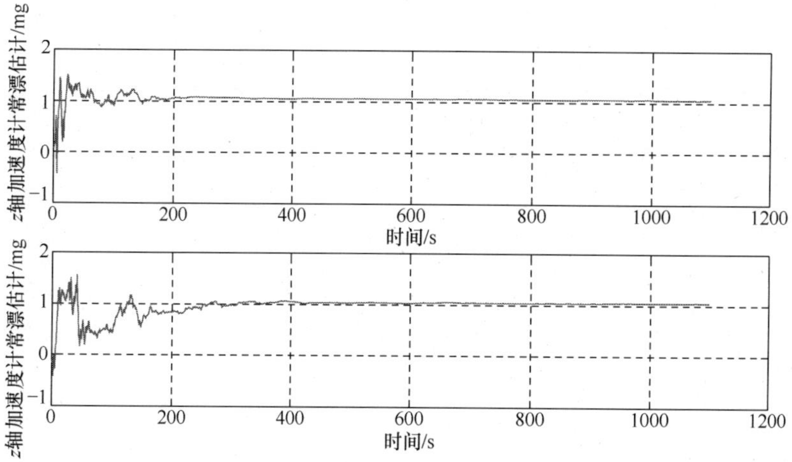

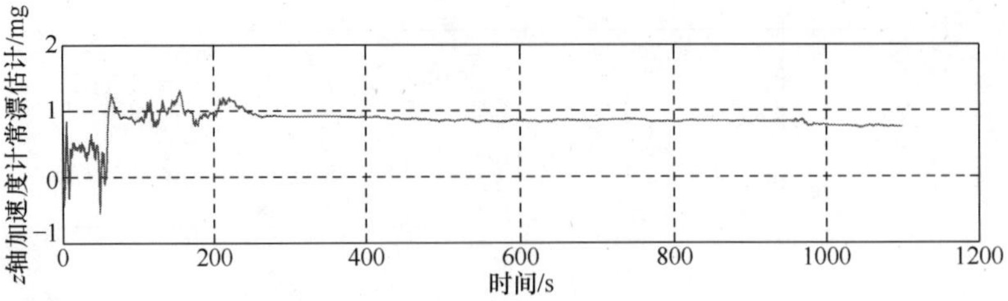

图 11-8　组合导航加速度计常值漂移估计

可以看出，组合导航系统的三个姿态角误差基本能收敛到 0.1°以内，三个方向的速度误差能收敛到 0.2m/s 以内，三个方向的位置误差能收敛到 10m 以内，500s 后三个方向的陀螺仪常值漂移都能估计到 3°/h，三个方向的加速度计常值漂移都能估计到 1mg。

第 12 章　故障检测发展趋势

随着航天科技的迅猛发展，空间站计划、登月计划和深空探测的展开，大型卫星和小卫星多星发射的需求以及激烈的市场竞争，对运载火箭的安全性、可靠性和低成本等性能提出了更高的要求。在各国新一代运载火箭逐步推向市场、航天重大工程持续推进、商业航天愈发繁荣，以及新一代人工智能技术蓬勃发展的背景下，运载火箭控制技术的作用也备受关注[95]。

未来的航天运输系统将更加智慧化，能够应对更大的不确定和突发情况。通过智能控制技术提高火箭性能，增强火箭的主动适应能力。通过智能技术赋能火箭“会学习”[96]，将具有重要的理论与工程应用价值。

“会学习”运载火箭制导控制技术是将智能技术引入导航、制导和控制等各个任务环节，使运载火箭变得更聪明、更自主，通过学习和训练，弥补程序化控制策略带来的局限性，增强运载火箭适应复杂飞行环境及应对突发事件的能力，确保成功完成任务。“会学习”运载火箭的特征内涵如下。

1)“边飞边学”特征

火箭实现飞行状态与环境在线辨识、运载及控制能力在线评估、轨迹在线规划、控制在线重构和目标在线变更等功能。基于深度学习、机器学习等智能控制技术，使运载火箭具备个体强适应、任务快响应、飞行自学习、系统高自主、硬件可演化、算法能泛化、机制类人化、控制强智能等能力，实现“边飞边学”。

2)“终身学习”特征

“终身学习”的运载火箭控制系统能够充分利用全生命周期中所产生的数据，包括控制系统寿命模型中的结构特性、参数、环境条件和历史数据等，以大数据、智能分析技术等为基础，实现模型智能修正、模型智能建立、方案与参数智能优化等功能，持续进行自我学习和改进，实现知识的深度挖掘、迁移应用和决策评估，使控制系统能够适应不同的载荷、内部不确定和外部环境的扰动。控制系统通过一次设计延伸至整个型号的生命周期，实现火箭“越飞越聪明”和“越飞越自信”。

“边飞边学”与“终身学习”两大能力特征相辅相成，相互促进。运载火箭“边飞边学”积累的经验和数据支撑其“终身学习”；反过来，通过运载火箭“终身学习”的训练与优化、算法自进化促进“边飞边学”更智能。

航天智能控制系统的发展将是航天控制系统与人工智能理论和技术成果不断

融合的过程。结合当今发展态势，航天智能控制系统将经历以下发展阶段[97]。

2020 年前后，可称为“航天智控 1.0”阶段。在个体智能方面，对控制系统各关键环节进行智能化的升级改造，以提升航天装备应对各种不确定性和变化的适应能力。在群体智能方面，打通装备间信息交互的通信链路，实现航天装备与其他节点的信息组网。

到 2025 年前后，可称为“航天智控 2.0”阶段。在个体智能方面，控制系统将具备更强的学习能力，可以跟随、模仿，能够学习优秀范例，航天装备将成为可学习、可训练的装备。在群体智能方面，将实现协同探测、协同态势感知、编队飞行等协作能力。

到 2030 年前后，可称为“航天智控 3.0”阶段。在个体智能方面，控制系统将具备以想象为代表的抽象思维能力，可以类比、联想，实现举一反三。在群体智能方面，将在快变化、强干扰、信息不完整等强对抗条件下实现群体智能博弈。

到 2035 年前后，可称为“航天智控 4.0”阶段。在个体智能方面，控制系统将具备以进化为代表的更强的抽象思维能力，不仅可以自主地解决问题，而且可以自主地发现问题，从而不断地自进化和自增强。在人机混合智能方面，在前几个阶段开展探索性研究的基础上，实现人类智能与机器智能的混合增强，航天装备将能更深度地与人类智能共存共融。

未来，随着人工智能技术的不断深入，以及航天装备智能化的不断提高，故障检测技术也将进一步发展。航天运载器导航系统的故障检测将呈现如下特点：

(1) 实时性更高，故障检测性能更好。大数据科学的发展，对计算机的算力提出了更高的要求。随着航天运载器计算机算力的提升，能够处理的数据越来越多，计算速度越来越快，故障检测的性能越来越好，实时性也越来越高。

(2) 更加智能化[98]。随着人工智能学科的发展，以及航天飞行器飞行数据的大量积累，航天器导航系统的故障检测可以利用大数据、机器学习、深度学习、强化学习和迁移学习等技术进行模型训练，无须建立复杂的数学模型，即可实现故障检测。

参 考 文 献

[1] 熊大顺. 国外低级错误导致航天发射失败的案例[J]. 航天工业管理, 2011, 11(11): 32-36.

[2] 中国运载火箭技术研究院新闻中心. 1996 年 2 月 15 日, 长征三号乙火箭首飞, 发射国际卫星组织"国际 708 卫星"失利[EB/OL]. [2016-05-27]. http: //www.calt.com/n485/n841/n842/c5427/content.html.

[3] 曲晶, 张绿云. 国外火箭发射及故障情况统计分析[J]. 中国航天, 2016, 454(2): 13-18.

[4] 张娅. 近年来俄罗斯运载火箭故障综合分析与启示——联盟-FG 火箭发射失利引发的思考[J]. 国际太空, 2019, 481(1): 64-68.

[5] 零壹空间科技集团. "归零"探索, "向壹"前行[EB/OL]. [2019-04-01]. https://mp.weixin.qq.com/s?search_click_id=9820335367733787156-1631452073032-129623&sub&__biz=MzA5ODM4MzU1Mg==&mid=2649626417&idx=1&sn=b0eba337dfdebd3560894ae945b25f77&chksm=8888d49ebfff5d88c473beab6cc9cf180d97fb901aa32c63f3a97e9b6d38a0ef3f54a030da40&&scene=19&subscene=10000&clicktime=1631452073&enterid=1631452073#rd.

[6] 宋征宇. 双捷联惯组单表级的冗余管理及信息融合技术[J]. 载人航天, 2012, 18(5): 8-13.

[7] 宋征宇. 高可靠运载火箭控制系统设计[M]. 北京: 中国宇航出版社, 2014.

[8] 宋征宇. 新一代运载火箭电气系统体系架构的研究[J]. 载人航天, 2016, 22(3): 317-322.

[9] Honeywell. Inertial Navigation and Control Assembly(INCA) And Redundant Rate Gyro Unit (RRGU)[EB/OL]. [2020-11-14]. https://aerospace.honeywell.com/us/en/learn/products/space/inertial-navigation-and-control-assembly.

[10] SABLYNSKI R, PORDON R. A report on the flight of Delta Ⅱ's redundant inertial flight control assembly(RIFCA)[C]. IEEE Position Location & Navigation Symposium, Palm Springs, 1998: 8-9.

[11] 宋征宇. 从准确、精确到精益求精——载人航天推动运载火箭制导方法的发展[J]. 航天控制, 2013, 31(1): 4-10, 31.

[12] 李成智. 中国航天技术的突破性发展[J]. 中国科学院院刊, 2019, 34(9): 1014-1027.

[13] FRANK P M. Fault diagnosis in dynamic systems using analytical and knowledge-based redundancy a survey and some new results[J]. Automatica, 1990, 26(3): 459-474.

[14] 闻竞竞, 黄道. 故障诊断方法综述[C]. 全国第 18 届计算机技术与应用学术会议(CACIS), 宁波, 2007: 1445-1449.

[15] 徐晓东. 基于小波分析的 SS8 主变流器故障诊断研究[D]. 长沙: 中南大学, 2006.

[16] 闻新, 张洪钺, 周露. 控制系统的故障诊断和容错控制[M]. 北京: 机械工业出版社, 1998.

[17] 周东华, 孙优贤. 控制系统的故障检测与诊断技术[M]. 北京: 清华大学出版社, 1994.

[18] ALAG S, AGOGINO A M, MORJARIA M. A methodology for intelligent sensor measurement, validation, fusion, and fault detection for equipment monitoring and diagnostics[J]. Artificial Intelligence for Engineering Design, Analysis and Manufacturing, 2001, 15(4): 307-320.

[19] 张冀, 王兵树, 马永光, 等. 基于扩展证据理论的信息融合方法在传感器故障诊断中的应用[J]. 动力工程, 2006, 26(5): 689-693.

[20] 刘涛, 曾祥利, 曾军. 实用小波分析入门[M]. 北京: 国防工业出版社, 2006.

[21] 汤霞清, 程旭维, 张环, 等. 基于实时小波的光纤陀螺阈值滤波[J]. 科技导报, 2012, 30(17):

50-53.

[22] 田晓东，韦锡华. 小波分析在多传感器组合导航故障检测中的应用[J]. 青岛大学学报(工程技术版), 2002, 17(4): 66-68.

[23] DAUBECHIES I, BATES B J. Ten lectures on wavelets[J]. The Journal of the Acoustical Society of America, 1993, 93(3): 1671.

[24] 刘湘婉. 基于智能算法的机载蒸发循环制冷系统故障诊断[D]. 南京：南京航空航天大学, 2019.

[25] POTTER J E, SUMAN M C. Thresholdless redundancy management with arrays of skewed instruments[J]. Integrity in Electronic Flight Control Systems, 1977, 15(1): 15-25.

[26] KEVIN C D, ELIEZER G, JAMES V H. Generalized likelihood test for FDI in redundant sensor configurations[J]. Guidance and Control, 1978, 2(1): 9-17.

[27] JIN H, ZHANG H Y. Optimal parity vector sensitive to designated sensor fault[J]. IEEE Transactions on Aerospace and Electronic Systems, 1999, 35(4): 1122-1128.

[28] SHIM D S, YANG C K. Geometric FDI based on SVD for redundant inertial sensor systems[C]. 2004 5th Asian Control Conference, Melbourne, 2004: 1094-1100.

[29] 王旸. 速度控制系统监测及故障诊断的研究[D]. 天津：河北工业大学, 2012.

[30] CHEN K, FAN H, YIN N. Fault detection of redundant SIMU based on DBN[C]. 2019 IEEE International Conference on Unmanned Systems and Artificial Intelligence(ICUSAI), Xi'an, 2019: 286-290.

[31] 殷娜. 箭载冗余捷联惯组故障检测算法研究[D]. 西安：西北工业大学, 2019.

[32] 赵辉，陈海松，房立丰. 工程装备战损故障诊断方法与抢修技术[J]. 兵工自动化, 2007, 26(9): 97-98.

[33] 徐仲，张凯院，陆全，等. 矩阵论简明教程[M]. 2 版. 北京：科学出版社, 2005.

[34] 师义民，徐伟，秦超英，等. 数理统计[M]. 3 版. 北京：科学出版社, 2009.

[35] 徐景硕，程传金，邸亚洲. 冗余配置陀螺仪故障诊断方法研究[J]. 科技信息, 2010(31): 482-483.

[36] 王巍. 光纤陀螺惯性系统[M]. 北京：中国宇航出版社, 2010.

[37] 李逸. 光纤捷联惯导系统“三自”技术研究[D]. 北京：中国航天科工集团第二研究院, 2015.

[38] SHIM D S, YANG C K. Optimal configuration of redundant inertial sensors for navigation and FDI performance[J]. Sensors, 2010, 10(7): 6497-6512.

[39] 武唯强，陈康，闫杰. 五冗余捷联惯组最优配置设计[J]. 固体火箭技术, 2015, 38(1): 18-22, 29.

[40] 黄静雯，符文星，陈康，等. 五冗余捷联惯组系统配置及优化[J]. 指挥控制与仿真, 2013, 35(6): 105-108.

[41] 周维正，李学锋，赵赛君. 单机十表冗余捷联惯组故障后重构最优估计研究[J]. 导弹与航天运载技术, 2018(1): 59-62, 73.

[42] 李超兵，任子君. 五冗余捷联惯组配置及故障重构技术研究[J]. 机电一体化, 2014, 20(2): 28-30,78.

[43] WILCOX J C. Competitive evaluation of failure detection algorithms for strapdown redundant

inertial instruments[J]. Journal of Spacecraft and Rockets, 1974, 11(7): 525-530.
[44] ITZHACK I Y, HARMAN R R. In-space calibration of a skewed gyro quadruplet[J]. Journal of Guidance, Control, and Dynamics, 2002, 25(5): 852-859.
[45] ALLERTON D J, JIA H. An error compensation method for skewed redundant inertial configuration[J]. Journal of Neurology & Neurorehabilitation, 2002, 10(3): 142-147.
[46] 任子君. 箭载冗余捷联惯组故障检测方法研究[D]. 西安: 西北工业大学, 2015.
[47] 叶松, 袁艳艳, 王晋麟, 等. 一种运载火箭飞行控制的冗余诊断方法: 201510144980.7[P]. 2015-09-09.
[48] 叶松, 袁艳艳, 王晋麟. 一种利用全量信息进行飞行器冗余诊断的方法: 201510146139.1[P]. 2015-07-08.
[49] 秦永元, 张洪钺, 汪叔华. 卡尔曼滤波与组合导航原理[M]. 3 版. 西安: 西北工业大学出版社, 2015.
[50] 梁晴. 多表冗余激光惯组故障检测与隔离技术研究[D]. 大连: 大连理工大学, 2018.
[51] 武唯强, 闫杰, 温琦. 基于广义似然比的冗余惯组故障检测方法研究[J]. 电子设计工程, 2015, 23(5): 64-66, 70.
[52] PATTON R J, CHEN J. A review of parity space approaches to fault diagnosis applicable to aerospace systems[C]. AIAA Guidance, Navigation and Control Conference, Hilton Head Island, 1992: 1-10.
[53] 陈维娜. 机载捷联惯性导航系统高精度快速对准技术研究[D]. 南京: 南京航空航天大学, 2017.
[54] 张玲霞, 陈明, 刘翠萍. 冗余传感器故障诊断的最优奇偶向量法与广义似然比检验法的等效性[J]. 西北工业大学学报, 2005, 23(2): 266-270.
[55] 贾鹏, 张洪钺. 基于冗余惯性组件故障诊断方法的比较研究[J]. 系统仿真学报, 2006, 18(2): 274-278.
[56] 武唯强, 任子君, 张通, 等. 改进的四陀螺冗余捷联惯组故障诊断与隔离方法[J]. 指挥控制与仿真, 2015, 37(1): 128-131.
[57] HALL S R, MOTYKA P, GAI E, et al. In-flight parity vector compensation for FDI[J]. IEEE Transactions on Aerospace and Electronic Systems, 1983, 19(5): 668-676.
[58] 张通, 符文星, 任子君, 等. 冗余惯组故障检测与隔离的广义似然比解耦矩阵构造新方法[J]. 固体火箭技术, 2017, 40(4): 532-536.
[59] 李晓亮, 任子君, 符文星. 改进 Potter 算法在冗余捷联惯组故障检测中的应用研究[J]. 电子设计工程, 2015, 23(5): 61-63.
[60] 黄徽. 余度 MEMS-IMU 的特性分析及系统关键技术研究[D]. 南京: 南京航空航天大学, 2009.
[61] 尤敏, 邱红专, 张洪钺. 考虑传感器误差的故障检测[C]. 中国自动化学会技术过程的故障诊断与安全性学术会议, 北京, 2001: 56-59, 64.
[62] 李超兵, 张志良. 最优奇偶向量法在冗余捷联惯组故障检测中的应用研究[J]. 航天控制, 2016, 34(2): 86-90.
[63] 张玲霞. 导航系统故障检测与诊断及其相关理论问题的研究[D]. 西安: 西北工业大学, 2004.

[64] 郭思岩. 捷联系统的冗余配置与故障管理方案研究[D]. 哈尔滨: 哈尔滨工业大学, 2010.
[65] 贾鹏, 张洪钺. 基于奇异值分解的冗余惯导系统故障诊断[J]. 宇航学报, 2006, 27(5): 1076-1080.
[66] LI C B, YIN N, LIU M X, et al. Fault detection for redundant SIMU on SVD optimization algorithm[C]. 2018 IEEE CSAA Guidance, Navigation and Control Conference, Xiamen, 2018: 1-4.
[67] 任子君, 符文星, 张通, 等. 冗余捷联惯组故障诊断的奇异值分解新方法[J]. 仪器仪表学报, 2016, 37(2): 412-419.
[68] 陈凯, 樊浩, 殷娜. 一种冗余捷联惯组二度故障检测方法: 201910328680.2[P]. 2019-07-16.
[69] 彭蓉, 秦永元. 自适应滤波方法在陀螺软故障检测中的应用[J]. 中国惯性技术学报, 2005, 13(1): 81-85.
[70] 王易南, 任子君, 陈朋印, 等. 冗余捷联惯组故障诊断等价向量的补偿[J]. 计算机测量与控制, 2016, 24(6): 34-36.
[71] 高建. 卡尔曼滤波在地图匹配中的应用[D]. 青岛: 山东科技大学, 2008.
[72] 王易南, 任子君, 闫杰. 脉冲输出冗余捷联惯导的故障诊断研究[J]. 飞行器测控学报, 2015, 34(1): 83-86.
[73] 陈凯, 樊浩, 赵子祥, 等. 一种基于并行导航解算的冗余捷联惯组故障检测方法: 201911390639.4[P]. 2020-05-08.
[74] 王易南, 陈康, 闫杰. 三捷联惯组冗余系统故障检测阈值设计方法[J]. 固体火箭技术, 2014, 37(4): 458-462.
[75] FU W X, ZHANG T, REN Z J. A new decoupling matrix construction method for fault detection and isolation of a redundant strapdown inertial measurement unit[J]. Transactions of the Japan Society for Aeronautical & Space Sciences, 2017, 60(1): 60-63.
[76] MOTYKA P, LANDEY M, MCKERN R. Failure detection and isolation analysis of a redundant strapdown inertial measurement unit[R]. NASA Contractor Rept. No.165658, 1981: 2.
[77] GOODSTEIN R, TSE B K, WINKEL D J. Flight test results of the inertial upper stage redundant inertial measurement unit redundancy management technique[C]. AIAA 22nd Aerospace Sciences Meeting, Washington D C, 1984: 568.
[78] GOODSTEIN R, TSE B K, WINKEL D J. Failure detection technique for the inertial upper stage inertial navigation system[J]. AIAA Journal, 1982(1): 650-657.
[79] RICHARD A M, HOWARD M. Redundancy management of inertial systems[J]. AIAA Paper, 1973(7): 837-852.
[80] 陈凯, 殷娜, 刘明鑫. 一种高超声速飞行器冗余捷联惯组故障检测方法: CN 201811415754.8[P]. 2019-03-15.
[81] 赵智姝, 魏东, 李映红. 基于递推加权最小二乘法的寻北抗干扰算法[J]. 弹箭与制导学报, 2015(1): 151-154.
[82] 王易南, 罗洋, 尚妮妮, 等. 基于正交试验法的冗余捷联惯组故障诊断实验方法研究[J]. 指挥控制与仿真, 2015, 37(1): 124-127.
[83] 孙雅囡, 杨晓东, 关帅. 基于正交试验法和集成神经网络的模拟电路故障诊断方法[J]. 探测与控制学报, 2008, 30(z1): 40-42, 47.

[84] 陈凯, 沈付强, 孙晗彦, 等. 高超声速飞行器发射坐标系导航算法[J]. 宇航学报, 2019, 40(10): 1212-1218.

[85] CHEN K , SHEN F Q , ZHOU J , et al. SINS/BDS integrated navigation for hypersonic boost-glide vehicles in the launch-centered inertial frame[J]. Mathematical Problems in Engineering, 2020, 2020(5): 1-16.

[86] 潘献飞, 李涛, 唐康华, 等. 一种高动态环境下针对设定频点优化的 SINS 划摇补偿方法: 201210581032.6[P]. 2013-04-23.

[87] CHEN K , ZHOU J , SHEN F Q , et al. Hypersonic boost-glide vehicle strapdown inertial navigation system/global positioning system algorithm in a launch-centered earth-fixed frame[J]. Aerospace Science and Technology, 2020, 98: 105679.

[88] 闫识. 激光陀螺罗经软件系统设计[D]. 哈尔滨: 哈尔滨工程大学, 2015.

[89] 吴军. 动态环境下高精度捷联算法研究[D]. 上海: 上海交通大学, 2010.

[90] 陈凯, 孙晗彦, 张宏宇, 等. 一种基于发射坐标系的捷联惯导数值更新方法: 201910329315.3[P]. 2019-07-25.

[91] 李维刚. MEMS 惯性测量单元全参数标定方法研究[D]. 太原: 中北大学, 2020.

[92] 严恭敏. 车载自主定位定向系统研究[D]. 西安: 西北工业大学, 2006.

[93] 司宏源. 超视距空空导弹导航精度分析及误差分配技术研究[D]. 上海: 上海交通大学, 2012.

[94] 彭劲松. 机载激光捷联惯导优化算法研究[D]. 西安: 西北工业大学, 2006.

[95] 宋征宇, 潘豪, 王聪, 等. 长征运载火箭飞行控制技术的发展[J]. 宇航学报, 2020, 41(7): 868-879.

[96] 马卫华, 禹春梅, 路坤锋, 等. “会学习”运载火箭的制导控制技术[J]. 航天控制, 2020, 38(2): 3-8.

[97] 马卫华, 包为民, 禹春梅, 等. 关于“航天智能控制系统”的认识[J]. 航天控制, 2019, 37(5): 3-8.

[98] 包为民, 祁振强, 张玉. 智能控制技术发展的思考[J]. 中国科学: 信息科学, 2020, 50(8): 1267-1272.